新型工业化·新计算·计算机学科系列

编译原理

（第5版）

刘铭　骆婷　付才　文明　付铨/编著

电子工业出版社·
Publishing House of Electronics Industry
北京·BEIJING

内 容 简 介

本书是全国电子信息类优秀教材和华中科技大学优秀教学成果，根据高等学校"编译原理"课程教学基本要求编写。全书系统介绍了编译程序的一般构造原理、基本设计方法和主要实现技术，内容包括文法和语言的基本知识、词法分析与有穷自动机、语法分析、语法制导翻译技术和中间语言生成、符号表的组织和管理、代码优化、运行时的存储组织与管理、目标代码生成、并行编译技术基本常识等。

本书系统性强、概念清晰，内容简明通俗，配有本章学习导读、本章小结、自测练习题和习题。附录给出了自测练习题与习题参考答案及编译程序实验等，本书还免费提供电子课件和实验源代码。

本书可作为高等学校计算机专业本科生教材，也可作为成人教育本科和专升本学生的教材，对相关工程技术人员也有参考价值。

图书在版编目（CIP）数据

编译原理 / 刘铭等编著. —5 版. —北京：电子工业出版社，2024.3

ISBN 978-7-121-47636-5

Ⅰ. ① 编… Ⅱ. ① 刘… Ⅲ. ① 编译程序—程序设计 Ⅳ. ① TP314

中国国家版本馆 CIP 数据核字（2024）第 068778 号

责任编辑：章海涛　　　　　　　　文字编辑：刘怡静

印　　刷：河北鑫兆源印刷有限公司

装　　订：河北鑫兆源印刷有限公司

出版发行：电子工业出版社

　　　　　北京市海淀区万寿路 173 信箱　　邮编：100036

开　　本：787×1092　1/16　　印张：18.25　　字数：464 千字

版　　次：2002 年 3 月第 1 版

　　　　　2024 年 3 月第 5 版

印　　次：2025 年 2 月第 3 次印刷

定　　价：68.00 元

凡所购买电子工业出版社图书有缺损问题，请向购买书店调换。若书店售缺，请与本社发行部联系，联系及邮购电话：（010）88254888，88258888。

质量投诉请发邮件至 zlts@phei.com.cn，盗版侵权举报请发邮件至 dbqq@phei.com.cn。

本书咨询联系方式：192910558（QQ 群）。

前　言

CP

　　党的二十大报告指出，"加快实施一批具有战略性全局性前瞻性的国家重大科技项目，增加自主创新能力"。21 世纪是信息和数据的时代，新技术如搜索引擎、云计算、大数据和人工智能等不断涌现。在建设社会主义强国、实现中华民族伟大复兴的奋斗过程中，需要培养学生勇攀高峰的创新精神、追求真理、严谨治学的求实精神。具备自主创新能力的人才培养与编译原理课程关系紧密。基于多年讲授相关课程的教学经验，编者编写出适合计算机大类专业学生的"编译原理"教材。本书第 4 版出版至今已经印刷 10 余次，发行近 4 万册。在广大读者和电子工业出版社的大力支持下，本书有机会进行修订再版。

　　"编译原理"是一门研究编译程序设计和构造的原理和方法的课程，是计算机类各专业必备的重要专业基础课。这门课程蕴含着计算机科学中分析问题的思路、形式化问题和解决问题的方法，对应用软件和系统软件的设计与开发起着重要的启发和指导作用。在当前炙手可热的人工智能领域，编译技术可用于优化和加速机器学习模型的训练，提高算法的效率和性能。在大数据分析方面，编译器优化技术可提升数据查询的执行效率，并优化数据流和计算图的执行。在静态代码分析和软件安全领域，编译原理的语法分析和语义分析技术可用于检测潜在的安全漏洞和错误，能够识别代码中的安全问题并进行修复。在量子计算领域，编译器设计能够将高级语言编写的量子程序转化为指令集语言，从而优化量子程序的执行效率。

　　为了回答计算机程序如何从源代码转化为计算机可执行的机器码这个问题，本书介绍了设计和构造编译程序的一般原理、基本方法和主要实现技术。通过学习本课程，学生可以掌握编译系统的结构、工作流程、设计原理、常用技术和方法，为今后从事应用软件和系统软件开发及创新工作打下基础。此外，书中的编译实验要求学生能够灵活运用数据结构、汇编语言、操作系统、自动机理论等多门课程的知识，分析并解决复杂实际问题，达到"四新人才"培养目标。

　　在本书的编写过程中，我们充分考虑了本课程的特点，力求将基本概念、基本原理和实现方法的思路阐述得条理清晰、通俗易懂，以方便学生进行自学。为了帮助学生掌握每章的重点和难点，附有小结、自测练习题和习题。此外，书末还附有自测练习题和习题的参考答案。

　　本书参考学时数为 60～70 学时，涵盖以下主要内容：编译程序的结构及各部分功能、文法和语言的基本概念和表示、词法分析、语法分析、属性文法与语法制导翻译技术、符号表、运行时存储空间的组织、代码优化与目标代码生成，以及并行编译技术的概述。书中所包含的算法、例题和习题都以 C 语言为背景进行讲解。

"编译原理"是一门实践性较强的课程。为了将理论与实际联系起来，本书在附录 C 中提供了基本实验内容、要求及实验参考算法，并提供了相应的编译实验程序的 C 语言框架。此外，附录 A 和附录 B 介绍了与自动生成工具相关的技术和框架、编译技术在国产数据库中的应用，作为实验的扩展补充。

为了方便教学，本书提供了电子课件和实验源代码等教学资源。读者可以扫描封底的二维码或者通过免费注册并登录华信教育资源网（http://www.hxedu.com.cn）获取。

在这次修订中，除了保持第 4 版简明实用的风格，我们还做了以下修改：① 对实验部分进行了更新和补充，增加了与自动生成工具 Bison、LLVM 框架、ANTLR 相关的内容；② 增加了编译原理在国产数据库应用中相关的内容。这些修改旨在使本书更加全面和实用，涵盖更多实验和应用领域的内容，以满足读者的需求。

以学习本课程总学时为 64 学时（52 学时讲课+12 学时上机实验）为例，以下是建议各章的学时分配表。

章 节	内 容	讲课学时	习题课学时	上机学时
第 1 章	编译概述	2		
第 2 章	文法和语言的基本知识	6	1	
第 3 章	词法分析与有穷自动机	7	1	4
第 4 章	语法分析	15	1	4
第 5 章	语法制导翻译技术和中间代码生成	7	1	4
第 6 章	符号表的组织与管理	1		
第 7 章	代码优化	4		
第 8 章	运行时的存储组织与管理	2		
第 9 章	目标代码生成	2		
第 10 章	并行编译技术基本常识	2		
合计		48	4	12

受第 4 版作者的委托，本次修订工作由刘铭、骆婷、付才、文明、付铨（武汉达梦数据库股份有限公司高级副总经理、核心研发人员）完成。在本书的再版过程中，我们特别感谢胡伦俊、徐丽萍、祝建华、肖凌老师的支持。同时，我们非常感谢岑泽威、李强、申珊靓、刘伊天等同学在实验及编写中提供的帮助。此外，我们衷心感谢华中科技大学相关领导一直以来的关心和支持。电子工业出版社的编辑和相关同事在本书的编辑和再版过程中付出了辛勤的努力，对他们表示衷心的感谢。在编写本书的过程中，我们参考了书末列出的相关文献，对这些书籍的作者也表示感谢。

由于编者水平有限，难免出现一些疏忽和错误，恳请读者批评指正。

作　者

于华中科技大学

目　录

CP

第 1 章
编译概述

CP

本章学习导读

编译程序是计算机系统中重要的系统软件，是高级语言的支撑基础。本章主要介绍编译程序的基本知识，具体包括如下 4 方面的内容：

- ❖ 编译程序
- ❖ 编译过程
- ❖ 编译程序的结构
- ❖ 编译程序的生成方法

1.1 翻译程序和编译程序

语言是人与人之间传递信息的媒介和手段。世界上存在着多种语言，人们为了通信方便，各种语言之间需要进行翻译。人与计算机之间的信息交流同样需要翻译。我们知道，每种计算机只懂得自己独特的指令系统，即它只能直接执行用机器语言编写的程序，这对人们来说很不方便，因为机器语言对计算机依赖性强、直观性差、编写程序工作量大、程序的结构也欠清晰。因此，使用过现代计算机的人们多数用接近自然语言的高级程序设计语言来编写程序，但是计算机不能直接接受和执行用高级语言编写的程序，需要通过一个翻译程序，将它翻译成等价的机器语言程序才能执行。

所谓翻译程序，是指这样一个程序，它把一种语言（称为源语言）所写的程序（源程序）翻译成与之等价的另一种语言（称为目标语言）的程序（目标程序），如图 1.1 所示。

图 1.1　翻译程序的功能

如果源语言是高级语言，如 Pascal、C、Ada、Java 语言等，目标语言是诸如汇编语言或机器语言之类的低级语言，那么这样的翻译程序被称为编译程序，它所执行的转换工作如图 1.2 所示。

图 1.2　编译程序的功能

可见，编译程序是一种翻译程序，它将高级语言所写的源程序翻译成等价的机器语言或汇编语言的目标程序。

采用编译方式在计算机上执行用高级语言编写的程序需分阶段进行，一般分为两个阶段，即编译阶段和运行阶段，如图 1.3 所示。

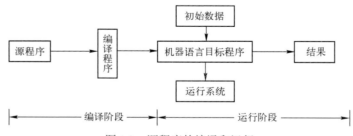

图 1.3　源程序的编译和运行

如果编译阶段生成的目标程序不是机器语言程序，而是汇编语言程序，那么程序的执行需分为三个阶段，即编译阶段、汇编阶段和运行阶段，如图 1.4 所示。

用高级语言编写的程序也可通过解释程序来执行。解释程序也是一种翻译程序，它将源程序作为输入并执行，即边解释边执行。它与编译程序的主要区别是，在解释程序的执行过程中

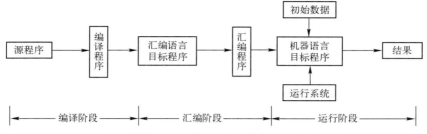

图 1.4　源程序的编译阶段、汇编阶段和运行阶段

不产生目标程序，而是按照源语言的定义解释执行源程序本身。

本书主要介绍设计、构造编译程序的基本原理和方法。

1.2　编译过程和编译程序的基本结构

编译程序的功能是把用高级语言编写的源程序翻译成等价的机器语言或汇编语言表示的目标程序。既然编译过程是一种语言的翻译过程，那么它的工作过程类似于语言的翻译过程。例如，将英文"I wish you success"翻译成中文，其翻译的大致过程如下。

（1）词法分析。根据英文的词法规则，从由字母、空格字符和各种标点符号所组成的字符串中识别出一个一个的英文单词。

（2）语法分析。根据英文的语法规则，对词法分析后的单词串进行分析、识别，并进行语法正确性的检查，看其是否组成一个符合英文语法的句子。

（3）语义分析。分析正确的英文句子的含义，并用中文表示出来。

（4）根据上下文的关系及中文语法的有关规则，对词句做必要的修饰。

（5）最后翻译成中文。

类似地，编译程序是将一种语言形式翻译成另一种语言形式，因此其工作过程一般可划分为下列 5 个阶段：词法分析、语法分析、语义分析及中间代码生成、代码优化、目标代码生成。

下面以一个简单的程序段为例，分别介绍这 5 个阶段所完成的任务。

例如，计算圆柱体表面积的程序段如下：

```
float  r, h, s;
s=2*3.1416*r*(h+r)
```

第 1 阶段　词法分析

词法分析阶段的任务是对构成源程序的字符串从左到右进行扫描和分解，根据语言的词法规则，识别出一个一个具有独立意义的单词（也称单词符号，简称符号）。

词法规则是单词符号的形成规则，规定了哪些字符串构成一个单词符号。上述源程序通过词法分析可以识别出如下单词符号。

❖ 基本字：float。

❖ 标识符：r　h　s。

❖ 常数：3.1416　2。

❖ 运算符：*　+　=。

❖ 界符：（）　；　,。

第2阶段　语法分析

语法分析的任务是在词法分析的基础上,根据语言的语法规则从单词符号串中识别出各种语法单位(如表达式、说明、语句等),并进行语法检查,即检查各种语法单位在语法结构上的正确性。

语言的语法规则规定了如何从单词符号形成语法单位,换言之,语法规则是语法单位的形成规则。

上述源程序,通过语法分析,根据语言的语法规则识别单词符号串 s=2*3.1416*r*(h+r),其中"s"是〈变量〉,单词符号串"2*3.1416*r*(h+r)"组合成〈表达式〉这样的语法单位,则由〈变量〉=〈表达式〉构成〈赋值语句〉这样的语法单位。在识别各类语法单位的同时进行语法检查,可以看到,上述源程序是一个语法上正确的程序。

第3阶段　语义分析及中间代码生成

定义一种语言除了要求定义语法,还要求定义其语义,即对语言的各种语法单位赋予具体的意义。语义分析的任务是首先对每种语法单位进行静态的语义审查,然后分析其含义,并用另一种语言形式(比源语言更接近于目标语言的一种中间代码或直接用目标语言)来描述这种语义。例如,在上述源程序中,赋值语句的语义为:计算赋值号右边表达式的值,并把它送入赋值号左边的变量所确定的内存单元。语义分析时,先检查赋值号右边表达式和左边变量的类型是否一致,再根据赋值语句的语义,对它进行翻译,可得到如下形式的四元式中间代码:

（1）$(*, 2, 3.1416, T_1)$
（2）$(*, T_1, r, T_2)$
（3）$(+, h, r, T_3)$
（4）$(*, T_2, T_3, T_4)$
（5）$(=, T_4, -, s)$

其中, T_1、T_2、T_3、T_4 是编译程序引进的临时变量,存放每条指令的运算结果。上述四元式表示的语义为

2	*	3.1416	$\Rightarrow$	T_1
T_1	*	r	$\Rightarrow$	T_2
h	+	r	$\Rightarrow$	T_3
T_2	*	T_3	$\Rightarrow$	T_4
T_4			$\Rightarrow$	s

这样,我们将源语言形式的赋值语句翻译为四元式表示的另一种语言形式,这两种语言在结构形式上是不同的,但在语义上是等价的。

第4阶段　代码优化

代码优化的任务是对前阶段产生的中间代码进行等价变换或改造,以期获得更为高效的(节省时间和空间)目标代码。优化主要包括局部优化和循环优化等,例如,上述四元式经局部优化后得:

（1）$(*, 6.28, r, T_2)$

（2）(+,　　h,　　　r,　　T_3)

（3）(*,　　T_2,　　　T_3,　　T_4)

（4）(=,　　T_4,　　　-,　　s)

其中，2 和 3.1416 两个运算对象都是编译时的已知量，在编译时就可计算出它的值 6.28，而不必等到程序运行时再计算，即不必生成(*, 2, 3.1416, T_1)的运算指令。

第 5 阶段　目标代码生成

目标代码生成的任务是将中间代码变换成特定机器上的绝对指令代码或可重定位的指令代码或汇编指令代码。

编译程序的各阶段都涉及表格管理和错误处理。

编译程序的重要功能之一是记录源程序中所使用的变量的名字，并且收集与名字属性相关的各种信息。名字属性包括一个名字的存储分配、类型、作用域等信息。如果名字是一个函数名，还会包括其参数数量、类型、参数的传递方式及返回类型等信息。符号表数据结构可以为变量名字创建记录条目，来登记源程序中所提供的或在编译过程中所产生的这些信息，编译程序在工作过程的各个阶段需要构造、查找、修改或存取有关表格中的信息，因此在编译程序中必须有一组管理各种表格的程序。

如果编译程序只处理正确的程序，那么它的设计和实现会大大简化。但是程序设计人员还期望编译程序能够帮助定位和跟踪错误。无论程序员如何努力，程序中难免会有错误出现。虽然错误很常见，但很少有语言在设计的时候就考虑到错误处理问题。大部分程序设计语言的规范没有规定编译程序应该如何处理错误；错误处理方法由编译程序的设计者决定。因此，从一开始就计划好如何进行错误处理，不仅可以简化编译程序的结构，还可以改正错误处理方法。一个好的编译程序在编译过程中，应具有广泛的程序查错能力，并能准确地报告错误的种类及出错位置，以便用户查找和纠正，因此在编译程序中还必须有一个出错处理程序。

编译过程的这 5 个阶段的任务分别由 5 个程序完成，这 5 个程序分别被称为词法分析程序、语法分析程序、语义分析及中间代码生成程序、代码优化程序和目标代码生成程序，再加上表格管理程序和出错处理程序。这些程序便是编译程序的主要组成部分，典型的编译程序的结构框图如图 1.5 所示。

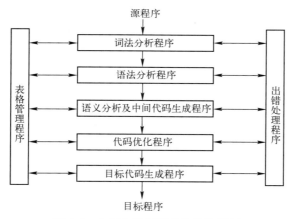

图 1.5　典型的编译程序的结构框图

需要注意的是，图 1.5 给出的各阶段之间的关系是指它们之间的逻辑关系，不一定是执行时间的先后关系。实际上，可按不同的执行流程来组织上述各阶段的工作，这在很大程度上依赖于编译过程中对源程序扫描的遍数及如何划分每遍扫描所进行的工作。此处所说的"遍"，是指对源程序或其等价的中间语言程序从头到尾扫描一遍，并完成相应的加工处理工作的过程。例如，可以将前述 5 个阶段的工作结合在一起，对源程序从头到尾扫描一遍来完成编译的各项工作，这种编译程序称为一遍扫描的编译程序。对于某些程序设计语言，用一遍扫描的编译程序去实现比较困难，可采用多遍扫描的编译程序结构，每遍可完成上述某阶段的一部分、全部或多个阶段的工作，并且每遍的工作是从前一遍获得的工作结果开始的，最后一遍的工作结果是目标语言程序，第一遍的输入则是用户书写的源程序。

多遍扫描的编译程序较一遍扫描的编译程序少占存储空间，遍数多一些，可使各遍要完成的功能独立，其编译程序逻辑结构清晰，但遍数多势必增加输入、输出开销，这将降低编译效率。一个编译程序究竟应分成几遍和它所面临的源语言的特征、机器语言规模、设计的目标等因素有关，很难统一划定。一般在主存空间允许的前提下，还是遍数少一点为好。

1.3 编译程序的生成方法

编译程序是一个复杂的系统程序，要生成一个编译程序，一般要考虑如下几方面。

1．对源语言和目标语言认真分析

编译程序的功能是把某语言的源程序翻译成某台计算机的目标程序。因此，我们首先要熟悉源语言（如 C 语言），正确理解它的语法和语义；其次要搞清楚目标语言和目标机的性质，在此基础上，确定编译程序的结构和所采用的具体策略。

2．设计编译算法

设计编译算法是构造编译程序过程中关键的一步。将一种语言程序翻译成另一种语言程序的方法很多，但在算法设计中要着重考虑使编译程序具有易读性、易修改性和易扩充性。

3．选择语言编制程序

根据所设计的算法选用某种语言（如机器语言、汇编语言、Pascal 或 C 语言等）编写出编译程序。早期人们使用机器语言或汇编语言并用手工方式编写编译程序，虽然目标程序效率高，但可靠性差，不便于阅读、修改和移植。从 20 世纪 80 年代开始，几乎所有编译程序都用高级语言来编写，这样可以提高开发效率，而且能够使构造的编译程序增加了易读性、易修改性和可移植性。

4．调试编译程序

通过大量实例对编写好的编译程序进行调试，调试过程中不断修改、完善编译程序。

5．提交相关文档资料

为方便用户使用编译器，需提交一份有关编译程序的文档资料，内容包括源语言的文法、目标机指令系统、编译程序结构和所采用的具体策略、错误信息表及使用说明等。

我们希望能有一个自动生成编译程序的软件工具,只要把源程序的定义及机器语言的描述输入这个软件工具,就能自动生成该语言的编译程序。

随着编译技术和自动机理论的发展,近年来已研制出一些编译程序的自动生成系统。如目前除了已广泛使用的词法分析程序自动生成系统 Lex/Flex 和语法分析程序自动生成系统 YACC/Bison 等,还有可用来自动产生整个编译程序的软件工具——编译程序产生器。其功能是将任一语言的词法规则、语法规则和语义解释的描述作为输入,自动生成该语言的编译程序。

生成编译程序还常采用自编译方式和移植方式。采用自编译方式生成编译程序是先用目标机的汇编语言或机器语言对源语言的核心部分构造一个小型的编译程序(可用手工实现),再以它为工具,构造一个能够编译更多语言成分的较大编译程序。如此扩展,就像滚雪球一样,越滚越大,最后生成人们期望的整个源语言的编译程序。

通过移植生成编译程序的思想是把某机器上已有的编译程序移植到另一台机器上去。使用交叉编译技术也可生成编译程序。所谓**交叉编译**,是指一个源语言在宿主机(运行编译程序的计算机)上经过编译产生目标机的机器语言或汇编语言代码。

随着并行技术和并行语言的发展,处理并行语言的并行编译技术和将串行程序转换成并行程序的自动并行编译技术正在被深入研究。

1.4 编译技术在软件开发中的应用

虽然只有少数人从事构造或维护程序语言编译程序的工作,但是大部分系统软件和应用软件的开发都要用到编译原理和技术。例如,设计词法分析器的串匹配技术已用于正文编辑器、信息检索系统和模式识别程序,上下文无关文法和语法制导定义已用于创建诸如排版、绘图系统和语言结构化编辑器,代码优化技术已用于程序验证器和从非结构化的程序产生结构化程序的编程之中。通常,在软件开发过程中,我们需要将某种语言开发的程序转换成另一种语言程序,这种转换过程和编译程序的工作过程是类似的,需要对被转换的语言进行词法分析和语法分析,只不过生成的目标语言不一定是可执行的机器语言或汇编语言。

由于编译原理和技术在软件工程的许多领域中被广泛地应用,因此编译原理和技术是一切从事计算机软件开发和研究的科学家和工程技术人员必须具备的专业基础知识。

本章小结

本章重点介绍了什么是编译程序及编译程序的结构。

编译程序是一种翻译程序,它将高级语言所写的源程序翻译成等价的机器语言或汇编语言的目标程序。

整个编译过程可以划分为 5 个阶段:词法分析、语法分析、语义分析及中间代码生成、代码优化、目标代码生成。

编译程序的结构按上述 5 个阶段的任务分模块进行设计。典型的编译程序结构见图 1.5。

扩展阅读

学习实现编译器技术的一个好方法，是阅读现有编译器的程序代码。Randell 和 Russell（1964 年）给出了一个复杂的早期 Algol 编译器的代码。编译器的代码也可以从 McKeenman、Horning 和 Wortman（1970 年）的研究资料中找到。Barron（1981 年）写过关于 Pascal 语言实现的论文集，包括 Pascal P 编译器的实现注释、代码生成细节、Pascal S 的实现代码。Wirth（1981 年）为学生使用而设计了 Pascal 的子集。Knuth（1985 年）非常清晰地描述了 TeX 翻译器。另外，开源编译器项目 GCC（1987 年）、LLVM（2000 年）、Clang（2007 年）的代码质量相对较高，有丰富的文档和社区支撑，有兴趣的读者可以搜索相关资料。

自测题 1

1. 选择题（从下列各题 4 个备选答案中选出一个或多个正确答案写在题干中的横线上）

（1）若源程序是高级语言编写的程序，目标程序是_____，则称它为编译程序。

A．汇编语言程序或高级语言程序 　　B．高级语言程序或机器语言程序
C．汇编语言程序或机器语言程序 　　D．连接程序或运行程序

（2）编译程序是对_____程序进行翻译。

A．高级语言 　　B．机器语言 　　C．自然语言 　　D．汇编语言

（3）如果编译程序生成的目标程序是机器代码程序，则源程序的执行分为两大阶段：_____。

A．编译阶段 　　B．汇编阶段 　　C．运行阶段 　　D．置初值阶段

（4）编译程序的工作过程一般可划分为下列 5 个基本阶段：词法分析、_____、_____、代码优化和目标代码生成。

A．出错处理 　　　　　　B．语义分析及中间代码生成
C．语法分析 　　　　　　D．表格管理

（5）编译过程中，词法分析阶段的任务是_____。

A．识别表达式 　　　　　　B．识别语言单词
C．识别语句 　　　　　　D．识别程序

2. 判断题（对下列叙述，正确的在题后括号内打"√"，错误的打"×"）

（1）编译程序是一种常用的应用软件。　　　　　　　　　　　　　　　　（　　）
（2）C 语言的编译程序可以用 C 语言来编写。　　　　　　　　　　　　（　　）
（3）编译方式与解释方式的根本区别在于是否生成目标代码。　　　　　（　　）
（4）编译程序与具体的语言无关。　　　　　　　　　　　　　　　　　　（　　）
（5）编译程序与具体的机器有关。　　　　　　　　　　　　　　　　　　（　　）
（6）对编译程序而言，代码优化是不可缺少的一部分。　　　　　　　　（　　）
（7）对编译程序而言，中间代码生成是不可缺少的一部分。　　　　　　（　　）
（8）编译程序生成的目标程序一定是可执行的程序。　　　　　　　　　（　　）
（9）含有优化部分的编译程序的执行效率高。　　　　　　　　　　　　（　　）

习 题 1

1-1　什么是编译程序？

1-2　编译过程的 5 个阶段是什么？

1-3　请给出编译程序的结构框图。

第 2 章

文法和语言的基本知识

CP

本章学习导读

形式语言理论是编译的重要理论基础。本章主要介绍编译理论中用到的有关形式语言理论的最基本概念，具体包括如下 5 方面的内容：

❖ 字母表和符号串

❖ 文法和语言的形式定义

❖ 短语、直接短语和句柄

❖ 语法树和文法的二义性

❖ 文法和语言的分类

编译程序的功能是将高级语言所写的源程序翻译成与之等价的机器语言或汇编语言的目标程序。也就是说，我们要构造的编译程序是针对某种程序设计语言的，编译程序要对它进行正确的翻译，首先要对程序设计语言本身进行精确的定义和描述。对程序设计语言的描述考虑语法、语义和语用三个因素。语法是对语言结构的定义；语义是描述了语言的含义；语用则是从使用的角度去描述语言。

例如，对于赋值语句 $s = 2 * 3.1416 * r * (r + h)$ 的非形式化的描述如下。

❖ 语法：赋值语句由一个变量、一个后随赋值号 "=" 及其后跟一个表达式构成。

❖ 语义：首先计算语句右部表达式的值，然后把所得结果送入左部变量。

❖ 语用：赋值语句可用来计算和保存表达式的值。

这种非形式化的描述不够清晰和准确，为了精确定义和描述程序设计语言，需采用形式化方法。所谓形式化方法，是用一整套带有严格规定的符号体系来描述问题的方法。这种方法正是著名的语言学家 Noam Chomsky 在 1956 年提出的形式语言理论中所研究的问题，也就是说，形式语言理论是编译的理论基础。因此在本章介绍编译理论中用到的有关形式语言的某些基本概念和知识。

2.1 字母表和符号串的基本概念

2.1.1 字母表和符号串

1．字母表

字母表是元素的非空有穷集合。

例如，$\Sigma = \{a, b, c\}$。根据字母表的定义，Σ 是字母表，它由 a、b、c 三个元素组成。

注意，字母表中至少包含一个元素。字母表中的元素可以是字母、数字或其他符号。

例如，$\Sigma' = \{0, 1\}$ 是一个字母表，由 0 和 1 两个元素组成。

不同的语言有不同的字母表，如英文的字母表是 26 个字母、数字和标点符号的集合，C 语言的字母表是字母、数字和若干专用符号。任何语言的字母表指出了该语言中允许出现的一切符号。

2．符号（字符）

字母表中的元素称为符号，或称为字符。

例如，前述例子中 a, b, c 是字母表 Σ 中的符号；0 和 1 是字母表 Σ' 中的符号。

3．符号串（字）

符号的有穷序列称为符号串。

例如，设有字母表 $\Sigma = \{a, b, c\}$，则有符号串 $a, b, ab, ba, cba, abc, \cdots$

符号串总是建立在某个特定字母表上的，并且只能由字母表上的有穷多个符号组成。需要指出的是，符号串中符号的顺序是很重要的，如 ab 和 ba 是字母表 Σ 上的两个不同的符号串。不包含任何符号的符号串，称为空符号串，用 ε 表示，即空符号串由 0 个符号组成，其长度 $|\varepsilon| = 0$。

2.1.2 符号串的运算

1．符号串的连接

设 x 和 y 是符号串，则串 xy 称为它们的连接，即 xy 是将 y 符号串写在 x 符号串之后得到的符号串。

例如，设 $x=abc$，$y=10a$，则 $xy=abc10a$，$yx=10aabc$。

注意：对任意一个符号串 x，我们有 $\varepsilon x = x \varepsilon = x$。

2．集合的乘积

设 A 和 B 是符号串的集合，则 A 和 B 的乘积定义为

$$AB = \{xy \mid x \in A, y \in B\}$$

例如，设 $A=\{a, b\}$，$B=\{c, d\}$，则 $AB=\{ac, ad, bc, bd\}$。

集合的乘积是满足 $x \in A$、$y \in B$ 的所有符号串 xy 所构成的集合。

由于对任意的符号串 x，总有 $\varepsilon x = x \varepsilon = x$，因此对于任意集合 A，有

$$\{\varepsilon\} A = A \{\varepsilon\} = A$$

特别需要指出的是，ε 是符号串，不是集合，而 $\{\varepsilon\}$ 表示由空符号串 ε 所组成的集合，但这样的集合不是空集合 $\varnothing = \{\}$。

3．符号串的幂运算

设 x 是符号串，则 x 的幂运算定义为

$$x^0 = \varepsilon$$
$$x^1 = x$$
$$x^2 = xx$$
$$\cdots$$
$$x^n = \underbrace{xx \cdots x}_{n\uparrow} = xx^{n-1} \quad (n > 0)$$

例如，设 $x=abc$，则

$$x^0 = \varepsilon$$
$$x^1 = abc$$
$$x^2 = xx = abcabc$$
$$\cdots$$

4．集合的幂运算

设 A 是符号串的集合，则集合 A 的幂运算定义为

$$A^0 = \{\varepsilon\}$$
$$A^1 = A$$
$$A^2 = AA$$
$$\cdots$$
$$A^n = \underbrace{AA \cdots A}_{n\uparrow} = A^{n-1} A \quad (n > 0)$$

例如，设 $A=\{a, b\}$，则

$$A^0=\{\varepsilon\}$$
$$A^1=\{a, b\}$$
$$A^2=AA=\{aa, ab, ba, bb\}$$
$$A^3=AAA=A^2A=\{aaa, aab, aba, abb, baa, bab, bba, bbb\}$$
$$\cdots$$

5．集合 A 的正闭包 A^+ 与闭包 A^*

设 A 是符号串的集合，则 A 的正闭包 A^+ 和 A 的闭包 A^* 定义为

$$A^+=A^1\cup A^2\cup\cdots\cup A^n\cdots$$
$$A^*=A^0\cup A^1\cup A^2\cup\cdots\cup A^n\cdots=\{\varepsilon\}\cup A^+$$

例如，设 $A=\{a, b\}$ 则

$$A^+=\{a, b, aa, ab, ba, bb, aaa, aab, \cdots\}$$
$$A^*=\{\varepsilon, a, b, aa, ab, ba, bb, aaa, aab, \cdots\}$$

可见，集合 A 的正闭包表示 A 上元素 a，b 构成的所有符号串的集合，集合 A 的闭包比集合 A 的正闭包多含一个空符号串 ε。

2.2　文法和语言的形式定义

2.2.1　形式语言

序列的集合称为形式语言。具体地说，每个形式语言都是某个字母表上按某种规则构成的所有符号串的集合，反之，任何一个字母表上符号串的集合均可定义为一个形式语言。

对每个具体语言而言，都有语法和语义两个方面，形式语言是指不考虑语言的具体意义，即不考虑语义。例如，C 语言是其基本符号字母表上的符号串的集合，而每个 C 语言程序是基本符号的符号串。

对形式语言的描述有两种方法，一种方法是当语言为有穷集合时，用枚举方法来表示语言。例如，有字母表 $A=\{a, b, c\}$，则

$$L_1 = \{a, b, c\}$$
$$L_2 = \{a, aa, ab, ac\}$$
$$L_3 = \{c, cc\}$$

均表示字母表 A 上的一个形式语言。由于这 3 个语言均是有限符号串的集合，因此可枚举出其全部句子来表示该语言。但并不是所有语言都是有穷集，例如，设字母表 $\Sigma=\{0, 1\}$，则 $\Sigma^+=\Sigma^1\cup\Sigma^2\cup\Sigma^3\cup\cdots=\{0, 1, 00, 10, 11, 01, 000, 100, \cdots\}$，它是 0 和 1 构成的所有可能的符号串的集合，对这种无穷集合的语言，无法用枚举法来描述，我们需要设计文法来描述无穷集合的语言。假设用符号 A 代表该无穷集合 Σ^+，则 A 中自然包含符号串 0, 1, 00, 10, $\cdots$；或者说 A 由 0, 1, 00, 10 等符号串组成。我们可以记为 $A\rightarrow0$，$A\rightarrow1$，$A\rightarrow00$，$A\rightarrow10$，$\cdots$。如此下去，又将产生一个无穷集合，仍然不便于计算机的存储和处理。为了将无穷转换成有穷表达，可以借鉴递归函数、数学归纳法的类似思想。我们考虑，无穷集合中的任何一个字符串，其结尾一定是 0 或 1，而去掉这个结尾字符后，剩余的串仍由 0 和 1 构成，所以剩余串也必定在 A 中。注意，串的长度

为 2 以上，则有递归表达 $A \rightarrow A\,0$，$A \rightarrow A\,1$；也可以理解为，将 A 中的所有串，按结尾的不同，分为以 0 结尾或以 1 结尾的两类。反过来，A 中的任意串，其尾部添加 0 或 1，仍在 A 中。下面用 A 表示 Σ^+，用式子 $A \rightarrow 0$ 表示符号串 $0 \in A$ 或 A 生成符号串 0，符号 "$\rightarrow$" 读作 "生成" 或 "由……组成"，则集合 A 可表示成

$$A \rightarrow 0$$
$$A \rightarrow 1$$
$$A \rightarrow A\,0$$
$$A \rightarrow A\,1$$

显然，由 A 生成的符号串属于 Σ^+，这就是所谓用文法描述语言，它描述了无穷集合的语言。

2.2.2 文法的形式定义

1．规则

规则，也称为产生式，是一个符号与一个符号串的有序对 (A, β)，通常写作

$$A \rightarrow \beta \quad (\text{或 } A ::= \beta)$$

其中，A 是规则左部，它是一个符号；β 是规则右部，它是一个符号串；"$\rightarrow$" 和 "$::=$" 表示 "定义为" 或 "生成"，意思是左部符号用右部的符号串定义或左部符号生成右部符号串。

例如，前述例中一组规则

$$A \rightarrow 0$$
$$A \rightarrow 1$$
$$A \rightarrow A\,0$$
$$A \rightarrow A\,1$$

描述的语言序列是由 0 和 1 组成的符号串，即 $\Sigma^+ = \{0, 1, 00, 01, 10, 000, 100, \cdots\}$。从例子可以看出，规则的作用是告诉我们如何用规则中的符号串生成语言中的序列，也就是说，一组规则规定了一个语言的语法结构。

规则中出现的符号分为两类，一类是非终结符号，另一类是终结符号。非终结符号是出现在规则左部能派生出符号或符号串的那些符号，即每个非终结符号表示一定符号串的集合，用大写字母表示或用尖括号把非终结符号括起来，如上例中的 A。终结符号是不属于非终结符号的那些符号，它是组成语言的基本符号，是一个语言的不可再分的基本符号，通常用小写字母表示，如上例中的 0 和 1。

2．文法

文法是规则的非空有穷集合，通常表示成四元组 $G = (V_N, V_T, P, S)$。其中：

❖ V_N 是规则中非终结符号的集合。

❖ V_T 是规则中终结符号的集合。$V_N \cap V_T = \varnothing$。通常用 V 表示 $V_N \cup V_T$，称为文法 G 的字母表。

❖ P 是文法规则的集合。

❖ S 是一个非终结符号，称为文法的开始符号或文法的识别符号，它至少要在一条规则中作为左部出现。由它开始，识别出我们所定义的语言。

由文法定义可知，文法是对语言结构的定义和描述。在文法四大要素中，规则的集合是关键。

为了书写方便，对于若干左部相同的规则，如

$$A \rightarrow \alpha_1$$
$$A \rightarrow \alpha_2$$
$$\cdots$$
$$A \rightarrow \alpha_n$$

将它们缩写为 $A \rightarrow \alpha_1 | \alpha_2 | \cdots | \alpha_n$，其中每个 α_n 有时也称为 A 的一个候选式。我们约定：第一条规则的左部是识别符号；对文法 G 不用四元组显示表示，而只将规则写出。

下面举例说明给定语言 L 后，如何写出能正确描述此语言的文法 G。

【例 2.1】 设字母表 $\Sigma = \{a, b\}$，试设计一个文法，描述语言

$$L = \{a^{2n}, b^{2n} \mid n \geq 1\}$$

分析 设计一个文法来描述一个语言，关键是设计一组规则生成语言中的符号串。因此，为设计该语言文法，必须分析这个语言是由哪些符号串组成的，即首先分析语言中符号串的结构特征：

当 n=1 时　　　$L=\{aa, bb\}$

当 n=2 时　　　$L=\{aaaa, bbbb\}$

当 n=3 时　　　$L=\{aaaaaa, bbbbbb\}$

　　　　　　　　$\cdots$

$$L=\{aa, bb, aaaa, bbbb, aaaaaa, bbbbbb, \cdots\}$$

即语言 L 是由偶数个 a、偶数个 b 这样的符号串组成的集合。因此，定义语言 L 的文法为

$$G = (V_N, V_T, P, S)$$

其中

$$V_N = \{A, B, D\}$$
$$V_T = \{a, b\}$$
$$P = \{A \rightarrow aa|aaB|bb|bbD$$
$$B \rightarrow aa|aaB$$
$$D \rightarrow bb|bbD\}$$
$$S = A$$

那么，描述该语言的文法是否唯一呢？我们不难对语言 L 设计出文法 G'

$$G' = (\{A, B, D\}, \{a, b\}, P, A)$$

其中，P 为

$$A \rightarrow B | D$$
$$B \rightarrow aa | aBa$$
$$D \rightarrow bb | bDb$$

显然，G 不同于 G'。由此可见，对于一个给定的语言，描述该语言的文法不是唯一的。

G 和 G' 是两个不同的文法，如果它们描述的语言相同，那么称 G 和 G' 为等价文法。等价文法的存在，使我们能在不改变文法所确定的语言的前提下，为了某种目的对文法进行改写。

对此例，我们提出下面的问题：描述该语言的文法为什么不是 G''？

$$G'' = (\{A\}, \{a, b\}, P, A)$$

其中，P 为

$$A \rightarrow aa \mid bb \mid Aaa \mid Abb$$

文法 G'' 产生的所有符号串都应该属于语言 L，但产生的有些符号串，如 $aabb$、$bbaa$、$\cdots$ 不属于语言 L，即设计的文法超出了所定义语言的范围。

【例 2.2】 试设计一个表示所有标识符的文法。

分析 题意是用文法定义标识符，必须确定 P 中规则。为了设计出一组规则，首先应搞清楚集合中符号串的结构特征。标识符的定义是字母或以字母开头的字母或数字串，其结构如图 2.1 所示。

字母	字母或数字串

图 2.1 标识符的结构

用 I 代表标识符，L 代表字母，D 代表数字，则定义标识符的文法为 $G = (V_N, V_T, P, S)$，其中

$$V_N = \{I, L, D\}$$
$$V_T = \{a, b, c, \cdots, x, y, z, 0, 1, 2, \cdots, 9\}$$
$$P = \{I \rightarrow L \mid IL \mid ID$$
$$L \rightarrow a \mid b \mid c \mid \cdots \mid x \mid y \mid z$$
$$D \rightarrow 0 \mid 1 \mid 2 \mid \cdots \mid 9\}$$
$$S = I$$

若将定义标识符的文法设计成 $G = (V_N, V_T, P, S)$，其中，V_N、V_T、S 同上，而

$$P = \{I \rightarrow L \mid IL \mid ID$$
$$L \rightarrow a \mid b \mid c \mid \cdots \mid x \mid y \mid z$$
$$D \rightarrow 0 \mid 1 \mid 2 \mid \cdots \mid 9\}$$

该文法不能定义 ab，abc，$\cdots$ 仅由字母串组成的标识符，缩小了所定义语言的范围。

【例 2.3】 用文法定义一个含+、*的算术表达式，定义用下述自然语言描述：变量 i 是一个表达式；若 E_1 和 E_2 是算术表达式，则 E_1+E_2，E_1*E_2，(E_1) 也是算术表达式。

分析 算术表达式的定义用自然语言描述，这是对算术表达式的非形式定义，题意是用文法来定义算术表达式，即是用形式化的方法定义表达式。定义算术表达式的文法为

$$G = (\{E\}, \{i, +, *, (,)\}, P, E)$$

其中，P 为

$$E \rightarrow i \mid E + E \mid E * E \mid (E)$$

【例 2.4】 设字母表 $\Sigma = \{a, b\}$，试设计一个文法，描述语言 $L = \{ab^n a \mid n \geq 0\}$。

分析 该语言中符号串的结构特征是

当 $n=0$ 时 $L = \{aa\}$ $(b^0 = \varepsilon)$

当 $n=1$ 时 $L = \{aba\}$

当 $n=2$ 时 $L = \{abba\}$

$\cdots$

$$L = \{aa, aba, abba, \cdots\}$$

所以，定义语言的文法为

$$G = (\{A, B\}, \{a, b\}, \{A \rightarrow aBa, B \rightarrow Bb \mid \varepsilon\}, A)$$

2.2.3　语言的形式定义

当一个文法已知时，如何确定出该文法所定义的语言呢？我们首先引进直接推导、推导等概念。

1．直接推导

令 G 是一文法，我们从 xAy 直接推出 $x\alpha y$，即 $xAy \Rightarrow x\alpha y$，仅 $A \rightarrow \alpha$ 是 G 的一条规则，并且 $x,y \in (V_N \cup V_T)^*$。也就是说，从符号串 xAy 直接推导出 $x\alpha y$ 仅使用一次规则。

例如，设有文法 $G[S]$（符号 $G[S]$ 表示 S 为文法 G 的开始符号）：
$$G[S] = (\{S\},\{0,1\},P,S)$$

其中，P 为
$$S \rightarrow 01 \mid 0S1$$

有如下直接推导：

$S \Rightarrow 01$	使用规则 $S \rightarrow 01$，此时 $x=\varepsilon$，$y=\varepsilon$
$S \Rightarrow 0S1$	使用规则 $S \rightarrow 0S1$，此时 $x=\varepsilon$，$y=\varepsilon$
$0S1 \Rightarrow 0011$	使用规则 $S \rightarrow 01$，此时 $x=0$，$y=1$
$00S11 \Rightarrow 000S111$	使用规则 $S \rightarrow 0S1$，此时 $x=00$，$y=11$
$000S111 \Rightarrow 00001111$	使用规则 $S \rightarrow 01$，此时 $x=000$，$y=111$

注意推导和规则的区别：一是形式上的区别，推导用"$\Rightarrow$"表示，规则用"$\rightarrow$"表示；二是对文法 G 中任何规则 $A \rightarrow \alpha$，有 $A \Rightarrow \alpha$，即推导的依据是规则。

2．推导

如果存在一个直接推导序列 $\alpha_0 \Rightarrow \alpha_1 \Rightarrow \alpha_2 \Rightarrow \cdots \Rightarrow \alpha_n$，就称这个序列是一个从 α_0 至 α_n 的长度为 n 的推导，记为
$$\alpha_0 \overset{+}{\Rightarrow} \alpha_n$$
表示从 α_0 出发，经一步或若干步或使用若干次规则可推导出 α_n。

例如，设有文法 $G[E]$：
$$G(E) = (\{E,T,F\},\{i,+,*,(,)\},P,E)$$

其中，P 为
$$E \rightarrow E+T \mid T$$
$$T \rightarrow T*F \mid F$$
$$F \rightarrow (E) \mid i$$

对 $i+i*i$ 有如下直接推导序列
$$E \Rightarrow E+T \Rightarrow T+T \Rightarrow F+T \Rightarrow i+T \Rightarrow i+T*F$$
$$\Rightarrow i+F*F \Rightarrow i+i*F \Rightarrow i+i*i$$
我们可记为 $E \overset{+}{\Rightarrow} i+i*i$。

3．广义推导

$\alpha_0 \overset{*}{\Rightarrow} \alpha_n$ 表示从 α_0 出发，经 0 步或若干步，可推导出 α_n。也就是说，$\alpha_0 \overset{*}{\Rightarrow} \alpha_n$ 意味着，$\alpha_0 = \alpha_n$，或者 $\alpha_0 \overset{+}{\Rightarrow} \alpha_n$。

对上例，有

$$E \overset{*}{\Rightarrow} E$$
$$E \overset{*}{\Rightarrow} i + i * i$$

显然，直接推导的长度为 1，推导的长度大于等于 1，而广义推导的长度大于等于 0。

4．句型和句子

设有文法 $G[S]$（S 是文法 G 的开始符号），如果 $S \overset{*}{\Rightarrow} x$，$x \in (V_N \cup V_T)^*$，就称符号串 x 为文法 $G[S]$ 的句型。$S \overset{*}{\Rightarrow} x$，$x \in V_T^*$，则称 x 是文法 $G[S]$ 的句子。

【例 2.5】 设有文法 $G[S]$：

$$S \to 01 \mid 0S1$$

有

$$S \overset{*}{\Rightarrow} 01$$
$$S \overset{*}{\Rightarrow} 0S1$$
$$S \overset{*}{\Rightarrow} 00S11$$
$$S \overset{*}{\Rightarrow} 000111$$

显然，符号串 01、0S1、00S11 和 000111 都是文法 $G[S]$ 的句型，而 01 和 000111 又是文法 $G[S]$ 的句子。

【例 2.6】 设有文法 $G[E]$：

$$E \to E + E \mid E * E \mid (E) \mid i$$

试证明符号串 $(i * i + i)$ 是文法 $G[E]$ 的一个句子。

分析 只要证明符号串 $(i * i + i)$ 对文法 G 存在一个推导，就可证明符号串 $(i * i + i)$ 是文法 $G[E]$ 的一个句子。因为

$$E \Rightarrow (E) \Rightarrow (E + E) \Rightarrow (E * E + E) \Rightarrow (i * E + E) \Rightarrow (i * i + E) \Rightarrow (i * i + i)$$

即 $E \overset{*}{\Rightarrow} (i * i + i)$，所以符号串 $(i * i + i)$ 是文法 $G[E]$ 的一个句子。

5．语言

文法 $G[S]$ 产生的所有句子的集合称为文法 G 所定义的语言，记为 $L(G[S])$：

$$L(G[S]) = \{x \mid S \overset{*}{\Rightarrow} x \text{ 且 } x \in V_T^*\}$$

由语言定义可知：① 若文法给定，则语言也就确定；② $L(G)$ 是 V_T^* 的子集，即属于 V_T^* 的符号串 x 不一定属于 $L(G)$。

【例 2.7】 设有文法 $G[S]$：

$$S \to 01 \mid 0S1$$

求该文法所描述的语言。

分析 问题归结为由识别符号 S 出发，将推出一些什么样的句子，也就是说，$L(G[S])$ 是由一些什么样的符号串所组成的集合，找出其中的规律，用式子或自然语言描述出来。

此处应用第二条规则 $n-1$ 次，再应用第一条规则 1 次，有

$$S \Rightarrow 0S1 \Rightarrow 00S11 \Rightarrow 000S111 \Rightarrow \cdots \Rightarrow 0^{n-1}S1^{n-1} \Rightarrow 0^n 1^n$$

即 $S \overset{+}{\Rightarrow} 0^n 1^n$，可见，此文法定义的语言为

$$L(G[S]) = \{0^n 1^n \mid n \geq 1\}$$

【例 2.8】 设有文法 $G[S]$：

$$S \to 0S \mid 1S \mid \varepsilon$$

求该文法所定义的语言。

由该文法所确定的语言为

$$L(G[S]) = \{\varepsilon, 0, 1, 00, 01, 10, 11, \cdots\} = \{x \mid x \in \{0,1\}\}$$

【例 2.9】 设有文法 $G[A]$：

$$A \to yB, \quad B \to xB \mid x$$

求该文法所定义的语言。

分析 从文法的开始符号 A 出发可推导出以 y 开头后跟一个或多个 x 结尾的符号串，所以该文法定义的语言为 $L(G[A]) = \{yx^n \mid n \geq 1\}$。

由此可见，从已知文法确定语言的中心思想是：从文法的开始符号出发，反复连续地使用规则，对非终结符施行替换和展开，找出句子的规律，用式子或自然语言描述出来。

形式语言理论可以证明如下两点：① 给定一个文法，就能从结构上唯一确定其语言，即 $G \to L(G)$；② 给定一种语言，能确定其文法，但不是唯一的，即 $L \to G_1$ 或 $G_2 \cdots$ 或 G_n。

对此我们不予证明，但已通过前面的举例说明了这两点。

2.2.4 规范推导和规范归约

从前述内容可知，文法和语言是密切相关的，文法定义的任意句型和句子都可以根据文法推导出来，但同一个句型（句子）可以通过不同的推导序列推导出来，这是因为在推导过程中可以选择不同的非终结符展开。

例如，设有文法 $G[N_1]$：

$$N_1 \to N$$
$$N \to ND \mid D$$
$$D \to 0 \mid 1 \mid 2$$

该文法定义的语言是由数字 0、1、2 组成的所有无符号整数。符号串 12 是该文法的一个句子，该句子可以通过下列 3 个推导序列推导出来：

① $N_1 \Rightarrow N \Rightarrow ND \Rightarrow N2 \Rightarrow D2 \Rightarrow 12$

② $N_1 \Rightarrow N \Rightarrow ND \Rightarrow DD \Rightarrow 1D \Rightarrow 12$

③ $N_1 \Rightarrow N \Rightarrow ND \Rightarrow DD \Rightarrow D2 \Rightarrow 12$

为了使句型或句子能按一种确定的推导序列产生，以便对句子的结构进行确定性的分析，通常我们只考虑两种特殊推导，即最右推导和最左推导。下面给出最左（最右）推导定义。

所谓**最左（最右）推导**，是指对一个推导序列中的每一步直接推导 $\alpha \Rightarrow \beta$，都是对 α 中的最左（最右）非终结符进行替换。例如，在上面 3 个推导序列中，①是最右推导，②是最左推导，③既不是最左推导也不是最右推导。

最右推导也称为**规范推导**。用规范推导推导出的句型称为**规范句型**。

规范推导的逆过程称为**最左归约**，也称为**规范归约**。

事实上，归约是与推导相对的概念。推导是把句型中的非终结符用规则的一个右部来替换的过程，而归约则是把句型中的某个子串用一个非终结符来替换的过程。

若用 $\dot{\Rightarrow}$ 表示归约，设 $A \to \alpha$ 是文法 G 中的一条规则，则

$$xAy \Rightarrow x\alpha y$$
$$x\alpha y \dot{\Rightarrow} xAy$$

例如，文法 $G[N_1]$ 中有规范推导 $N_1 \Rightarrow N \Rightarrow ND \Rightarrow N2 \Rightarrow D2 \Rightarrow 12$，则有规范归约

$$12 \dot{\Rightarrow} D2 \dot{\Rightarrow} N2 \dot{\Rightarrow} ND \dot{\Rightarrow} N \dot{\Rightarrow} N_1$$

【例 2.10】 设有文法 $G[S]$：

$$S \to AB$$
$$A \to A0 \,|\, 1B$$
$$B \to 0 \,|\, S1$$

请给出句子 101001 的最左、最右推导。

分析 最右推导是指在推导过程中任何一步 $\alpha \Rightarrow \beta$（α 和 β 是句型），都是对 α 中的最右非终结符进行替换。句子 101001 的最右推导为

$$S \Rightarrow AB \Rightarrow AS1 \Rightarrow AAB1 \Rightarrow AA01 \Rightarrow A1B01 \Rightarrow A1001 \Rightarrow 1B1001 \Rightarrow 101001$$

最左推导是指在推导过程中任何一步 $\alpha \Rightarrow \beta$，都是对 α 中的最左非终结符进行替换。句子 101001 的最左推导为

$$S \Rightarrow AB \Rightarrow 1BB \Rightarrow 10B \Rightarrow 10S1 \Rightarrow 10AB1 \Rightarrow 101BB1 \Rightarrow 1010B1 \Rightarrow 101001$$

由例 2.10 可知，在规范推导（最右推导）中，每步直接推导 $xAy \Rightarrow x\alpha y$ 中的符号串 y 只含终结符。

2.2.5 递归规则和文法的递归性

递归的概念在编译技术中是一个很重要的概念。

1．递归规则

所谓递归规则，是指在规则的左部和右部具有相同非终结符的规则。

- ❖ 如果文法中有规则 $A \to A \cdots$，就称为规则左递归。
- ❖ 如果文法中有规则 $A \to \cdots A$，就称为规则右递归。
- ❖ 如果文法中有规则 $A \to \cdots A \cdots$，就称为规则递归。

2．文法的递归性

文法的递归性是指若能对文法中任一非终结符建立一个推导过程，在推导所得的符号串中又出现了该非终结符本身，则文法是递归性的，否则是无递归性的。

- ❖ 如果文法中有推导 $A \overset{+}{\Rightarrow} A \cdots$，就称文法左递归。
- ❖ 如果文法中有推导 $A \overset{+}{\Rightarrow} \cdots A$，就称文法右递归。
- ❖ 如果文法中有推导 $A \overset{+}{\Rightarrow} \cdots A \cdots$，就称文法递归。

例如，文法中有如下规则：

$$U \to Vx$$
$$V \to Uy \,|\, z$$

这两条规则都不是递归规则，但有 $U \overset{+}{\Rightarrow} Uyx$，则该文法是左递归的。

在文法中使用递归规则，使得我们能用有限的规则去定义无穷集合的语言。

【例 2.11】 考虑文法 $G[A]$：

$$A \to aB \mid bB$$
$$B \to a \mid b$$

由于该文法无递归性，由它描述的语言是有穷的。该文法描述的语言为

$$L(G[A]) = \{aa, ab, ba, bb\}$$

【例 2.12】 考虑文法 $G[N_1]$：

$$N_1 \to N$$
$$N \to ND \mid D$$
$$D \to 0 \mid 1 \mid 2$$

该文法有直接左递归规则 $N \to ND$，则称该文法为左递归文法或称文法左递归，其定义的语言为 $\{0, 1, 2\}^+$。

由于文法中使用了递归规则，使得我们可以用有限的规则去刻画无穷集合的语言。若不用递归规则来定义文法，要表示无穷集合的语言需要用无穷多条规则。例如，例 2.12 中若不用递归规则 $N \to ND$，则需要用 $N \to D \mid DD \mid DDD \mid \cdots$ 即无穷多条规则来定义由数字 0、1、2 组成的所有无符号整数。

也就是说，当一个语言是无穷集合时，则定义该语言的文法一定是递归的。

需要指出的是，程序设计语言都是无穷集合，因此描述它们的文法必定是递归的。

2.3 短语、直接短语和句柄

2.3.1 短语和直接短语

令 G 是一个文法，S 是文法的开始符号，假定 $\alpha\beta\delta$ 是文法 G 的一个句型，如果有

$$S \overset{*}{\Rightarrow} \alpha A\delta \text{ 且 } A \overset{+}{\Rightarrow} \beta$$

就称 β 是相对于非终结符 A 的句型 $\alpha\beta\delta$ 的短语。如果有

$$S \overset{*}{\Rightarrow} \alpha A\delta \text{ 且 } A \Rightarrow \beta$$

就称 β 是直接短语。

注意体会短语这个概念的定义，仅有 $A \overset{+}{\Rightarrow} \beta$，不一定意味着 β 就是句型 $\alpha\beta\delta$ 的一个短语，因为还需要有条件 $S \overset{*}{\Rightarrow} \alpha A\delta$。

例如，考虑文法 $G[N_1]$：

$$N_1 \to N$$
$$N \to ND \mid D$$
$$D \to 0 \mid 1 \mid 2$$

对句型 ND，虽然有 $N_1 \overset{*}{\Rightarrow} N$，但 N 不是该句型的一个短语，因为不存在从文法的开始符号 N_1 到 N_1D 的推导。事实上，句型 ND 的短语是 ND 自身。

需要指出的是，短语和直接短语的区别在于第二个条件，直接短语中的第二个条件表示有文法规则 $A \to \beta$，因此每个直接短语都是某规则的右部。

2.3.2 句柄

一个句型的最左直接短语称为该句型的**句柄**。

句柄的特征为：① 它是直接短语，即某规则的右部；② 具有最左性。

注意，短语、直接短语和句柄都是针对某句型的，特指句型中的哪些符号子串能构成短语和直接短语，离开具体的句型来谈短语、直接短语和句柄是无意义的。

【例 2.13】 设有文法 $G[S] = (\{S, A, B\}, \{a, b\}, P, S)$，其中 P 为

$$S \rightarrow AB$$
$$A \rightarrow Aa \mid bB$$
$$B \rightarrow a \mid Sb$$

求句型 $baSb$ 的全部短语、直接短语和句柄。

分析 根据短语定义，可以从句型的推导过程中找出其全部短语、直接短语和句柄。

对文法，建立该句型的推导过程：

$$S \Rightarrow AB \Rightarrow bBB \Rightarrow baB \Rightarrow baSb \quad （最左推导）$$
$$S \Rightarrow AB \Rightarrow ASb \Rightarrow bBSb \Rightarrow baSb \quad （最右推导）$$

在这两个推导过程中，有：

① $S \overset{*}{\Rightarrow} S$。$S \Rightarrow baSb$ 句型本身是（相对于非终结符 S）句型 $baSb$ 的短语。

② $S \overset{*}{\Rightarrow} baB$。$B \Rightarrow Sb$ 句型 $baSb$ 中的子串 Sb，是（相对于非终结符 B）句型 $baSb$ 的短语，且为直接短语。

③ $S \overset{*}{\Rightarrow} bBSb$。$B \Rightarrow a$ 句型 $baSb$ 中的子串 a，是（相对于非终结符 B）句型 $baSb$ 的短语，且为直接短语、句柄。

④ $S \overset{*}{\Rightarrow} Asb$。$A \overset{+}{\Rightarrow} ba$ 句型 $baSb$ 中的子串 ba，是（相对于非终结符 A）句型 $baSb$ 的短语。

对于此句型，再没有其他能产生新的短语的推导了。

可见，根据定义求句型的短语、直接短语和句柄比较麻烦、难求。2.4 节将介绍语法树，读者将了解，用语法树求句型的短语、直接短语和句柄非常直观和简单。

2.4 语法树和文法的二义性

2.4.1 推导和语法树

1. 语法树的生成

对句型的推导过程给出一种图形表示，这种表示称为语法树，也称为推导树。设文法 $G = (V_N, V_T, P, S)$，对 G 的任何句型都能构造与之关联的、满足下列条件的一棵语法树。

① 每个结点都有一个标记，此标记是 $V = V_N \cup V_T \cup \{\varepsilon\}$ 中的一个符号。

② 树根的标记是文法的开始符号 S。

③ 若某结点至少有一个分支结点，则该结点上的标记一定是非终结符。

④ 若 A 的结点有 k 个分支结点，其分支结点的标记分别为 $A_1, A_2, \cdots, A_k$，则 $A \rightarrow A_1, A_2, \cdots, A_k$ 一定是 G 的一条规则。

下面用一个例子来说明根据句型的推导构造语法树的过程。

例如，设有文法 $G[E]$：
$$E \rightarrow E+T \mid E-T \mid T$$
$$T \rightarrow T*F \mid T/F \mid F$$
$$F \rightarrow (E) \mid i$$

根据推导，画出句型 $(T+i)*i-F$ 的语法树。

首先给出句型的推导过程（最右推导）：
$$E \Rightarrow E-T \Rightarrow E-F \Rightarrow T-F \Rightarrow T*F-T \Rightarrow T*i-T$$
$$\Rightarrow F*i-F \Rightarrow (E)*i-F \Rightarrow (E+T)*i-F$$
$$\Rightarrow (E+F)*i-F \Rightarrow (E+i)*i-F$$
$$\Rightarrow (T+i)*i-F$$

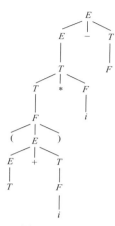

推导构造语法树的过程是：以识别符号作为根结点，从它开始对每一步直接推导，向下画一分支，分支结点的标记是直接推导中被替换的非终结符的名字，按此方法逐步向下，画出每一步直接推导对应的分支，直到对该语法树再无分支可画出时，构造过程结束。构造句型 $(T+i)*i-F$ 语法树的过程如图 2.2 所示。

图 2.2　语法树

语法树中从左到右的末端结点构成了由该语法树所表示的推导出的符号串，如上例的 $(T+i)*i-F$。所谓末端结点，是指没有分支向下射出的结点，常被称为树叶。如果末端结点都由终结符组成，那么这些结点所组成的符号串为句子，否则为句型。

由上例可知，语法树的构造过程是从文法的开始符号出发，构造一个推导的过程，因为文法的每个句型（句子）都存在一个推导，所以文法的每个句型（句子）都有一棵对应的语法树。

对句型 $(T+i)*i-F$，还可给出最左推导：
$$E \Rightarrow E-T \Rightarrow T-T \Rightarrow T*F-T \Rightarrow F*F-T$$
$$\Rightarrow (E)*F-T \Rightarrow (E+T)*F-T \Rightarrow (T+T)*F-T$$
$$\Rightarrow (T+F)*F-T \Rightarrow (T+i)*F-T$$
$$\Rightarrow (T+i)*i-T \Rightarrow (T+i)*i-F$$

不难看出，根据该推导得到的语法树，仍然是图 2.2。可见对句型 $(T+i)*i-F$ 的两种不同推导构造的语法树完全相同，也就是说，一棵语法树表示了一个句型的种种可能的（但未必是所有的）不同推导过程，包括最左（最右）推导。为方便找到句型短语和句柄，我们需要引入子树和简单子树的概念。

2．子树

语法树的子树是由某非末端结点连同所有分支组成的部分。例如，图 2.3 是图 2.2 的子树。

3．简单子树

语法树的简单子树是指只有单层分支的子树。例如，图 2.4 是图 2.2 的简单子树。

子树与短语的关系十分密切，根据子树的概念，句型的短语、直接短语和句柄的直观解释如下。

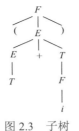

图 2.3　子树　　　　　　　　　　图 2.4　简单子树

❖ 短语：子树的末端结点形成的符号串是相对于子树根的短语。

❖ 直接短语：简单子树的末端结点形成的符号串是相对于简单子树根的直接短语。

❖ 句柄：最左简单子树的末端结点形成的符号串是句柄。

例如，对前例文法 $G[E]$，用语法树求句型 $(T+i)*i-F$ 的短语、直接短语和句柄。

首先画出该句型的语法树，如图 2.2 所示，由语法树可知：① $(T+i)*i-F$ 为句型相对于 E 的短语；② $(T+i)*i$ 为句型相对于 T 的短语；③ $(T+i)$ 为句型相对于 F 的短语；④ $T+i$ 为句型相对于 E 的短语；⑤ T 为句型相对于 E 的短语，且为直接短语；⑥ 第一个 i 为句型相对于 F 的短语，且为直接短语；⑦ 第二个 i 为句型相对于 F 的短语，且为直接短语；⑧ F 为句型相对于 T 的短语，且为直接短语；⑨ 在 4 个直接短语中，T 为句柄。

【例 2.14】 对例 2.13 中的文法，可用语法树非常直观地求出句型 $baSb$ 的全部短语、直接短语和句柄。

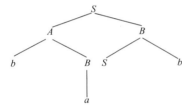

图 2.5　句型 $baSb$ 的语法树

分析　首先，根据句型 $baSb$ 的推导过程画出对应的语法树，见图 2.5。

由语法树可知：

$baSb$ 为句型相对于 S 的短语；

ba 为句型相对于 A 的短语；

a 为句型相对于 B 的短语，且为直接短语和句柄；

Sb 为句型相对于 B 的短语，且为直接短语。

2.4.2　文法的二义性

从前面的讨论可以看出，对于文法 G 中任一句型的推导序列，我们总能为它构造一棵语法树，也就是说，不同的推导序列对应着相同的语法树，那么文法的句型是否只对应唯一的一棵语法树呢？也就是说，它是否只有唯一的一个最左（最右）推导呢？回答是不尽然。

例如，设有文法 $G[E]$：

$$E \to E+E \mid E*T \mid (E) \mid i$$

句子 $i*i+i$ 有两个不同的最左推导，对应两棵不同的语法树，如图 2.6 和图 2.7 所示。

最左推导 1　$E \Rightarrow E+E \Rightarrow E*E+E$　　　最左推导 2　$E \Rightarrow E*E \Rightarrow i*E$

$\Rightarrow i*E+E$　　　　　　　　　　　　　$\Rightarrow i*E+E$

$\Rightarrow i*i+E$　　　　　　　　　　　　　$\Rightarrow i*i+E$

$\Rightarrow i*i+i$　　　　　　　　　　　　　$\Rightarrow i*i+i$

图 2.6 的语法树先做乘法，而图 2.7 的语法树先做加法，到底应该先做何种运算呢？此处出现的这种现象称为文法的二义性。

图 2.6 最左推导 1 的语法树

图 2.7 最左推导 2 的语法树

如果一个文法存在某个句子对应两棵不同的语法树，就称这个文法是二义性的。或者说，若一个文法中存在某个句子，它有两个不同的最左（最右）推导，则这个文法是二义性的。

上述文法 $G[E]$ 就是一个二义性的文法。

显然，二义性的文法将给编译程序的执行带来问题。对于二义性文法的句子，当编译程序对它的结构进行语法分析时，会产生两种甚至更多种不同的理解。由于语法结构上的不确定性，必然会导致语义处理上的不确定性。例如在上例中，当编译程序分析句子 $i*i+i$ 时，是按图 2.6 进行分析的，还是按图 2.7 进行分析？为使编译程序对每个语句的分析是唯一的，希望描述语言的文法是无二义性的。当然，对于二义性文法，我们可以利用文法的等价性来消除文法的二义性。

2.4.3 文法二义性的消除

1．不改变文法中原有的语法规则，仅加入一些语法的非形式规定

例如，对于上例文法 $G[E]$，不改变已有的 4 条规则，仅加入运算符的优先顺序和结合规则，即*优先于+，而+、*服从左结合。这样，文法 $G[E]$ 中的句子 $i*i+i$ 只有唯一的一棵语法树（见图 2.6），从而避免了文法的二义性。

2．构造一个等价的无二义性文法，即把排除二义性的规则合并到原有文法中，改写原有的文法

例如，对于上例文法 $G[E]$，将运算符的优先顺序和结合规则（*优先于+，而+、*左结合）加到原有文法中，可构造出如下无二义性文法 $G'[E]$。

$$E \to E+T \mid T$$
$$T \to T*F \mid F$$
$$F \to (E) \mid i$$

则句子 $i*i+i$ 只有唯一一棵语法树，见图 2.8。

可见，改写后的文法与原文法等价且为无二义性文法。此例告诉我们，对于由二义性文法描述的语言，有时可以找到等价的无二义性文法来描述它。

【例 2.15】 定义某程序语言条件语句的文法 G 为

$$S \to if \quad b \quad S$$
$$\mid if \quad b \quad S \quad else \quad S$$
$$\mid A \qquad （其他语句）$$

试证明该文法是二义性的，并消除它的二义性。

分析 该文法的句子 if b if b A else A 对应图 2.9 中两棵不同的语法树，所以该文法是二义性的。消除文法的二义性可采用下面两种方法。

（1）不改变已有规则，仅加进一项非形式的语法规定：else 与前面最接近的不带 else 的 if 相对应。这样，文法 G 的句子 if b if b A else A 只对应唯一的一棵语法树（见图 2.9（a）），由此消除了二义性。

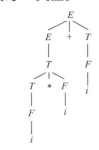

图 2.8　G' 的句子 $i*i+i$ 的语法树

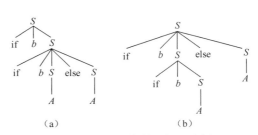

图 2.9　复合 if 语句的两棵语法树

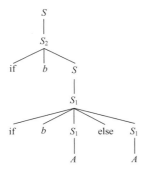

图 2.10　G' 的复合 if 语句的语法树

（2）改写文法 G 为 G'：

$S \to S_1 | S_2$

$S_1 \to$ if b S_1 else $S_1 | A$

$S_2 \to$ if b $S|$ if b S_1 else S_2

这是因为，通过分析得知引起二义性的原因是 if-else 语句的 if 后可以是 if 型，因此改写文法时规定 if 和 else 之间只能是 if-else 语句或其他语句。这样，对改写后的文法，句子 if b if b A else A 只对应唯一的一棵语法树，如图 2.10 所示。

应该指出的是，文法的二义性和语言的二义性是两个不同的概念。通常我们只说文法的二义性，而不说语言的二义性，这是因为可能有两个不同的文法 G 和 G'，而且其中一个是二义性的，另一个是无二义性的，却有 $L(G) = L(G')$，即这两个文法所产生的语言是相同的。而将一个语言说成是二义性的，是指对它不存在无二义性的文法，这样的语言称为先天二义性的语言，如 $L = \{a^i b^j c^k \mid i = j$ 或 $j = k, i, j, k \geqslant 1\}$ 便是这种语言。

人们已经证明，不存在一个算法，它能在有限步骤内确切地判定任给的一个上下文无关文法是否为二义性文法，或它是否产生一个先天二义性的上下文无关语言。

2.5　文法和语言的分类

文法用于生成语言，不同的文法生成不同的语言。

著名的语言学家乔姆斯基（Chomsky）将文法和语言分为 4 大类，即 0 型、1 型、2 型和 3 型。划分的依据是对文法中的规则施加不同的限制。

1．0 型文法（无限制文法）

若文法 $G = \{V_N, V_T, P, S\}$ 中的每条规则 $\alpha \to \beta$ 是这样一种结构：$\alpha \in (V_N \cup V_T)^*$ 且至少含一个非终结符，而 $\beta \in (V_N \cup V_T)^*$，则称 G 是 0 型文法。0 型文法描述的语言是 0 型语言。

由定义可见，α 和 β 均是文法的终结符和非终结符组成的符号串，且 β 可能为空，而 α 不

等于空，即允许 $|\alpha| > |\beta|$。由于 0 型文法没有加任何限制条件，故又称为无限制性文法，相应的语言称为无限制性语言。

例如，有 0 型文法 $G = \{V_N, V_T, P, S\}$，其中

$$V_N = \{A, B, S\}$$
$$V_T = \{0, 1\}$$
$$P = \{S \rightarrow 0AB$$
$$1B \rightarrow 0$$
$$B \rightarrow SA|01$$
$$A1 \rightarrow SB1$$
$$A0 \rightarrow S0B\}$$

其描述的 0 型语言为 $L_0(G[S]) = \{\}$。

2．1 型文法（上下文有关文法）

若文法 $G = \{V_N, V_T, P, S\}$ 中的每条规则的形式为 $\alpha A\beta \rightarrow \alpha u\beta$，其中 $A \in V_N$，$\alpha, \beta \in (V_N \cup V_T)^*$，$u \in (V_N \cup V_T)^+$，则称 G 是 1 型文法。1 型文法描述的语言是 1 型语言。

由定义可见，利用规则将 A 替换成 u 时，则必须考虑非终结符 A 只有在 α 和 β 这样的一个上下文环境中才可以把它替换为 u，并且不允许替换成空串，也就是 $|\alpha A\beta| > |\alpha u\beta|$，故又称 1 型文法为上下文有关文法，相应的语言又称为上下文有关语言。

例如，有 1 型文法 $G = \{V_N, V_T, P, S\}$，其中

$$V_N = \{S, A, B\}$$
$$V_T = \{a, b, c\}$$
$$P = \{S \rightarrow aSAB|abB$$
$$BA \rightarrow BA'$$
$$BA' \rightarrow AA'$$
$$AA' \rightarrow AB$$
$$bA \rightarrow bb$$
$$bB \rightarrow bc$$
$$cB \rightarrow cc\}$$

其描述的 1 型语言为 $L_1(G[S]) = \{a^n b^n c^n \mid n \geq 1\}$。

3．2 型文法（上下文无关文法）

若文法 $G = \{V_N, V_T, P, S\}$ 中的每条规则的形式为 $A \rightarrow \beta$，其中 $A \in V_N$，$\beta \in (V_N \cup V_T)^*$，则称 G 是 2 型文法。2 型文法描述的语言是 2 型语言。

由定义可见，利用规则将 A 替换成 β 时，与 A 的上下文无关，即不需考虑 A 在上下文中出现的情况，故又称 2 型文法是上下文无关文法，其产生的语言又称为上下文无关语言。

通常定义程序设计语言的文法是上下文无关文法，因此，上下文无关文法及相应语言是我们主要研究的对象。

例如，有 2 型文法 $G = \{V_N, V_T, P, S\}$，其中

$$V_N = \{S, A, B\}$$
$$V_T = \{a, b\}$$

$$P=\{S \to aB|bA$$
$$A \to a|aS|bAA$$
$$B \to b|bS|aBB\}$$

其描述的语言为 $L_2(G[S]) = \{x \mid x \in \{a,b\}^+$ 且 x 中 a 和 b 的个数相同 $\}$。

4．3 型文法（正规文法）

若文法 $G = \{V_N, V_T, P, S\}$ 中的每条规则的形式为 $A \to \alpha B$ 或 $A \to \alpha$，其中 $A, B \in V_N, \alpha \in V_T^*$，则称 G 是右线性文法。

若文法 $G = \{V_N, V_T, P, S\}$ 中的每条规则的形式为 $A \to B\alpha$ 或 $A \to \alpha$，其中 $A, B \in V_N, \alpha \in V_T^*$，则称 G 是左线性文法。

右线性文法和左线性文法都称为 **3 型文法**或正规文法。3 型文法描述的语言称为 3 型语言或正规语言。

通常，定义程序设计语言词法规则的文法是正规文法。

例如，用左线性正规文法和右线性正规文法定义标识符。用 I 代表标识符，l 代表任意一个字母，d 代表任意一个数字，则定义标识符的文法为

左线性文法　　　　　　　　　　右线性文法
$$P: I \to l \mid Il \mid Id \qquad\qquad P: I \to l \mid lT$$
$$T \to l \mid d \mid lT \mid dT$$

例如，用左线性正规文法和右线性正规文法定义无符号整数。

用 N 代表无符号整数，d 代表任意一个数字，则定义的无符号整数文法为

左线性文法　　　　　　　　　　右线性文法
$$P: N \to d \mid Nd \qquad\qquad P: N \to d \mid dN$$

由上述 4 类文法的定义可知，从 0 型文法到 3 型文法，是逐渐增加对规则的限制条件得到的，因此每一种正规文法都是上下文无关文法，每一种上下文无关文法都是上下文有关文法，而每一种上下文有关文法都是 0 型文法，而由它们所定义的语言类是依次缩小的，即有 $L_0 \supset L_1 \supset L_2 \supset L_3$。

2.6　文法的使用限制和变换

文法是用来描述程序设计语言的，在实际应用中需要对文法加一些限制条件。对文法的使用限制有以下两点。

① 文法中不能含有形如 $A \to A$ 的规则，这种规则称为**有害规则**。这样的规则对描述语言显然是没有必要的，还会引起文法的二义性。所以在设计文法时，应该避免定义这样的规则。

② 文法中不能有多余规则。所谓**多余规则**，是指文法中出现以下两种规则的情况：一是某条规则 $A \to \alpha$ 的左部符号 A 不在所属文法的任何其他规则右部出现，即在推导文法的所有句子中始终都不可能用到的规则；二是对文法中的某个非终结符 A，无法从它推导出任何终结符号串来。

例如，设有文法 $G[S]$：

$$A \rightarrow Ad \mid d$$
$$B \rightarrow Cd \mid Ae$$
$$C \rightarrow Ce$$
$$D \rightarrow e$$

在该文法中，因为非终结符 D 不在任何规则的右部出现，所以在句子的推导中始终不可能用到它，因此规则 $D \rightarrow e$ 为多余规则，应该删除。

又因为非终结符 C 推导不出终结符号串，所以规则 $C \rightarrow Ce$ 和规则 $B \rightarrow Cd$ 为多余规则，也应该删除。

删除多余规则后的文法变换为

$$S \rightarrow Bd$$
$$B \rightarrow Ae$$
$$A \rightarrow Ad \mid d$$

另外，即使有些规则的左部非终结符出现在了其他规则的右部，但如果在推导文法句子时永远用不到它，这样的规则也是多余规则。

例如下面的文法 $G[S]$：

$$S \rightarrow Aa$$
$$A \rightarrow Aa \mid d$$
$$B \rightarrow a \mid Ca$$
$$C \rightarrow d \mid Bd$$

该文法中，虽然 B、C 都出现在了其他规则的右部，但由于在推导文法句子时，永远无法用到这两个非终结符，因此它们对应的规则 $B \rightarrow a \mid Ca$ 及 $C \rightarrow d \mid Bd$ 都是多余的，也应该删除。

若程序设计语言的文法含有多余规则，其中必定有错误存在，因此检查文法中是否含有多余规则是很重要的。

本章小结

本章重点介绍了语言的语法结构的形式描述、语法树和文法的二义性，主要内容如下。

1．设计一个文法，定义一个已知的语言

（1）文法是一个四元组 $G = (V_N, V_T, P, S)$，文法四大要素中，关键是一组规则，它定义（或描述）了一个语言的结构。从文法定义可知，对于程序设计者来说，文法给出了语言的精确定义和描述；对于编译程序的开发者而言，文法是进行正确编译的准则；对于语言的使用者而言，文法是进行程序设计的依据。

（2）分析已知语言句子的结构特征，设计出相应的一组规则，但不唯一。

（3）设计的文法必须能定义已知的语言，不能扩大或缩小所定义语言的范围。

（4）若语言是无穷集合，设计该语言的文法一定是递归的。

2．已知一个文法，确定该文法所定义的语言

（1）文法所定义的语言 $L(G(S)) = \{x \mid S \overset{*}{\Rightarrow} x \text{ 且 } x \in V_T^*\}$。

（2）给定一个文法，可根据语言和推导定义推导出文法的句子，从而确定出该文法所定义的语言。

（3）语言可用。

① 自然语言描述。例如，$L = \{x \mid x \in \{a, b\}^+$ 且 x 中 a 和 b 的个数相同$\}$。

② 式子描述。例如，$L = \{a^{2n}bb \mid n \geq 0\}$。

③ 正规式描述。例如，$L = \{b^n a \mid n \geq 0\}$，可用 $L = b^* a$ 来描述。

3．求句型的短语、直接短语和句柄

（1）短语、直接短语和句柄是对某个具体的句型而言的。

（2）短语总是句型的某个子串，它对应子树末端结点形成的符号串。

（3）直接短语是某条规则右部，它对应简单子树末端结点形成的符号串。

（4）最左边的直接短语是句柄。

4．文法二义性的判断

一个文法存在某个句子对应两棵不同的语法树或对应两个不同的最左（最右）推导，则该文法是二义性的。

扩展阅读

Chomsky（1956 年）将上下文无关文法作为研究自然语言的一部分提了出来。而上下文无关文法在定义程序设计语言方面的应用却是独立出现的。

John Backus 在起草 Algol 60 的工作中，使用了 Emil Post 产生式（Wexelblat，1981 年）。这种表示法是上下文无关文法的一个变种。Panini 提出了一种等价的语法表示，用来说明公元前 400 年到公元前 200 年之间出现的 Sanskrit 文法的规则（Ingerman，1967 年）。

BNF 最初是 Backus Normal Form 的缩写，读作 Backus Naur 范式，目的是纪念 Algol 60 报告的作者 Naur 的贡献（Naur，1963 年）。BNF 最早出现在 Knuth（1965 年）的研究中。

自测题 2

1．选择题（从下列各题 4 个备选答案中选出一个或多个正确答案，写在题干中的横线上）

（1）一般程序设计语言的描述都涉及_____三方面。

A．语法   B．语用   C．语义   D．基本符号的确定

（2）为了使编译程序能对程序设计语言进行正确的翻译，必须采用_____方法定义程序设计语言。

A．非形式化   B．自然语言描述问题

C．形式化   D．自然语言和符号体系相结合

（3）设 x 是符号串，符号串的幂运算 $x^0 =$ _____。

A．1   B．x C．ε D．$\varnothing$

（4）设 A 是符号串的集合，则 $A^* = $ _____。

A．$A^1 \cup A^2 \cup \cdots \cup A^n \cup \cdots$ B．$A^0 \cup A^1 \cup A^2 \cup \cdots \cup A^n \cup \cdots$

C．$\{\varepsilon\} \cup A^+$ D．$A^0 \cup A^+$

（5）字母表中的元素可以是_____。

A．字母   B．字母和数字

C．数字   D．字母、数字和其他符号

（6）文法用来描述语言的语法结构，由如下四部分组成：_____和文法开始符号。

A．文法终结符集合   B．文法规则的集合

C．文法非终结符集合   D．字母数字串

（7）在规则（产生式）中，符号"→"（"::="）表示_____。

A．恒等于   B．等于   C．取决于   D．定义为

（8）在规则（产生式）中，符号"|"表示_____。

A．与   B．或   C．非   D．引导开关参数

（9）设文法 $G[A]$ 的规则如下：$A \rightarrow A1|A0|Aa|Ac|a|b|c$，该文法的句子是符号串_____。

A．$ab0$ B．$a0c01$ C．aaa D．$bc10$

（10）如果在推导过程中的任何一步 $\alpha \Rightarrow \beta$，都是对 α 中的最右非终结符进行替换，则称这种推导为_____。

A．直接推导   B．最右推导   C．最左推导   D．规范推导

（11）描述语言 $L = \{a^m b^n \mid n \geq m \geq 1\}$ 的文法为_____。

A．$S \rightarrow ABb$ B．$S \rightarrow ABb$

    $A \rightarrow aA|a$ $A \rightarrow Aa|a$

    $B \rightarrow bB|b$ $B \rightarrow aBb|b$

C．$S \rightarrow Sb|A$ D．$S \rightarrow aAb$

    $A \rightarrow aAb|ab$ $A \rightarrow Ab|aAb|\varepsilon$

（12）设有文法 $G[S] = (\{S, B\}, \{b\}, \{S \rightarrow bB \mid b, B \rightarrow bS\}, S)$，其描述的语言是_____。

A．$L(G[S]) = \{b^n \mid n \geq 0\}$ B．$L(G[S]) = \{b^{2n} \mid n \geq 0\}$

C．$L(G[S]) = \{b^{2n+1} \mid n \geq 0\}$ D．$L(G[S]) = \{b^{2n+1} \mid n \geq 1\}$

（13）一个句型最左边的_____称为该句型的句柄。

A．短语   B．素短语   C．直接短语   D．规范短语

（14）设有文法 $G[E]$：

$$E \rightarrow E+T \mid E-T \mid T$$
$$T \rightarrow T*F \mid T/F \mid F$$
$$F \rightarrow (E) \mid i$$

该文法句型 $E+T*F$ 的句柄是符号串_____。

A．E B．$E+T$ C．$T*F$ D．$E+T*F$

（15）设有文法 $G[T]$：

$$T \rightarrow T*F \mid F$$
$$F \rightarrow F\uparrow P \mid P$$
$$P \rightarrow (T) \mid a$$

该文法句型 $T*P\uparrow(T*F)$ 的直接短语是符号串_____。

A. P B. $(T*F)$ C. $T*F$ D. $P\uparrow(T*F)$

（16）若一个文法满足_____，则称该文法是二义文法。

A. 文法的某一个句子存在两棵（包括两棵）以上的语法树

B. 文法的某一个句子，它有两个（包括两个）以上的最右（最左）推导

C. 文法的某一个句子，它有两个（包括两个）以上的最右（最左）归约

D. 文法的某一个句子存在一棵（包括一棵）以上的语法树

（17）在下列描述含+、*算术表达式的文法中，属于二义性文法的是_____。

A. $E \rightarrow E+E \mid E*E \mid (E) \mid i$ B. $E \rightarrow EAE \mid (E) \mid i$
                                                         $A \rightarrow + \mid *$

C. $E \rightarrow E+T \mid T$ D. $E \rightarrow EAT \mid T$
     $T \rightarrow T*F \mid F$ $T \rightarrow TBF \mid F$
     $F \rightarrow (E) \mid i$ $F \rightarrow (E) \mid i$
                                                        $A \rightarrow +$
                                                         $B \rightarrow *$

（18）乔姆斯基把文法分成 4 种类型，即 0 型、1 型、2 型和 3 型。2 型文法也被称为_____，3 型文法也被称为_____。

A. 上下文无关文法   B. 正规文法

C. 上下文有关文法   D. 无限制文法

2. 填空题

已知文法 G[E]：

$$E \rightarrow E+T \mid T$$
$$T \rightarrow T*F \mid F$$
$$F \rightarrow (E) \mid a$$

则该文法终结符集合 V_T =_____，文法非终结符集合 V_N =_____，该文法在乔姆斯基文法分类中属于_____文法。

3. 判断题（对下列叙述中正确的说法，在题后括号内打"√"，错误的打"×"）

（1）空符号串的集合 $\{\varepsilon\} = \{\} = \varnothing$ 。   （   ）

（2）设 A 是符号串的集合，则 $A^0 = \varepsilon$ 。   （   ）

（3）设 G 是文法，S 是文法开始符号，若 $S \Rightarrow x$ 且 $x \in V_T^*$，则称 x 为文法 G[S] 的句型。   （   ）

（4）在形式语言中，最右推导的逆过程也称为规范归约。   （   ）

（5）一个语言的文法是唯一的。   （   ）

（6）若一个语言是无穷集合，则定义该语言的文法一定是递归的。   （   ）

（7）一个句型中出现某一个产生式的右部，则此右部一定是此句型的句柄。   （   ）

（8）每个直接短语都是某规则的右部。   （   ）

（9）用二义性文法定义的语言也是二义性的。　　　　　　　　　（　　）

（10）文法的二义性和语言的二义性是两个不同的概念。　　　　　（　　）

（11）任何正规文法都是上下文无关文法。　　　　　　　　　　　（　　）

（12）正规文法对规则的限制比上下文无关文法对规则的限制要多一些。　（　　）

习 题 2

2-1　设有文法 $G[A]$：

$$A \rightarrow a \mid b \mid e \mid Aa \mid Ae \mid A0 \mid A1$$

（1）问 V_T 和 V_N 是由哪些符号组成的？

（2）符号串 a、$ab0$、$a0e01$、$0a$、11、eee 是否为该文法的句子？

2-2　设有文法 $G[N]$：

$$N \rightarrow D \mid ND$$
$$D \rightarrow 0 \mid 1 \mid 2 \mid 3 \mid 4 \mid 5 \mid 6 \mid 7 \mid 8 \mid 9$$

（1）$G[N]$ 定义的语言是什么？

（2）给出句子 0123 和 268 的最左推导和最右推导。

2-3　给出下面语言相应的文法。

$$L_1 = \{a^m b^n \mid m, n \geq 1\}$$
$$L_2 = \{a^n b^n c^i \mid n \geq 1, i \geq 0\}$$
$$L_3 = \{a^n b^n c^m d^m \mid m, n \geq 1\}$$
$$L_4 = \{0^n \mid n \geq 0\}$$
$$L_5 = \{a^{2n+1} \mid n \geq 0\}$$
$$L_6 = \{1^n 0^m 1^m 0^n \mid m, n \geq 0\}$$

2-4　写一个文法，使其语言是奇数的集合，并且每个奇数不以 0 开头。

2-5　证明文法 $S \rightarrow iSeS \mid iS \mid i$ 是二义性的。

2-6　设有文法 $G[E]$：

$$E \rightarrow E+T \mid E-T \mid T$$
$$T \rightarrow T*F \mid T/F \mid F$$
$$F \rightarrow (E) \mid i$$

试证明 $E+T*F$ 是它的一个句型，指出这个句型的所有短语、直接短语和句柄。

2-7　下面文法生成的语言是什么？

$$G_1 : S \rightarrow AB \qquad\qquad G_2 : S \rightarrow aA \mid a$$
$$A \rightarrow aA \mid \varepsilon \qquad\qquad\quad A \rightarrow aS$$
$$B \rightarrow bc \mid bBc$$

2-8　试证明文法 $G[<表达式>]$ 是二义性文法。

$$<表达式> \rightarrow i \mid <表达式><运算符><表达式>$$
$$<运算符> \rightarrow + \mid - \mid * \mid /$$

2-9　已知文法 $G[T]$：

$$T \to T * F \mid F$$
$$F \to F \uparrow P \mid P$$
$$P \to (T) \mid i$$

试给出句型 $T * P \uparrow (T * F)$ 的语法树，并指出这个句型的所有短语、直接短语和句柄。

2-10　文法 $G[A] = (\{A\}, \{a, b\}, \{A \to bA \mid a\}, A)$ 生成的语言是什么？

2-11　已知文法 $G[S]$：

$$S \to (AS) \mid (b)$$
$$A \to (SaA) \mid (a)$$

试找出符号串 (a) 和 $(A((SaA)(b)))$ 的短语、直接短语和句柄。

2-12　解释下列术语和概念。

（1）字母表

（2）上下文无关文法

（3）正规文法

（4）句柄

（5）规范推导

（6）文法二义性

第 3 章
词法分析和有穷自动机

CP

本章学习导读

有穷自动机是构造词法分析程序的理论基础。本章主要介绍词法分析程序的设计原理和构造方法，重点介绍有穷自动机的基本概念及正规文法、正规表达式与有穷自动机之间的相互关系，具体包括如下 6 方面的内容：

- ❖ 词法分析程序功能
- ❖ 单词符号及输出单词的形式
- ❖ 语言单词符号的两种定义方式
- ❖ 正规式与有穷自动机
- ❖ 正规文法与有穷自动机
- ❖ 词法分析程序的编写方法

3.1　词法分析程序的功能

由第 1 章可知，编译过程的第一步是进行词法分析。词法分析的任务是对字符串表示的源程序从左到右进行扫描和分解，根据语言的词法规则识别出一个一个具有独立意义的单词符号。执行词法分析的程序称为词法分析程序，或称词法分析器或扫描器。

通常，把词法分析程序设计为语法分析程序的子程序。每当语法分析程序需要一个单词符号时，就向词法分析程序发出"取下一个单词符号"的调用命令。词法分析程序从输入字符串中，识别出一个具有独立意义的单词符号，并传送给语法分析程序，如图 3.1 所示。本章主要介绍词法分析程序的设计原理和构造方法。

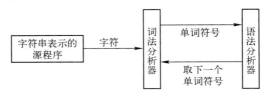

图 3.1　词法分析程序

3.2　单词符号及输出单词的形式

词法分析程序是以字符串形式的源程序作为输入，以单词符号或单词符号表示的源程序作为输出。

3.2.1　语言的单词符号

语言的单词符号是指语言中具有独立意义的最小语法单位，即单词符号是程序语言的基本语法单位。程序语言的单词符号一般可分为下面 5 种。

① 关键字，也称基本字，例如，C 语言中的 if，else，while，do 等，这些字在语言中具有固定的意义，一般不作为标识符使用。

② 标识符，表示各种名字，如变量名、常量名、数组名和函数名等。

③ 常数，各种类型的常数，如整型常数 125、实型常数 0.718、布尔型常数 TRUE 等。

④ 运算符，如+、−、*、/、< 等。

⑤ 界符，如，；（）：等。

一个程序语言的关键字、运算符和界符的个数是确定的，而对于标识符或常数的使用个数通常是不确定的。

3.2.2　词法分析程序输出单词的形式

词法分析程序所输出的单词符号通常表示成如下二元式：（单词种别，单词自身的值）。

1. 单词种别

单词种别表示单词的种类，是语法分析需要的信息。一个语言的单词符号如何划分种类、分成几个种类、怎样编码，这是一个技术性的问题，主要取决于处理上的方便，通常的方法是让每种单词对应一个整数码，目的是最大限度地把各单词区别开。基本字可将其全体视为一种，也可以一字一种。采用一字一种的分法处理起来较为方便。标识符一般统归为一种。常数可统归为一种，也可按类型（整型、实型、布尔型等）分种。运算符和界符可采用一符一种的分法，也可以统归为一种。

2. 单词自身的值

单词自身的值是编译中其他阶段所需要的信息。可采用下面的方法来确定它的值。

① 如果一个种别只含一个单词符号，那么对于这个单词符号，种别编码就完全代表它自身的值。

② 如果一个种别含有多个单词符号，那么对于它的每个单词符号，除了给出种别编码，还应给出单词符号的自身值，以便把同一种类的单词区别开。标识符自身值是标识符自身的字符串；常数自身值是常数本身的二进制数值。我们也可用指向某类表格中一个特定项目的指针值来区分同类中不同的单词。例如，对于标识符，用它在符号表的入口指针作为它的自身值；常数用它在常数表的入口指针作为它的自身值。

假定基本字、运算符和界符都是一符一种，标识符自身的值用自身字符串表示，常数自身的值用常数本身的值（转变成标准二进制形式）表示，则程序段"if(a>1)　b=100;"在经词法分析程序扫描后，它所输出的单词符号串是：

(2,)	基本字 if
(29,)	左括号(
(10,'a')	标识符 a
(23,)	大于号>
(11,'1'的二进制)	常数 1
(30,)	右括号)
(10,'b')	标识符 b
(17,)	赋值号=
(11,'100'的二进制)	常数 100
(26,)	分号;

这里假设标识符的种别编码为整数 10，常数的种别编码为整数 11，基本字 if 种别编码为 2，赋值号的种别编码为 17，大于号的种别编码为 23，分号的种别编码为 26，左括号的种别编码为 29，右括号的种别编码为 30。

3.3　语言单词符号的两种定义方式

为了构造出识别语言单词符号的词法分析程序,必须首先搞清楚如何定义描述程序语言单词符号的结构。目前，多数程序设计语言的单词符号都能用正规文法（左线性文法或右线性文法）或正规式来定义。

例如，高级程序设计语言中"标识符"这个单词符号，其单词结构是一个以字母开头的字母数字串，那么定义"标识符"单词符号的左线性文法为

<标识符>→l|<标识符>l|<标识符>d

或右线性文法为

<标识符>→l|l<字母数字>

<字母数字> →l|d|l<字母数字>|d<字母数字>

其中，l 代表 a～z 中任一英文字母，d 代表 0～9 中任一数字。

"标识符"单词也可用正规式：字母（字母|数字）*定义；或者用 l 代表字母，d 代表数字，则"标识符"单词可用正规式 l（l|d）*来定义。

这两种定义方式各有不同特点，用正规式定义简洁清晰，而用正规文法来定义易于识别。

3.3.1　正规式和正规集

正规文法在第 2 章已经介绍过，在此给出正规式和正规集的递归定义。

设有字母表 $\Sigma = \{a_1, a_2, \cdots, a_n\}$，在字母表 Σ 上的正规式和它所表示的正规集可用如下规则来定义。

① $\varnothing$是 Σ 上的正规式，它所表示的正规集是 $\varnothing$，即空集{}。

② ε是 Σ 上的正规式，它所表示的正规集仅含一空符号串，即$\{\varepsilon\}$。

③ a_i 是 Σ 上的一个正规式，它所表示的正规集是由单个符号 a_i 所组成，即$\{a_i\}$。

④ 如果 e_1 和 e_2 是 Σ 上的正规式，它们所表示的正规集分别为 $L(e_1)$ 和 $L(e_2)$，那么：

❖ $e_1|e_2$ 是 Σ 上的一个正规式，它所表示的正规集为 $L(e_1|e_2) = L(e_1) \cup L(e_2)$。

❖ $e_1 e_2$ 也是 Σ 上的一个正规式，它所表示的正规集为 $L(e_1 e_2) = L(e_1)L(e_2)$。

❖ $(e_1)^*$ 也是 Σ 上的一个正规式，它所表示的正规集为 $L((e_1)^*) = L((e_1))^*$。

正规式中包含 3 种运算符：·（连接）、|（或）、*（闭包）。其中，闭包运算的优先级最高，连接运算次之，或运算最低。连接符"·"一般可省略不写。这 3 种运算符均是左结合的。

【例 3.1】　设有字母表 $\Sigma = \{a, b\}$，根据正规式与正规集的定义，有：

（1）a 和 b 是正规式，相应正规集为 $L(a)=\{a\}$，$L(b)=\{b\}$。

（2）$a|b$ 是正规式，相应正规集为 $L(a|b) = L(a) \cup L(b) = \{a,b\}$。

（3）ab 是正规式，相应正规集为 $L(ab) = L(a)L(b) = \{ab\}$。

（4）$(a|b)^*$ 是正规式，相应正规集为 $L((a|b)^*) = L((a|b))^* = \{a,b\}^* = \{\varepsilon, a, b, ab, ba, \cdots\}$，即它是以 a 或 b 开头的所有可能符号串的集合。

需要指出的是，对$\{a,b\}^*$的任一子集，不能认为是一个正规集。例如，$\{a,b\}^*$的子集$\{a^n b^n \mid n \geq 1\}$就不是一个正规集，不能用正规式来描述，也不能用正规文法来描述，只能用上下文无关文法来描述。

（5）ba^*是正规式，相应的正规集为 $L((ba^*)) = L(b)L(a^*) = \{b, ba, baa, baaa, \cdots\}$。

（6）$(a|b)^*(aa|bb)(a|b)^*$ 是正规式，相应正规集为

$$L((a|b)^*(aa|bb)(a|b)^*) = L((a|b)^*)L(aa|bb)L((a|b)^*) = \{a,b\}^*\{aa,bb\}\{a,b\}^*$$

即相应的正规集是 Σ 上所有含两个相继 a 或两个相继 b 组成的符号串的集合。

【例 3.2】　设 $\Sigma = \{a, b, c\}$，则 $aa^*bb^*cc^*$ 是 Σ 上的一个正规式，它所表示的正规集

$$L=\{abc, aabc, abbc, abcc, aaabc, \cdots\}=\{a^m b^n c^l | m, n, l \geq 1\}$$

【例 3.3】 设程序语言字母表是键盘字符集合，则程序语言部分单词符号可用如下正规式定义：

关键字	if | else | while | do	
标识符	$l(l \| d)^*$	l 代表 $a \sim z$ 中任一字母
整常数	dd^*	d 代表 $0 \sim 9$ 中任一数字
关系运算符	$< \| <= \| > \| >= \| <>$	

如果正规表达式 R_1 和 R_2 描述的正规集相同，则称正规式 R_1 与 R_2 **等价**，记为 $R_1 = R_2$。例如，$(a|b)^* = (a^* b^*)^*$，$b(ab)^* = (ba)^* b$。

令 A、B 和 C 均为正规式，则正规式具有如下性质：

① $A | B = B | A$ （交换律）
② $A | (B | C) = (A | B) | C$ （结合律）
③ $A(BC) = (AB)C$ （结合律）
④ $A(B | C) = AB | AC$ （分配律）
⑤ $(A | B)C = AC | BC$ （分配律）
⑥ $A\varepsilon | \varepsilon A = A$
⑦ $A^* = AA^* | \varepsilon = A | A^* = (A | \varepsilon)^*$
⑧ $(A^*)^* = A^*$

3.3.2 正规文法和正规式

正规文法和正规式都是描述正规集的工具。对任意一个正规文法，存在定义同一语言的正规式；反之，对每个正规式存在一个生成同一语言的正规文法，下面给出两者之间的相互转换方法。

1．正规文法到正规式的转换

① 将正规文法中的每个非终结符表示成关于它的一个正规式方程，获得一个联立方程组。
② 依照求解规则：若 $x = \alpha x | \beta$（或 $x = \alpha x + \beta$），则解为 $x = \alpha^* \beta$；若 $x = x\alpha | \beta$（或 $x = x\alpha + \beta$），则解为 $x = \beta\alpha^*$；以及正规式的分配律、交换律和结合律求关于文法开始符号的正规式方程组的解。这个解是关于该文法开始符号 S 的一个正规式，显然它表示了由该正规文法所描述的语言。

【例 3.4】 设有正规文法 G：

$$Z \rightarrow 0A$$
$$A \rightarrow 0A | 0B$$
$$B \rightarrow 1A | \varepsilon$$

试给出该文法生成语言的正规式。

分析 首先给出相应的正规式方程组（方程组中用 "+" 代替正规式中的 "|"）如下：

$Z = 0A$	(3-1)
$A = 0A + 0B$	(3-2)
$B = 1A + \varepsilon$	(3-3)

将式(3-3)代入式(3-2)中的 B 得

$$A = 0A + 01A + 0 \tag{3-4}$$

对式(3-4)利用分配律

$$A = (0+01)A + 0 \tag{3-5}$$

对式(3-5)使用求解规则得

$$A = (0+01)^* 0 \tag{3-6}$$

将式(3-6)代入式(3-1)中的 A 得

$$Z = 0(0+01)^* 0$$

即正规文法 $G[Z]$ 所生成语言的正规式是 $0(0|01)^* 0$。

【例 3.5】 设有正规文法 G：

$$A \rightarrow aB \mid bB$$
$$B \rightarrow aC \mid a \mid b$$
$$C \rightarrow aB$$

相应的正规式方程组为

$$A = aB + bB \tag{3-7}$$
$$B = aC + a + b \tag{3-8}$$
$$C = aB \tag{3-9}$$

将式(3-8)代入式(3-9)中的 C 得

$$B = aaB + a + b \tag{3-10}$$

对式(3-10)使用求解规则得

$$B = (aa)^*(a+b) \tag{3-11}$$

将式(3-11)代入式(3-7)中的 B 得

$$A = (a+b)(aa)^*(a+b)$$

即正规文法 $G[A]$ 所生成语言的正规式是 $(a|b)(aa)^*(a|b)$。

【例 3.6】 设有正规文法 G：

$$Z \rightarrow U0 \mid V1$$
$$U \rightarrow Z1 \mid 1$$
$$V \rightarrow Z0 \mid 0$$

相应的正规式方程组为

$$Z = U0 + V1 \tag{3-12}$$
$$U = Z1 + 1 \tag{3-13}$$
$$V = Z0 + 0 \tag{3-14}$$

将式(3-13)和式(3-14)代入式(3-12)得

$$Z = Z10 + 10 + Z01 + 01 \tag{3-15}$$

对式(3-15)使用求解规则得

$$Z = (10+01)(10+01)^*$$

即正规文法 $G[Z]$ 所生成语言的正规式是 $(10|01)(10|01)^*$。

【例 3.7】 已知描述"标识符"单词符号的正规文法为

$$\langle 标识符\rangle \rightarrow l \mid \langle 标识符\rangle l \mid \langle 标识符\rangle d$$

根据前述求解规则可知，该文法所描述语言的正规式是 $l(l|d)^*$。

2．正规式到正规文法的转换

字母表 Σ 上的正规式到正规文法 $G=(V_N,V_T,P,S)$ 的转换方法如下：

（1）令 $V_T=\Sigma$。

（2）对任意正规式 R 选择一个非终结符 Z 生成规则 $Z\to R$，并令 $S=Z$。

（3）若 a 和 b 都是正规式，对形如 $A\to ab$ 的规则转换成 $A\to aB$ 和 $B\to b$ 两条规则，其中 B 是新增的非终结符。

（4）在已转换的文法中，将形如 $A\to a^*b$ 的规则进一步转换成 $A\to aA\,|\,b$。

（5）不断进行步骤（3）和（4），直到每条规则最多含有一个终结符为止。

【例 3.8】 将 $R=(a|b)(aa)^*(a|b)$ 转换成相应的例 3.5 的正规文法。

令 A 是文法开始符号，根据规则（2）变换为

$$A\to (a|b)(aa)^*(a|b)$$

根据规则（3）变换为

$$A\to (a|b)B$$
$$B\to (aa)^*(a|b)$$

根据规则（4）变换为

$$A\to aB\,|\,bB$$
$$B\to aaB\,|\,a\,|\,b$$

根据规则（3）变换为

$$A\to aB\,|\,bB$$
$$B\to aC\,|\,a\,|\,b$$
$$C\to aB$$

即得例 3.5 中的正规文法。

【例 3.9】 将描述标识符的正规式 $R=l(l|d)^*$ 转换成相应的正规文法。

令 S 为文法的开始符号，根据规则（2），有

$$S\to l(l|d)^*$$

根据规则（3）变换为

$$S\to lA$$
$$A\to (l|d)^*$$

根据规则（4）变换为

$$S\to lA$$
$$A\to (l|d)A\,|\,\varepsilon$$

进一步变换为

$$S\to lA$$
$$A\to lA\,|\,dA\,|\,\varepsilon$$

去掉 ε 规则

$$S\to lA$$
$$A\to l\,|\,d\,|\,lA\,|\,dA$$

即得 3.3 节中描述标识符的右线性文法。

搞清楚了程序语言单词符号的正规式和正规文法的两种描述方式后，接下来讨论如何从这两种描述中构造识别语言单词符号的词法分析程序。

由形式语言和自动机理论可知，对于用正规文法所定义的语言和用正规式所表示的集合可以用有穷自动机来识别。

3.4 正规式和有穷自动机

3.4.1 确定有穷自动机和非确定有穷自动机

有穷自动机（Finite State）是具有离散输入与输出系统的一种抽象数学模型，有"确定的"和"非确定的"两类。确定有穷自动机（Deterministic Finite State，DFA）和非确定有穷自动机（Nondeterministic Finite Automata，NFA）都能准确识别正规集。

1. 确定有穷自动机

一个确定有穷自动机 M 是一个五元组 $M = (Q, \Sigma, f, S, Z)$，其中：

① Q 是一个有穷状态集合，每个元素称为一个状态。

② Σ 是一个有穷输入字母表，每个元素称为一个输入字符。

③ f 是一个从 $Q \times \Sigma$ 到 Q 的单值映射

$$f(q_i, a) = q_j \quad (q_i, q_j \in Q, a \in \Sigma)$$

图 3.2 S_1 的状态转换

表示当前状态为 q_i，输入字符为 a 时，自动机将转换到下一个状态 q_j。q_j 称为 q_i 的一个后继状态。我们说状态转换函数是单值函数，是指 $f(q_i, a)$ 唯一地确定了下一个要转移的状态，即每个状态的所有输出边上标记的输入字符不同，如图 3.2 所示。可知，$f(S_1, a) = S_2$，$f(S_1, b) = S_3$，$f(S_1, c) = S_4$ 是单值映射函数。

④ $S \in Q$ 是唯一的一个初态。

⑤ $Z \subseteq Q$ 是一个终态集。

【例 3.10】 设确定有穷自动机 $M = (\{q_0, q_1, q_2\}, \{a, b\}, f, q_0, \{q_2\})$，其中

$$f(q_0, a) = q_1 \qquad f(q_1, b) = q_1$$
$$f(q_0, b) = q_2 \qquad f(q_2, a) = q_2$$
$$f(q_1, a) = q_1 \qquad f(q_2, b) = q_1$$

一个确定有穷自动机（DFA）可用一个矩阵表示，该矩阵的行表示状态，列表示输入符号，矩阵元素表示 $f(q, a)$ 的值，该矩阵称为**状态转换矩阵**，或称**转换表**。例 3.10 中确定有穷自动机 M 对应的状态转换矩阵如表 3.1 所示。

一个确定有穷自动机（DFA）也可以表示成一张状态转换图。假定 DFA M 有 m 个状态、n 个输入字符，那么这个状态转换图含有 m 个**状态结**，每个状态结最多有 n 条箭弧射出和别的状态结相连接，每条弧用 Σ 中的一个不同的输入字符进行标记。整个图含有唯一一个**初态结**和若干**终态结**。例 3.10 中 DFA M 的状态转换图如图 3.3 所示。

对 Σ^* 中的任何符号串 β，若存在一条从初态结到终态结的道路，而且在这条路上所有弧的

标记连接成的符号串等于 β，则称 β 为 DFA M 所识别（或接受），若 M 的初态结又是终态结，则 ε 可为 M 所识别。DFA M 所识别的符号串的全体记为 $L(M)$ ，称为 DFA M 所识别的语言。例 3.10 的 DFA M 所识别的语言为 $L(M) = ba^*$ 。

表 3.1 状态转换矩阵

状态	字符	
	a	b
q_0	q_1	q_2
q_1	q_1	q_1
q_2	q_2	q_1

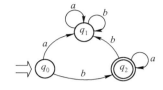

图 3.3 DFA M 的状态转换图

2．非确定有穷自动机

一个非确定有穷自动机 N 是一个五元组 $N = (Q, \Sigma, f, S, Z)$ ，其中 Q、Σ、Z 的意义同确定有穷自动机，而 f 和 S 则不同。

状态转换函数 f 不是单值函数，它是一个多值函数。$f(q_i, a) = \{$某些状态的集合$\}$ $(q_i \in Q)$ ，表示不能由当前状态、当前输入字符唯一地确定下一个要转移的状态，即允许同一个状态对同一输入字符有不同的输出边，如图 3.4 所示。可知， $f(S_1, a) = \{S_1, S_2, S_3\}$ ，即 f 是一个从

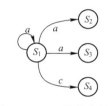

图 3.4 NFA 的状态转换

$Q \times \Sigma$ 到 Q 的子集的映射。非确定有穷自动机还允许 $f(q_i, \varepsilon) = \{$某些状态的集合$\}$ ，也就是说，非确定有穷自动机的状态转换图中，边上的标记可以是 ε 。

$S \subset Q$ 是非空初态集。

【例 3.11】 设有非确定有穷自动机 $N = (\{1, 2, 3\}, \{a, b\}, f, \{1, 3\}, \{2\})$ ，其中：

$$f(1, a) = \{3\} \qquad f(2, a) = \varnothing \qquad f(3, a) = \varnothing$$
$$f(1, b) = \{1, 2\} \qquad f(2, b) = \{3\} \qquad f(3, b) = \{2\}$$

与确定有穷自动机一样，非确定有穷自动机也可以用一个矩阵或一张状态转换图表示。例中非确定有穷自动机 N 对应的状态转换矩阵如表 3.2 所示，对应的状态转换图如图 3.5 所示。

对于 Σ^* 中的任何一个符号串 β，若存在一条从初态结到某终态结的道路，且这条路上所有弧的标记依次连接成的字符串等于 β，则称 β 可为 NFA N 所识别。若 N 的某些结既是初态结又是终态结，或者存在一条从初态结到终态结的 ε 道路，那么 ε 可为 N 所接受。NFA N 所接受 Σ^* 中字符串的集合称为 NFA N 所识别的语言，记为 $L(N)$ 。例 3.11 中 NFA N 所识别的语言为 $L(N) = b^*(b \mid ab)(bb)^*$ 。

表 3.2 状态转换矩阵

状态	字符	
	a	b
1	$\{3\}$	$\{1, 2\}$
2	$\varnothing$	$\{3\}$
3	$\varnothing$	$\{2\}$

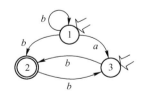

图 3.5 NFA N 的状态转换图

由 NFA 的定义可知，同一个符号串 β 可由多条路来识别，例 3.11 中 NFA N，对符号串 $\beta = bbb$ 可由 3 条路来识别。第 1 条路：状态 1→状态 2→状态 3→状态 2；第 2 条路：状态 1→

状态 1→状态 1→状态 2；第 3 条路：状态 3→状态 2→状态 3→状态 2。这样，对于非确定的有穷自动机，难以用计算机程序来模拟，作为描述控制过程的自动机，通常都是确定的有穷自动机。事实上，DFA 是 NFA 的特例。另外，可以通过数学归纳法证明，对于每个 NFA N 存在 DFA M，使 $L(M)=L(N)$，因此，我们利用有穷自动机构造词法分析程序的方法从语言单词的描述中构造出非确定的有穷自动机，再将非确定的有穷自动机转化为确定的有穷自动机，并化简为状态最少化的 DFA，然后对 DFA 的每个状态构造一小段程序，并转化为识别语言单词的词法分析程序。下面讨论如何从描述语言单词的正规式中构造出识别其语言单词的有穷自动机。

3.4.2 由正规表达式构造非确定有穷自动机

现在介绍根据正规式 R 的结构，构造非确定有穷自动机的方法。

输入：字母表 Σ 上的正规式 R。

输出：识别（接受）语言 $L(R)$ 的 NFA N。

方法：

（1）引进初始结点 X 和终止结点 Y，把 R 表示成拓广转换图，如图 3.6 所示。

（2）分析 R 的语法结构，用如下规则对 R 中的每个基本符号构造 NFA。

① $R=\varnothing$，构造 NFA，如图 3.7 所示。

图 3.6 R 拓广转换图   图 3.7 正规式 ∅ 的转换图

② $R=\varepsilon$，构造 NFA，如图 3.8 所示。

③ $R=a$（ $a\in\Sigma$ ），构造 NFA，如图 3.9 所示。

图 3.8 正规式 ε 的转换图   图 3.9 正规式 a 的转换图

④ 若 R 是复合正规式，则按图 3.10 的转换规则对 R 进行分裂和加进新结，直至每个边上只留下一个符号（或 ε ）为止。

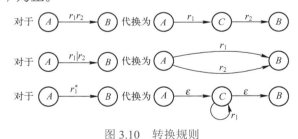

图 3.10 转换规则

（3）在整个分裂过程中，所有新结均采用不同的名字，保留 X、Y 为全图唯一初态结和终态结。

【例 3.12】 构造识别语言 $R=(a\,|\,b)^{*}abb$ 的 NFA N，使 $L(N)=L(R)$。

将 R 表示成如图 3.11 所示的拓广转换图。

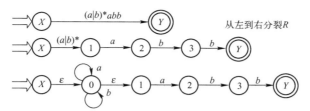

图 3.11　从正规式 R 构造 NFA N

【例 3.13】　构造识别标识符的 NFA，描述标识符的正规式 $R = l(l \mid d)^*$。

将 R 表示成如图 3.12 所示的拓广转换图。

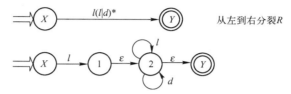

图 3.12　从正规式 R 构造 NFA N

3.4.3　将非确定有穷自动机确定化为确定有穷自动机的方法

非确定有穷自动机的确定化是指对任给的非确定有穷自动机，都能相应地构造为确定有穷自动机，使它们接受相同的语言。

前面提到，NFA 允许 ε 边的状态转换。假设一个 NFA 当前是 q_1 状态，遇到的输入符号是 a，而它在不消耗输入符号 a 的情况下，可以通过 ε 边转换到 q_2 状态。那么，要问 NFA 在使用输入符号 a 之前处于哪种状态，就会有点混乱，难以回答。我们最好描述成：该 NFA 当前的状态可能是状态集合 $\{q_1, q_2\}$ 中的某个状态。或者将 NFA 想象成同一时间处于 q_1 和 q_2 两个状态，这为我们后面利用子集法转换 NFA 到 DFA 提供了一点暗示，即 DFA 中的状态 $q = \{q_1, q_2\}$。

对于一个 NFA，由于状态转换函数 f 是一个多值函数，因此总存在一些状态 q，对于它们有 $f(q, a) = \{q_1, q_2, q_3, \cdots, q_n\}$，函数的输出结果是 NFA 状态集合的一个子集。为了将 NFA 转换为 DFA，把状态集合 $\{q_1, q_2, q_3, \cdots, q_n\}$ 看成一个状态 A，也就是说，从 NFA 构造 DFA 的基本思想是 DFA 的每个状态代表 NFA 状态集合的某个子集，这个 DFA 使用它的状态去记录在 NFA 读入输入符号之后可能到达的所有状态的集合，我们称此构造方法为子集法。

下面具体给出由 NFA 构造等价 DFA 的子集法。

输入： 一个 NFA N。

输出： 一个接受（识别）相同语言的 DFA M。

方法： 利用构造 ε-闭包的方法将 NFA 确定化为 DFA。

首先引入状态集合 I 的 ε-闭包的概念。

设 I 是 NFA N 的一个状态子集，ε-CLOSURE(I) 定义如下：

① 若 $s \in I$，则 $s \in \varepsilon$-CLOSURE(I)。

② 若 $s \in I$，那么从 s 出发经过任意条 ε 弧而能到达的任何状态 s'，都属于 ε-CLOSURE(I)。

由定义可知，ε-CLOSURE(I) 表示所有那些从 I 中的元素出发经过 ε 道路能到达的 NFA 的状态所组成的集合，I 中任何状态也在其中，因为它们是通过 ε 通路到达自身的。该集合对 DFA

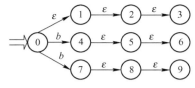

图 3.13　NFA N

来说是一个状态。这样，利用构造 ε-CLOSURE(I) 的方法就可以比较方便、直接地把 NFA 转换为一个等价的 DFA。

下面通过图 3.13 理解状态集合 I 的 ε-闭包。

ε-CLOSURE$(\{0\})=\{0, 1, 2, 3\}$，即 $\{0, 1, 2, 3\}$ 中的任一状态都是从 NFA N 的初态 0 出发，经任意 ε 道路可到达的状态。这个状态集合就是要求的 DFA 的初态。令 $A=\{0,1,2,3\}$，则 $J=f(A,b)=f(0,b)\cup f(1,b)\cup f(2,b)\cup f(3,b)=\{4,7\}$。因为在状态 A 中只有状态 0 有 b 的转移，转移到的状态为 4 和 7。那么令 $B=\varepsilon$-CLOSURE$\{4,7\})=\{4, 5, 6, 7, 8, 9\}$，即是 DFA 在状态 A 下遇到输入符号 b 所转移到的后继状态。

综上所述，从 NFA $N=(Q,\Sigma,f,S,Z)$ 构造等价的 DFA $M=(Q',\Sigma,f',S',Z')$ 的基本方法是：首先将从状态 S 出发经过任意 ε 弧所能到达的状态所组成的集合作为 M 的初态 S'，然后从 S' 出发，经过输入符号 $a\in\Sigma$ 转移到达的状态所组成的集合的 ε-闭包作为 M 的新状态，如此重复，直到不再有新的状态出现为止。下面给出构造 Q' 及 f' 的算法描述如下。

（1）置 DFA M 中的状态集 Q' 和 Z' 为 $\varnothing$。

（2）给出 M 的初态 $S'=\varepsilon$-CLOSURE$(\{S\})$，并把 S' 置为未标记状态后加入 Q'（未标记状态即新状态）。

（3）如果 Q' 中存在未标记的状态 $T=\{q_1,q_2,\cdots,q_n\}(q_i\in Q)$，就进行如下变换（求 $f'(T,a)$ 的后继状态 U）。

① 对于每个 $a\in\Sigma$，置
$$J=f(\{q_1,q_2,\cdots,q_n\},a)=f(q_1,a)\cup f(q_2,a)\cup\cdots f(q_n,a)$$
$$U=\varepsilon-\text{CLOSURE}(J)$$

如果 U 不在 Q' 中，就将 U 置为未标记的状态添加入 Q'，且把状态转移 $f'(T,a)=U$ 添加入 M；如果 U 中至少含有一个元素是 N 的终态，就把 U 置为 M 的终态，即把 U 添加入 Z'。

② 对 T 置标记（表示 T 不再是新加入 Q' 的状态）。

（4）重复进行步骤（3），直到 Q' 中不再含有未标记的状态为止。

（5）重新命名 Q' 中的状态，最后获得等价的 DFA M。

【例 3.14】 将图 3.11 中的 NFA N 确定化。

（1）其等价 DFA 的开始状态为
$$A=\varepsilon\text{-CLOSURE}(\{X\})=\{X, 0, 1\}$$
作为未标记的状态添加到 Q' 中。

（2）此时 Q' 中仅有唯一的未标记状态 A，因此：

① 进行如下变换：
$$f'(A, a)=\varepsilon\text{-CLOSURE}(f(\{X, 0, 1\}, a))=\varepsilon\text{-CLOSURE}(\{0, 2\})=\{0, 1, 2\}=B$$
且把 B 置为未标记的状态添加到 Q' 中，把状态转移 $f'(A, a)=B$ 添加到 M 中。
$$f'(A, b)=\varepsilon\text{-CLOSURE}(f(\{X, 0, 1\}, b))=\varepsilon\text{-CLOSURE}(\{0\})=\{0, 1\}=C$$
且把 C 置为未标记的状态添加到 Q' 中，把状态转移 $f'(A, b)=C$ 添加到 M 中。

② 对 A 做标记。

（3）此时，$Q'=\{A,B,C\}$，其中 B、C 均为未标记，故：

① 进行如下变换：

$$f'(B, a)=\varepsilon\text{-CLOSURE}(f(\{0, 1, 2\}, a))=\varepsilon\text{-CLOSURE}(\{0, 2\})=\{0, 1, 2\}=B$$
把状态转移 $f'(B, a)=B$ 添加到 M 中。

$$f'(B, b)=\varepsilon\text{-CLOSURE}(f(\{0, 1, 2\}, b))=\varepsilon\text{-CLOSURE}(\{0, 3\})=\{0, 1, 3\}=D$$
且把 D 置为未标记的状态添加到 Q' 中，把状态转移 $f'(B, b)=D$ 添加到 M 中。

② 对 B 做标记。

（4）此时，$Q'=\{A, B, C, D\}$，其中 C，D 均为未标记，故

① 进行如下变换：

$$f'(C, a)=\varepsilon\text{-CLOSURE}(f(\{0, 1\}, a))=\varepsilon\text{-CLOSURE}(\{0, 2\})=\{0, 1, 2\}=B$$
把状态转移 $f'(C, a)=B$ 添加到 M 中。

$$f'(C, b)=\varepsilon\text{-CLOSURE}(f(\{0, 1\}, b))=\varepsilon\text{-CLOSURE}(\{0\})=\{0, 1\}=C$$
把状态转移 $f'(C, b)=C$，添加到 M 中。

② 对 C 做标记。

（5）此时，Q' 未增大，但 D 为未标记，故：

① 进行如下变换：

$$f'(D, a)=\varepsilon\text{-CLOSURE}(f(\{0, 1, 3\}, a)=\varepsilon\text{-CLOSURE}(\{0, 2\})=\{0, 1, 2\}=B$$
把状态转移 $f'(D, a)=B$ 添加到 M 中。

$$f'(D, b)=\varepsilon\text{-CLOSURE}(f(\{0, 1, 3\}, b))=\varepsilon\text{-CLOSURE}(\{0, Y\})=\{0, 1, Y\}=E$$
且把 E 置为未标记的状态添加到 Q' 中，把状态转移 $f'(D, b)=E$ 添加到 M 中。

② 对 D 做标记。

（6）此时，$Q'=\{A, B, C, D, E\}$，其中 E 为未标记，故

① 进行如下变换：

$$f'(E, a)=\varepsilon\text{-CLOSURE}(\{0, 1, Y\}, a))=\varepsilon\text{-CLOSURE}(\{0, 2\})=\{0, 1, 2\}=B$$
把状态转移 $f'(E, a)=B$ 添加到 M 中。

$$f'(E, b)=\varepsilon\text{-CLOSURE}(\{0, 1, Y\}, b))=\varepsilon\text{-CLOSURE}(\{0\})=\{0, 1\}=C$$
把状态转移 $f'(E, b)=C$ 添加到 M 中，且 E 中含有一个 N 的终态 Y，则置 E 为 M 的终态。

② 对 E 做标记。

至此，Q' 中的状态 A、B、C、D、E 已全部标记完毕，故确定化的过程结束，得到了等价的 DFA M 的状态转换矩阵（见表 3.3）和如图 3.14 所示的 DFA M 的状态转换图。

表 3.3　图 3.11 的 NFA 确定化后的状态矩阵

	Q'	a	b
A	$\{X, 0, 1\}$	$\{0, 1, 2\}$	$\{0, 1\}$
B	$\{0, 1, 2\}$	$\{0, 1, 2\}$	$\{0, 1, 3\}$
C	$\{0, 1\}$	$\{0, 1, 2\}$	$\{0, 1\}$
D	$\{0, 1, 3\}$	$\{0, 1, 2\}$	$\{0, 1, Y\}$
E	$\{0, 1, Y\}$	$\{0, 1, 2\}$	$\{0, 1\}$

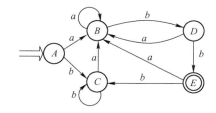

图 3.14　图 3.11 的 NFA 确定化后的 DFA

【例 3.15】　将图 3.12 中的 NFA N 确定化。

确定其初态，命名为 0 状态。

$$0=\varepsilon\text{-CLOSURE}(\{X\})=\{X\}$$

对初态执行确定化算法，得到 DFA M 的状态矩阵（如表 3.4 所示）和 DFA M 的状态转换图（如图 3.15 所示）。

表 3.4　图 3.12 的 NFA 确定化后的状态矩阵

	Q'	l	d
0	$\{X\}$	$\{1, 2, Y\}$	$\varnothing$
1	$\{1, 2, Y\}$	$\{2, Y\}$	$\{2, Y\}$
2	$\{2, Y\}$	$\{2, Y\}$	$\{2, Y\}$

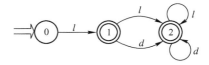

图 3.15　图 3.12 的 NFA 确定化后的 DFA

3.4.4　确定有穷自动机的化简

对于一个 NFA，当把它确定化后得到的 DFA 可能含有较多的状态数目，还应该对其进行化简。对于同一个语言，可以存在多个识别该语言的 DFA。任何正规语言都有一个唯一的状态数目最少的 DFA。从任意一个接受相同语言的 DFA 出发，通过分组合并等价的状态，总可以得到这个状态数最少的 DFA。

1．化简

所谓一个 DFA M 的化简，是指寻找一个状态数比 M 少的 DFA M′，使得 $L(M') = L(M)$。化简了的 DFA M′ 满足两个条件：① 没有多余状态；② 它的状态集中，没有两个状态是互相等价的。

2．有穷自动机的多余状态

所谓有穷自动机的多余状态，是指从该自动机的开始状态出发，经过任何可识别的输入串也不能到达的状态。

3．等价状态

设 DFA $M = (Q, \Sigma, f, S_0, F)$ $(s, t \in Q)$，对任何 $\alpha \in \Sigma^*$，$f(s, \alpha) \in F$ 当且仅当 $f(t, \alpha) \in F$，则称状态 s 和 t 是等价的。若 s 与 t 不等价，则称 s 和 t 是可区别的。例如，终态与非终态是可区别的。因为终态有一条到达自身的 ε 道路，而非终态没有到达终态的 ε 道路。

4．化简方法

DFA M 最小化的方法是，把 M 的状态集 Q 分划成一些不相交的子集，使得每个子集中任何两个状态是等价的，而任何两个属于不同子集的状态都是可区别的；然后在每个子集中任取一个状态作为"代表"，删去子集中其余状态，并把射向其余状态的箭弧都改为射向"代表"状态。

下面给出化简算法的具体执行步骤。

输入： 一个 DFA M。

输出： 接受与 M 相同语言的 DFA M′，且其状态数最少。

方法：

（1）将 DFA M 的状态集 Q 分成两个子集：终态集 F 和非终态集 Q-F，形成初始分划 Π。

（2）对 Π 建立新的分划 Π_{New}。对 Π 的每个状态子集 G，进行如下变换：

① 把 G 分划成新的子集，使得 G 的两个状态 s 和 t 属于同一子集，当且仅当对任何输入符号 a，状态 s 和 t 转换到的状态都属于 Π 的同一子集。

② 用 G 分划出的所有新子集替换 G，形成新的分划 Π_{New}。

（3）若 $\Pi_{\text{New}} == \Pi$，则执行第（4）步；否则令 $\Pi = \Pi_{\text{New}}$，重复第（2）步。

（4）分划结束后，对分划中的每个状态子集，选出一个状态作为代表，删去其他一切等价的状态，并把射向其他状态的箭弧改为射向这个代表。这样得到的 DFA M' 是与 DFA M 等价的一切 DFA 中状态数最少的 DFA。

【例 3.16】 将图 3.14 中的 DFA 最小化。

由图 3.14 可知，给定的 DFA 中无多余状态。将 DFA M 的状态集 $\{A,B,C,D,E\}$ 划分成两个子集：终态集 $\{E\}$ 和非终态集 $\{A,B,C,D\}$，形成初始划分 $\Pi = (\{A,B,C,D\},\{E\})$。

首先考虑子集 $\{E\}$，因为该子集由一个状态组成，不能再划分，所以把 $\{E\}$ 作为 Π_{New} 中的一个子集。

其次，考虑非终态集 $\{A,B,C,D\}$，这个子集中的每个状态对于输入符号 a 都转移到状态 B，即 $\{A,B,C,D\}_a = \{B\} \subset \{A,B,C,D\}$。但是 $\{A,B,C,D\}_b = \{C,D,E\}$，既不包含在子集 $\{E\}$ 中，也不包含在子集 $\{A,B,C,D\}$ 中，也就是说，对输入符号 b，状态 A、B、C 分别转换到同一子集 $\{A,B,C,D\}$ 中的状态 C、D、C，而状态 D 转换到状态 E，它是 Π 的另一个子集 $\{E\}$ 中的状态。所以，对子集 $\{A,B,C,D\}$ 要进行划分，划分成两个新的子集 $\{A,B,C\}$ 和 $\{D\}$，于是 $\Pi_{\text{New}} = (\{A,B,C\},\{D\},\{E\})$，与 $\Pi = (\{A,B,C,D\},\{E\})$ 不相等，所以将 Π_{New} 作为 Π，即 $\Pi = (\{A,B,C\},\{D\},\{E\})$，继续进行化简。

考虑子集 $\{A,B,C\}$，因为 $\{A,B,C,D\}_a = \{B\} \subset \{A,B,C,D\}$，而 $\{A,B,C,D\}_b = \{C,D\}$ 既不包含在子集 $\{A,B,C\}$ 中，也不包含在子集 $\{D\}$ 中，所以对子集 $\{A,B,C\}$ 进行划分。由于状态 A 和 C 对于输入符号 b 均转到状态 C，而状态 B 对于输入符号 b 转到状态 D，故应将 $\{A,B,C\}$ 划分成 $\{A,C\}$ 和 $\{B\}$，从而得到 $\Pi_{\text{New}} = (\{A,C\},\{B\},\{D\},\{E\})$。由于此时仍然有 $\Pi_{\text{New}} \neq \Pi$，故再以 Π_{New} 作为 Π，即 $\Pi = (\{A,C\},\{B\},\{D\},\{E\})$。考察子集 $\{A,C\}$，由于 $\{A,C\}_a = \{B\}$，$\{A,C\}_b = \{C\} \subset \{A,C\}$，所以子集 $\{A,C\}$ 不能再分划。此时 $\Pi_{\text{New}} == \Pi$，整个分划过程结束。

至此，选择 A 作为 $\{A,C\}$ 的代表，将状态 C 从状态转换图中删去，并将原来引向 C 的弧都引至 A，这样得到了化简后的 DFA M'，如图 3.16 所示。

与原来的 DFA 相比，化简了的 DFA 具有较少的状态，因而计算机实现起来比较简洁。

【例 3.17】 将图 3.15 中的 DFA M 最小化。

分析 由图 3.15 可知，给定的 DFA 无多余状态。将 DFA M 的状态集 $\{0,1,2\}$ 分成两个子集：终态集和非终态集，形成初始划分 $\Pi = \{\{0\},\{1,2\}\}$。

由于非终态集 $\{0\}$ 只有一个状态，不能再分划，对终态集 $\{1,2\}$ 有 $\{1,2\}_l = \{2\} \subset \{1,2\}$，$\{1,2\}_d = \{2\} \subset \{1,2\}$，不可再分划，取 1 作代表，化简后的 DFA 如图 3.17 所示。

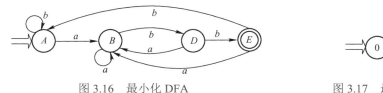

图 3.16　最小化 DFA　　　　　　　　　图 3.17　最小化后的 DFA

3.4.5 有穷自动机到正规式的转换

3.4.2 节介绍了如何从 Σ 上的一个正规式 R 构造 Σ 上的一个 NFA N，使得 $L(N)=L(R)$。本节介绍如何为 Σ 上的一个 NFA N 构造相应的正规式 R。也就是说，对于 Σ 上的非确定的有穷自动机 N，如何构造 Σ 上的一个正规表达式 R，使得 $L(N)=L(R)$。

对此，需要将转换图的概念加以拓广，令其中的每条弧都可以用一个正规式标记，具体方法如下。首先，在 N 的转换图上添加两个结点：X 结点和 Y 结点，用 ε 连线从 X 结点连接到 N 的所有初态结点，从 N 的所有终态结点连接到 Y 结点，从而构成一个新的非确定有穷自动机 N'，它只有一个初态结点 X 和一个终态结点 Y。显然，$L(N)=L(N')$，即这两个 NFA 是等价的。

接着，逐步消去 N' 中的其他结点，直至只剩下 X、Y 结点。在消除结点过程中，逐步用正规式来标记相应的箭弧。消除结点的过程是很直观的，只需反复使用图 3.18 的替换规则即可。

【例 3.18】 设有穷自动机的状态图如图 3.19 所示，试求该自动机识别语言的正规式。

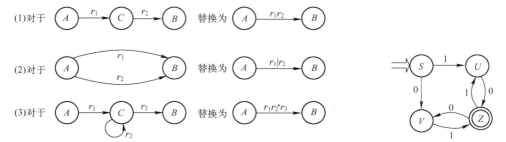

图 3.18 替换规则   图 3.19 有穷自动机状态图

分析 首先加进 X 结点和 Y 结点，形成如图 3.20(a) 所示的状态图，然后消去 U 结点和 V 结点后得到如图 3.20(b) 所示的状态图，进一步消去 S 结点和 Z 结点得到如图 3.20(c) 所示的状态图。所以，该自动机识别语言的正规式为

$$R = (10\,|\,01)(10\,|\,01)^*$$

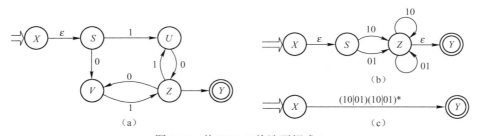

图 3.20 从 NFA N 构造正规式 R

3.5 正规文法和有穷自动机

前面提到，程序设计语言的单词符号可以用乔姆斯基 3 型文法，即正规文法来描述。由形式语言和自动机理论可知，对于用正规文法所描述的语言可以用一种有穷自动机来识别。下面分别以左、右线性正规文法给出构造相应有穷自动机的方法。

3.5.1　右线性正规文法到有穷自动机的转换方法

设给定一个右线性正规文法 $G=(V_N,V_T,P,S)$ ，则相应的有穷自动机 $N=(Q,\Sigma,f,q_0,Z)$ 。

（1）将 V_N 中的每个非终结符视为 N 中的一个状态，并增加一个状态 D ，且 $D\notin V_N$ ，令 $Q=V_N\cup\{D\}$ ， $Z=\{D\}$ ， $\Sigma=V_T$ ， $q_0=S$ 。

（2）对 G 中每个形如 $A\rightarrow aB$ 的产生式 $(A,B\in V_N,a\in V_T\cup\{\varepsilon\})$ ，令 $f(A,a)=B$ 。

（3）对 G 中每个形如 $A\rightarrow a$ 的产生式 $(A\in V_N,a\in V_T)$ ，令 $f(A,a)=D$ 。

（4）对 G 中每个形如 $A\rightarrow\varepsilon$ 的产生式 $(A\in V_N)$ ，令 A 为接受状态或令 $f(A,\varepsilon)=D$ 。

显然，这样构造的 N 是具有一个开始状态的 NFA，这个 NFA 能够且只能够识别正规文法 G 所描述的语言。

【例 3.19】　构造下述文法 $G[Z]$ 的有穷自动机。

$$Z\rightarrow 0A$$
$$A\rightarrow 0A\,|\,0B$$
$$B\rightarrow 1A\,|\,\varepsilon$$

根据上述转换方法，与文法 $G[Z]$ 等价的自动机 $N=(\{Z,A,B,D\},\{0,1\},f,\{Z\},\{D\})$ ，其中

$$f(Z,0)=\{A\}\qquad f(Z,1)=\varnothing\qquad f(A,0)=\{A,B\}$$
$$f(A,1)=\varnothing\qquad f(B,\varepsilon)=D\qquad f(B,1)=\{A\}$$

其状态图如图 3.21 所示。

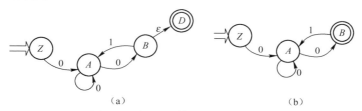

图 3.21　与 $G[Z]$ 等价的状态转换图

显然，自动机 N 是非确定的，它识别的语言就是文法 $G[Z]$ 所描述的语言，即

$$L(G[Z])=L(N)=0(0\,|\,01)^*0$$

3.5.2　左线性正规文法到有穷自动机的转换

设给定一个左线性正规文法 $G=(V_N,V_T,P,S)$ ，相应的有穷自动机 $M=(Q,\Sigma,f,q_0,Z)$ 。

（1）将 V_N 中的每个非终结符视作 M 中的一个状态，并增加一个初始状态 q_0 ，且 $q_0\notin V_N$ ，令 $Q=V_N\cup\{q_0\}$ ，并将文法 G 的开始符号 S 看成终结状态，即 $Z=\{S\}$ ， $\Sigma=V_T$ 。

（2）对 G 中每个形如 $A\rightarrow Ba$ 的产生式 $(A,B\in V_N,a\in V_T\cup\{\varepsilon\})$ ，令 $f(B,a)=A$ 。

（3）对 G 中每个形如 $A\rightarrow a$ 的产生式 $(A\in V_N,a\in V_T\cup\{\varepsilon\})$ ，令 $f(q_0,a)=A$ 。

显然，这样构造的有穷自动机 M 能够且只能够识别正规文法 G 所描述的语言。

【例 3.20】　构造下述文法 $G[A]$ 的自动机。

$$A\rightarrow A1\,|\,B1$$
$$B\rightarrow B0\,|\,0$$

根据上述转换方法，与文法 $G[A]$ 对应的自动机 $M=(\{S,A,B\},\{0,1\},f,S,\{A\})$ ，其中

$$f(S,0) = B \qquad f(S,1) = \varnothing \qquad f(B,0) = B$$
$$f(B,1) = A \qquad f(A,1) = A \qquad f(A,0) = \varnothing$$

其状态图如图 3.22 所示。

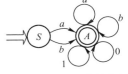

显然，该自动机是确定的，它识别的语言就是文法 $G[A]$ 所描述的语言，即

图 3.22　与文法 $G[A]$ 等价的状态转换图

$$L(G[A]) = L(M) = 00^*11^*$$

3.5.3　有穷自动机到正规文法的转换

给定有穷自动机 $M = (Q, \Sigma, f, q_0, Z)$，按照下述方法，可以从 M 构造出对应的正规文法 $G = (V_N, V_T, P, S)$，使得 $L(M)=L(G)$。

（1）令 $V_N = Q$，$V_T = \Sigma$，S= q_0。

（2）若 $f(A,a) = B$ 且 $B \notin Z$，则将规则 $A \to aB$ 加入 P；若 $f(A,a) = B$ 且 $B \in Z$，则将规则 $A \to aB \mid a$ 或 $A \to aB$、$B \to \varepsilon$ 加入 P。

（3）若文法的开始符号 S 是一个终态，则将产生式 $S \to \varepsilon$ 加入 P。

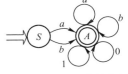

【例 3.21】　设有穷自动机 $M = (\{S, A\}, \{a, b, 0, a\}, f, S, \{A\})$，其中

$$f(S,a) = A \qquad f(S,b) = A \qquad f(A,a) = A$$
$$f(A,b) = A \qquad f(A,0) = A \qquad f(A,1) = A$$

图 3.23　M 的状态转换图

则 M 的状态转换图如图 3.23 所示。

根据上述转换规则，与 M 等价的正规文法 $G = (\{S, A\}, \{a, b, 0, 1\}, P, S)$，其中

$$P: S \to aA \mid bA, A \to 0A \mid 1A \mid aA \mid bA \mid \varepsilon \text{ 或 } P: S \to aA \mid bA, A \to 0A \mid 1A \mid aA \mid bA \mid 0 \mid 1 \mid a \mid b$$

所以，自动机 M 所识别的语言 $L(M) = L(G) = (a \mid b)(0 \mid 1 \mid a \mid b)^*$。

【例 3.22】　设 DFA $M = (\{A, B, C, D\}, \{0, 1\}, \delta, A, \{B\})$，其中

$$\delta(A,0) = B \qquad \delta(B,0) = D \qquad \delta(C,0) = B \qquad \delta(D,0) = D$$
$$\delta(A,1) = D \qquad \delta(B,1) = C \qquad \delta(C,1) = D \qquad \delta(D,1) = D$$

构造一个右线性文法 G，使得 $L(G)=L(M)$。该自动机相应的状态转换图如图 3.24 所示。

由状态转换图可知，对于 M 识别的语言来说，状态 D 是多余的，可以去掉。于是得到与 M 等价的 DFA M' 的状态转换图，如图 3.25 所示。

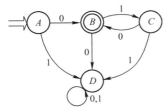

图 3.24　DFA M

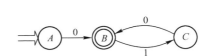

图 3.25　化简后 DFA M'

根据转换规则所求右线性文法为 $G=(\{A, B, C\}, \{0, 1\}, P, A)$，其中 P 为

$$A \to 0B \mid 0 \qquad\qquad A \to 0B$$
$$B \to 1C \qquad \text{或者} \qquad B \to 1C \mid \varepsilon$$
$$C \to 0B \mid 0 \qquad\qquad C \to 0B$$

该自动机所识别的语言为 $0(10)^*$。

3.6　词法分析程序的编写方法

从语言单词符号的两种描述形式可以构造出识别语言单词的有穷自动机,它的非形式化描述就是状态转换图。本节介绍如何将状态转换图转换成识别语言单词符号的词法分析程序。

通常,构造词法分析程序有两种方法。第一种方法是用手工方式,即根据识别语言单词的状态转换图,使用某种高级语言,如 C 语言直接编写词法分析程序。第二种方法是利用词法分析程序的自动生成工具 Flex 自动生成词法分析程序。Flex(The Fast Lexical Analyzer)是一种快速词法分析生成器,是用来产生程序的工具,产生的程序可以对文本执行模式匹配。本书附录 A 将介绍 Flex,读者通过一两个小时的自学可初步掌握自动生成工具,快速地完成词法分析,对于从事字符处理编程或者语言设计非常有帮助。

例如,表 3.5 列出了某种简单语言的所有单词符号,以及它们的种别编码和单词值。图 3.26 是识别表 3.5 的单词符号的状态转换图。根据这张转换图,用 C 语言直接编写出识别该语言所有单词的词法分析程序。

表 3.5　简单语言单词符号及内部表示

单词符号	种别编码	单词值
begin	1	
end	2	
if	3	
then	4	
else	5	
while	6	
do	7	
标识符	10	
整常数	11	内部 字符串 二进制 数值表示
+	13	
-	14	
*	15	
/	16	
<=	17	
<>	18	
<	19	
:	21	
:=	22	
;	23	

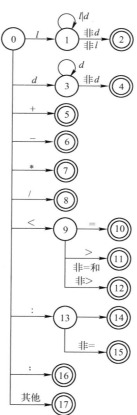

图 3.26　识别表 3.5 的单词符号的状态转换图

在图 3.26 中,状态 0 为初态,凡带双圈者均为终态;状态 17 是识别不出单词符号的出错情况。l 代表任一字母,d 代表任一数字。这里规定,对所有关键字,用户不得使用它们作为自己定义的标识符。这样可以把关键字作为一类特殊的标识符来处理,不再专设对应的转换图。但需把它们预先安排在一个表格中,此表称为关键字表。当利用图 3.26 识别出一个标识符时，就去查关键字表，以确定它是否为关键字。

其次，规定若关键字、标识符和常数之间没有确定的运算符或界符作为间隔，则必须至少用一个空白符作间隔，即此时的空白符是有意义的。

根据状态转换图构造出词法分析程序，最简单的办法是让每个状态对应一小段程序。

此处引进词法分析程序所用的全局变量和需调用的函数如下。

① ch 字符变量：存放当前读进的源程序字符。

② token 字符数组：存放构成单词的字符串。

③ getch( )：读字符函数，每调用一次从输入缓冲区中读进源程序的下一个字符放在 ch 中，并把读字符指针指向下一个字符。

④ getbc( )函数：每次调用时，检查 ch 中的字符是否为空白字符，若是空白字符，则反复调用 getch( )，直至 ch 中读入一个非空白字符为止。

⑤ concat( )函数：每次调用把当前 ch 中的字符与 token 中的字符串连接。例如，假定 token 字符数组中原有值为"ab"，ch 中存放着"c"，经调用 concat( )后，token 数组中的值变为"abc"。

⑥ letter(ch)和 digit(ch)布尔函数：分别判定 ch 中的字符是否为字母和数字，从而给出 TRUE 或 FALSE 布尔值。

⑦ reserve( )整型函数：对 token 中的字符串查关键字表，若它是一个关键字，则返回它的编码，否则返回标识符的种别码 10。

⑧ retract( )函数：读字符指针回退一个字符。

⑨ return( )函数：收集并携带必要的信息返回调用程序，即返回语法分析程序。

⑩ dtb( )：十进制转换函数，将 token 中的数字串转换成二进制数值表示，并以此作为函数值返回。

相对于图 3.26 用 C 语言编写出词法分析程序如下。

```
scaner(){
    token = NULL;
    getch();
    getbc();
    if(letter(ch)){
        while(letter(ch) ‖ digit(ch)){
            concat();
            getch();
        }
        retract();
        c=reserve();
        if(c != 10)
            return(c, token);
        else
            return(10, token);
    }
    else{
        if(digit(ch)){
            while(digit(ch)){
                concat();
                getch();
```

```
                    }
                    retract();
                    return(11,dtb());
                }
                else{
                    switch(ch) {
                        case'+':return(13,—);   break;
                        case'-':return(14,—);   break;
                        case'*':return(15,—);   break;
                        case'/':return(16,—);   break;
                        case'<':getch();
                                if (ch== '=')
                                    return(17,—);
                                else if(ch=='>')
                                    return(18,—);
                                retract();
                                return(19,—);
                                break;
                        case':':getch();
                                if(ch=='=')
                                    return(22,—);
                                retract();
                                return(21,—);
                                break;
                        case';':return(23,—);   break;
                        default:error();           /* 调用出错处理程序，报告源程序中含有非法符号 */
                        break;
                    }
                }
            }
        }
```

由此可知，只要构造出识别语言单词符号的有穷自动机，就容易构造出识别语言单词符号的词法分析程序。

本章介绍的有穷自动机实际应用非常广泛，虽然有穷自动机是一种图形表示，但实际上很容易转换成程序。可以用两个算法分别模拟 DFA 和 NFA 的功能。

算法 3.1　模拟一个 DFA 的执行。

输入：一个以文件结束符 EOF 结尾的字符串 x；DFA M 的初态为状态 s_0，终态集为 F，转换函数为 f。

输出：若 M 接受 x，则回答 "yes"，否则回答 "no"。

方法：把图 3.27 中的算法应用于输入字符串 x。其中，函数 $f(s,c)$ 给出了从状态 s 出发、标号为 c 的边所到达的下一个状态；函数 nextchar( )返回输入串 x 的下一个字符。

算法 3.2　模拟一个 NFA 的执行。

输入：一个以文件结束符 EOF 结尾的输入串 x。NFA N 的开始状态为 s_0[1]，终态集为 F，转换函数为 f。

---

[1]　图 3.27 和图 3.28 中为伪代码，所以其中没有采用斜体和下标来对应。其他变量类似处理。

```
1.   S = s0;                          // 从初始状态 s0 开始
2.   c = nextChar();                  // 取下一个符号
3.   while(c != EOF) {                // 若未到文件结束, 则循环
4.      S = f(S,c);                   // 转后继状态
5.      c = nextChar();              // 取下一个符号
6.   }
7.   if(S∈F)    return "yes";         // 若当前状态是终态, 则返回接受
8.    else    return "no";           // 否则返回未被接受
```

图 3.27   模拟 DFA 识别符号串

输出：若 N 接受 x，则返回 "yes"，否则返回 "no"。

方法：这个算法保存了一个当前状态的集合 S，即那些可以从 s_0 开始沿着标号为当前已输入部分的路径到达的状态的集合。如果 c 是函数 nextchar( )读到的下一个输入字符，那么首先计算 $f(S,c)$，然后使用 ε-CLOSURE( )求出这个集合的闭包。该算法的思想如图 3.28 所示。

```
1.   S = ε-CLOSURE({s0});            // 从初态 s0 的 ε 闭包对应状态集开始
2.   c = nextChar();                  // 取下一个符号
3.   while(c != EOF) {                // 若未到文件结束, 则循环
4.      S = ε-closure(f(S,c));        // 转后继状态集的 ε 闭包
5.      c = nextChar();              // 取下一个符号
6.   }
7.   if(S∩F != Ø)    return "yes";    // 若当前状态集中包含终态, 则返回接受
8.   else    return "no";            // 否则返回未被接受
```

图 3.28   模拟 NFA 识别符号串

在实现过程中，如果设计巧妙，就可以提高算法的效率。例如，算法 3.2 可以变得相当高效，而这些实现思想可以用于许多涉及图搜索的算法。下面详细介绍其实现方法。

我们需要的数据结构包括以下几种。

① 两个栈，每个栈都存放一个 NFA 状态集合。存放"当前状态集合"的栈 oldStates 即图 3.28 第 4 行右边 S 的值；存放"新状态集合"的栈 newStates 即第 4 行左边 S 的值。在运行第 3 行到第 6 行的循环时，需要把 newStates 的值转移到 oldStates 中。

② 以 NFA 状态为下标的一个布尔数组 alreadyOn，指示哪个状态已经在 newStates 中，避免同一状态被重复加入 newStates。虽然通过查询栈中已经存放的状态也能完成该任务，但查询 alreadyOn[s]数组要比在栈 newStates 中查询 s 快很多。所以通过一定的冗余信息，同时保持两种表示方法，就能获得较高的效率。

③ 函数 $f(S,a)$ 可以直接用二维数组存储实现，保存这个 NFA 的转换表。

为了实现图 3.28 的第 1 行，需要将 alreadyOn 数组中的所有条目都设置为 FALSE，然后将 ε-CLOSURE(s_0)中的每个状态 s 压入栈 oldStates，并设置 alreadyOn[s]为 TRUE。对状态 s 的操作和对图 3.28 第 4 行的操作都可以使用函数 addState( )来实现，如图 3.29 所示。函数 addState( )将 s 压入栈 newStates，并将 alreadyOn[s]设置为 TRUE，并对 $f(s,\varepsilon)$ 的状态 t 递归调用自己，以计算 ε-CLOSURE(s)的值。为了避免重复工作，注意不要对一个已经在栈 newStates 中的状态调用 addState( )。

```
9.  addState(s){              // 递归计算状态 s 的 ε 闭包状态集
10.    push s onto newState;   // 将 s 压入新状态集栈
11.    alreadyOn[s] = TRUE;    // 标记 s 置为 TRUE, 已加入新状态集
12.  for(t on f[s,ε]) {        // 对 s 经 ε 边转到的后继状态 t
13.    if(!alreadyOn[t])       // 若 t 未加入新状态
14.      addState(t);          // 则递归计算状态 t 的 ε 闭包
15.  }
```

图 3.29　加入一个不在 newStates 中的新状态 s

可以通过查看栈 oldStates 中的每个状态 s 来实现图 3.28 的第 4 行。首先，找出状态集合 $f[s, c]$，其中 c 是下一个输入字符。对于那些不在栈 newStates 中的状态，应用函数 addState()。注意，函数 addState() 还计算了一个状态的 $ε$-CLOSURE 值，并把其中的状态一起加入栈 newStates（如果这些状态不存在），如图 3.30 所示。

```
16.  for(s on oldStates) {         // 对每个当前状态集栈上的状态 s
17.    for(t on f(s,c)) {          // 对 s 遇到 c 的每个后继状态 t
18.      if(!alreadyOn[t])         // 若 t 是新状态
19.        addState(t);            // 将 t 加入新状态集栈, 包括 ε 闭包计算
20.      pop s from oldStates;     // 将 s 弹出当前状态集栈
21.    }
22.  }
23.  for(s on newStates) {         // 对每个新状态集栈上的状态 s
24.    pop s from newStates;       // 将 s 从新状态集栈上弹出
25.    push s onto oldStates;      // 将 s 压入当前状态集栈
26.    alreadyOn[s] = FALSE;       // 将 s 标记置为 FALSE, 未加入新状态集
27.  }
```

图 3.30　图 3.28 中第 4 行的实现

假定一个 NFA N 有 n 个状态和 m 个转换，即 m 是离开各状态的转换数的总和。如果不包括第 19 行对函数 addState() 的调用，在第 16 行到第 21 行的循环上花费的时间是 $O(n)$。也就是说，最多需要运行这个循环 n 遍，并且如果不考虑调用函数 addState() 所花费的时间，每遍的工作量都是常数。对于第 22~26 行的循环，这个结论也成立。

在图 3.30 的一次执行中（图 3.28 的第 4 行），任意给定的状态最多只能调用一次函数 addState()。因为每次调用函数 addState() 都会在图 3.29 的第 11 行把 alreadOn[s] 置为 TRUE。一旦 alreadOn[s] 设为 TRUE，图 3.29 的第 13 行和图 3.30 的第 18 行就会禁止再次调用 addState(s)。

实际上，编译原理课程涉及的很多技术都能编写出对应的算法，读者遇到这些算法时可以多加思考。

本章小结

本章重点介绍了词法分析程序的设计思想和构造方法，主要内容如下。

（1）词法分析程序的功能是从左到右扫描源程序字符串，根据语言的词法规则识别出各类单词符号，并以二元组(单词种别, 单词自身值)的形式输出。

（2）对程序语言单词符号有两种定义方式：正规式和正规文法。例如，定义"标识符"单词的正规式是$l(l|d)^*$，正规文法是〈标识符〉$\rightarrow l$|〈标识符〉l|〈标识符〉d。其中，l代表任意一个字母，d代表任意一个数字。从这两种描述中构造识别语言单词符号的词法分析程序是用有穷自动机来实现的。

（3）有穷自动机有确定和非确定两大类。

❖ DFA $M = (Q, \Sigma, f, S, Z)$，其中f是单值映射函数，S是唯一初态。

❖ NFA $N = (Q, \Sigma, f, S, Z)$，其中f是多值映射函数，S为非空初态集。

有穷自动机通常表示为状态转换图，它是有穷自动机的非形式化描述。

由单词的两种定义方式来构造词法分析程序的过程是：

（4）正规式、正规文法和有穷自动机三者都是描述正规集的工具，它们的描述能力是等价的，它们之间可相互转换。

（5）证明两正规式是等价的。如果它们的最小状态 DFA 相同，或利用正规式的基本等价关系将一个正规式化简，都可证明两正规式之间的等价性。

扩展阅读

一个程序设计语言在词法设计时，根据实际情况的不同，可能受到一些限制，并不能随意设计。限制通常是由创建该语言的环境决定的。例如，1954 年，当 FORTRAN 语言诞生时，穿孔卡片是主要的输入介质。因为当时打孔员需要按照手写的笔记来准备卡片，经常容易数错空格，因此 FORTRAN 语言在设计时忽略了空格。

正规表达式首先在 1956 年由 Kleene 开始研究。Kleene 对由 McCulloch 和 Pitts（1943 年）提出的描述神经活动的有穷自动机模型所能表示的事件非常感兴趣。Huffman（1954 年）和 Moorel（1956 年）最早研究有穷自动机的最小化问题。确定自动机和不确定自动机在识别语言能力上的等价性是由 Rabin 和 Scott（1959 年）证明的。McNaughton 和 Yamada（1960 年）描述了一个直接从正规表达式构造 DFA 的算法。关于正规表达式的更多理论可以在 Hopcroft 和 Ullman（1976 年）的文章中找到。

在实现编译器时，生成词法分析器的工具常采用正规表达式描述词法规则，这一观点得到广泛认同。Johnson 等人（1968 年）讨论了早期的这种系统。Lex 语言是由 Lesk（1975 年）设计的，已经应用到 UNIX 系统的很多编译器上。另外，S.C.Johnson 提出了转换表的压缩实现方法，他首先在 Yacc 语法生成器的实现中使用了这种方法。Dencker 等人（1984 年）也对另一种表压缩方法进行了讨论和评价。

正规表达式和自动机已经应用于很多编译之外的领域。很多文本编辑器应用正规表达式进行上下文搜索。例如，Thompson（1968 年）在文本编辑器 QED 的上下文中描述了由正规表达式构造 NFA 的算法。而在 UNIX 系统中，有三个查找程序（grep、egrep 和 fgrep）都使用了正规表达式。

正规表达式在文本检索系统、数据库查询语言和文件处理语言（如 AWK）中都有广泛的应用。Jarvis（1976 年）在描述印制电路的缺陷时也使用了正规表达式。Cherry（1982 年）使用了一种关键字匹配算法，用来查找手稿中的错误用语。Knuth、Morris 和 Pratt（1977 年）设计了一种字符串模式匹配算法，并对字符串的周期进行了讨论。Boyer 和 Moore（1977 年）提出了另一个有效的字符串匹配算法，并证明了不需要检查目标串中的所有字符就可以确定字串匹配成功。另外，Harrison（1971 年）提出的散列法也是字符串匹配的一种有效方法。Hunt 和 McIlory（1976 年）提出的最长公共子序列的概念，被用于 UNIX 系统的文件比较程序 diff 中。Wagner 和 Fischer（1974 年）提出了计算最短编辑距离的算法。Sankoff 和 Kruskal（1983 年）归纳了最小距离识别方法的多种应用，包括从遗传序列的研究到语言处理问题。由此可见，编译程序设计中的诸多技术都有非常广泛的应用。

读者如果希望深入了解上述相关研究，可以按名字和年代为关键字搜索相关的资料。

自测题 3

1．选择题（从下列各题 4 个备选答案中选出一个或多个正确答案写在题干中的横线上）

（1）编译程序中词法分析器所完成的任务是从源程序中识别出一个一个具有独立意义的_____。

A．表达式　　　　　B．语句　　　　　C．过程　　　　　D．单词符号

（2）无符号常数的识别和拼数工作，通常都在_____阶段完成。

A．词法分析　　　　B．语法分析　　　　C．语义分析　　　　D．目标代码生成

（3）编译程序中的词法分析器的输出是二元组表示的单词符号，其二元组的两个元素是_____。

A．单词种别　　　B．单词参数　　　C．单词自身的值　　　D．单词数据类型

（4）程序设计语言的单词符号一般可分为 5 种，它们是_____及运算符和界符。

A．常数　　　　　B．表达式　　　　　C．基本字　　　　　D．标识符

（5）程序设计语言中的单词符号通常都能用_____描述。

A．正规文法　　　　　　　　　　　B．上下文无关文法

C．正规式　　　　　　　　　　　　D．上下文有关文法

（6）用 l 代表字母，d 代表数字，$\varSigma = \{l,d\}$，则定义标识符单词的正规式是_____。

A．ld^*　　　　B．ll^*　　　　C．$l(l\,|\,d)^*$　　　　D．$ll^*\,|\,d^*$

（7）正规式的运算符"*"读作_____。

A．或　　　　　B．连接　　　　　C．闭包　　　　　D．乘

（8）正规式 $(a\,|\,b)(a\,|\,b\,|\,0\,|\,1)^*$ 对应的文法为_____。

A．$S \to aA\,|\,bA$　　　　　　　　B．$S \to aA\,|\,bA$
　　$A \to 0A\,|\,1A\,|\,\varepsilon$　　　　　　　　$A \to aA\,|\,bA\,|\,0A\,|\,1A$

C．$S \to aA\,|\,bA$　　　　　　　　D．$S \to aA\,|\,bA$
　　$A \to aA\,|\,bA\,|\,0A\,|\,1A\,|\,\varepsilon$　　　$A \to A\,|\,bA\,|\,0A\,|\,1A\,|\,\varepsilon$

（9）通常程序设计语言的词法规则可用正规式描述,词法分析器可用_____来实现。

A．语法树　　　　　B．有穷自动机　　　　C．栈　　　　　　　　D．堆

（10）一个确定的有穷自动机 DFA 是一个_____。

A．五元组 (K,Σ,f,S,Z)

B．四元组 (V_N,V_T,P,S)

C．四元组 (K,Σ,f,S)

D．三元组 (V_N,V_T,P)

（11）_____不是 NFA 的成分。

A．有穷输入字母表

B．文法符号集合

C．终止状态集合

D．有限状态集合

2．判断题（对下列叙述中的说法，正确的在题后括号内打"√"，错误的打"×"）

（1）编译程序中的词法分析程序以字符形式的源程序作为输入，输出的单词符号常采用二元组的形式。　　　　　　　　　　　　　　　　　　　　　　　　　　　　　　（　　）

（2）正规式的运算符"|"读作"或"。　　　　　　　　　　　　　　　　　　（　　）

（3）若两个正规式所表示的正规集相同，则认为二者是等价的。　　　　　（　　）

（4）用 l 代表字母，d 代表数字，$\Sigma=\{l,d\}$，则正规式 $r=dd^*$ 定义了无符号整数单词。

（　　）

（5）一个确定的有穷自动机 DFA M 的转换函数 f 是一个从 $K\times\Sigma$ 到 K 的子集的映像。

（　　）

（6）一个非确定的有穷自动机 NFA N 的转换函数 f 是一个从 $K\times\Sigma^*$ 到 K 的映像。（　　）

（7）一张状态转换图只包含有限个状态，其中有一个被认为是初态，最多只有一个终态。

（　　）

（8）终态与非终态是可区别的。　　　　　　　　　　　　　　　　　　　　（　　）

（9）对任意一个右线性文法 G，都存在一个 NFA N，满足 $L(G)=L(N)$。　（　　）

（10）对任意一个右线性文法 G，都存在一个 DFA M，满足 $L(M)=L(R)$。　（　　）

习 题 3

3.1　构造下列正规式相应的 DFA。

（1）$1(0\,|\,1)^*101$

（2）$(a\,|\,b)^*\,|\,(aa\,|\,bb)(a\,|\,b)^*$

（3）$((0\,|\,1)^*\,|\,(11))^*$

（4）$(0\,|\,11^*)^*$

3.2　将图 3.31 中的（a）、（b）都进行确定化和最小化。

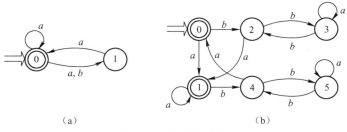

（a）　　　　　　　　　　　　　　　　　　　　　　　　（b）

图 3.31　有穷自动机

3.3　构造一个 DFA，它接收 $\Sigma=\{0,1\}$ 上所有满足如下条件的字符串，每个 1 都有 0 直接

跟在右边。

3.4 给出文法 $G[S]$，构造相应最小的 DFA。

$$S \rightarrow aS \,|\, bA \,|\, b$$
$$A \rightarrow aS$$

3.5 给出下述文法对应的正规式。

$$S \rightarrow aA$$
$$A \rightarrow bA \,|\, aB \,|\, b$$
$$B \rightarrow aA$$

3.6 给出与图 3.32 中的 NFA 等价的正规文法 G。

3.7 给出与图 3.33 中的 NFA 等价的正规式 R。

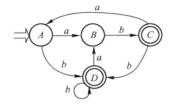
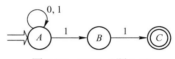

图 3.32　NFA（题 3.6）　　　　图 3.33　NFA（题 3.7）

3.8 文法 $G[\langle单词\rangle]$ 为

　　　　〈单词〉→〈标识符〉|〈整数〉

　　　　〈标识符〉→〈标识符〉〈字母〉|〈标识符〉〈数字〉|〈字母〉

　　　　〈整数〉→〈数字〉|〈整数〉〈数字〉

　　　　〈字母〉→ $A \,|\, B \,|\, C$

　　　　〈数字〉→ $1 \,|\, 2 \,|\, 3$

（1）改写文法 G 为 G'，使 $L(G') = L(G)$。

（2）给出相应的有穷自动机。

3.9 试证明正规式 $(a \,|\, b)^*$ 与正规式 $(a^* \,|\, b^*)^*$ 是等价的。

3.10 给出下述文法对应的正规式。

$$S \rightarrow 0A \,|\, 1B$$
$$A \rightarrow 1S \,|\, 1$$
$$B \rightarrow 0S \,|\, 0$$

3.11 设字母表 $\Sigma = \{a, b\}$，给出 Σ 上的正规式 $R = b^* ab(b \,|\, ab)^*$。

（1）试构造状态最小化的 DFA M，使得 $L(M) = L(R)$。

（2）求右线性文法 G，使得 $L(G) = L(M)$。

3.12 解释下列术语和概念。

（1）确定有穷自动机

（2）非确定有穷自动机

（3）正规式和正规集

第 4 章
语法分析

CP

本章学习导读

第 3 章讨论了用正规表达式和正规文法描述程序语言的单词结构，并研究了如何用有穷自动机构造词法分析程序等问题。本章将在词法分析的基础上，讨论各种语法分析技术，主要介绍语法分析程序的设计原理和实现技术，具体包括下面 4 方面的内容：

❖ 语法分析程序的功能和语法分析方法
❖ 递归下降分析法和预测分析法
❖ 自下而上分析法的原理和算符优先分析法
❖ LR 分析法

4.1　语法分析程序的功能

语法分析程序（语法分析器）的功能是以词法分析器生成的单词符号序列作为输入，根据语言的语法规则（描述程序语言语法结构的上下文无关文法），识别出各种语法成分（如表达式、语句、程序段乃至整个程序等），并在分析过程中进行语法检查，检查所给单词符号序列是否是该语言的文法的一个句子。若是，则以该句子的某种形式的语法树作为输出，否则表明有错误，并指出错误的性质和位置。

在前面的词法分析中，由于程序设计语言的词法结构比较简单，利用正规文法就足以描述词法规则，与之相对应的编译工作也比较简单；而在语法分析中，由于语法结构相对复杂，必须在更高的层次记录编译中产生结果，因此使用的文法和分析方法要更复杂一些。本章仍然使用文法来描述语法规则，但需要注意对语法规则中的终结符的理解。在词法分析时，文法中的终结符代表由源程序输入的字符。而语法分析时，可以将终结符视为经过词法分析后得到的单词。例如，规则中的小写字母 b，本章可以理解为词法分析之后的单词 begin 的缩写。

目前，语法分析的方法分为两大类，即自上而下分析法和自下而上分析法。自上而下分析法就是从文法的开始符号出发，根据文法规则正向推导出给定句子的一种方法；或者说，从树根开始，往下构造语法树，直到建立每个树叶的分析方法。自下而上分析法就是从给定的输入串开始，根据文法规则逐步进行归约，直至归约到文法的开始符号；或者说，从语法树的末端开始，向上归约，直至根结点的分析方法。

本章多次选择算术表达式文法，分析中使用不同的分析方法。因为对那些以 while 或 int 关键字开头的构造进行语法分析相对容易些，关键字可以引导我们选择适当的文法产生式来匹配输入。而对于运算符的结合性和优先级，表达式的处理更具挑战性。

4.2　自上而下分析法

4.2.1　非确定的自上而下分析法的思想

非确定的自上而下分析法的基本思想是，对任何输入串 W，试图用一切可能的办法，从文法的开始符号出发，自上而下地为它建立一棵语法树。或者说，为输入串寻找一个最左推导。若试探成功，则 W 为相应文法的一个句子，否则 W 不是文法句子。这种分析过程本质上是一种穷举试探过程，是反复使用不同规则，谋求匹配输入串的过程。

下面用一个简单例子来说明这种分析过程。

【例 4.1】　设有文法 $G[S]$：

$$S \to aAb$$
$$A \to de \,|\, d$$

若当前的输入串 $W=adb$，则其自上而下的分析过程是，从文法的开始符号出发，从左至右地匹配整个输入串 W。首先，让输入流指针指向输入串第一个符号 a，文法的开始符号 S 作为根结点，用 S 的规则（仅一条）构造语法树，见图 4.1(a)。

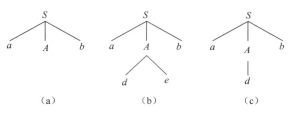

（a）　　　　　　　（b）　　　　　　　（c）

图 4.1　自上而下语法分析树

此树的最左子结点是以终结符 a 为标志的子结点，它与输入串第一个符号相匹配，于是我们将输入流指针指向下一个输入符号 d，并让第二个子结点 A 去进行匹配，非终结符 A 有两个选择，我们试着用它的第一个选择去匹配输入串，其构造的语法树为图 4.1(b)，子树 A 的最左子结点和第二个输入符号 d 相匹配，然后把输入流指针指向下一个输入符号 b，并让 A 的第二个子结点进行匹配。由于 A 的第二个子结点为终结符号 e，与当前的输入符号 b 不一致，因此 A 匹配失败。这意味着 A 的第一个选择此刻不适用于构造 W 的语法树。这时匹配失败，应回溯，必须退回到出错点，选择 A 的其他可能的规则重新匹配。

为了实现回溯，应把 A 的第一个选择所构造的子树删去，同时把输入指针恢复为指向第二个输入符号 d，重新试探用 A 的第二个选择，构造的语法树为图 4.1(c)。此时子树 A 只有一个子结点 d，而且与输入指针所指符号相一致，于是 A 获得了匹配。在 A 获得匹配后，输入指针指向下一个输入符号 b。在 S 的第二个子结点 A 完成匹配后，接着轮到 S 的第三个子结点 b 去进行匹配，由于 b 这个子结点和当前的输入符号相一致，匹配正确，也完成了为 W 构造语法树的任务，从而证明了输入串 $W=adb$ 是文法 $G[S]$ 的一个句子。

上述自上而下为输入串 W 建立语法树的过程实际也是设法为输入串建立一个最左推导序列 $S\Rightarrow aAb\Rightarrow adb$ 的过程。由于要对输入串从左向右进行扫描，使用最左推导才能保证按扫描的顺序匹配输入串。

根据以上分析不难看出，非确定的自上而下分析法，即带回溯的自上而下分析法，实际上是一种穷举的试探方法，其分析效率极低，在实际的编译程序中是不常用的。我们通常使用确定的自上而下分析法进行语法分析。但确定的自上而下分析法对语言的文法有一定的限制条件，就是要求描述语言的文法是无左递归的和无回溯的。

4.2.2　文法的左递归性和回溯的消除

1．文法左递归的消除

当一个文法是左递归文法时，采用自上而下分析法会使分析过程进入无穷循环之中。文法左递归是指文法中的某个非终结符 A 存在推导 $A\overset{+}{\Rightarrow}A\alpha$，而自上而下分析法是施行最左推导，即每次替换都是当前句型中的最左非终结符，当试图用非终结符 A 去匹配输入串时，结果使得当前句型的最左非终结符仍然为 A，也就是说，在没有读进任何输入符号的情况下，重新要求 A 去进行新的匹配，于是造成无穷循环。所以，采用自上而下分析法进行语法分析需要消除文法的左递归性。

对含直接左递归的规则进行等价变换，消除左递归。

1）引进一个新的非终结符，把含左递归的规则改写成右递归

设关于非终结符 A 的直接左递归的规则为

$$A \to A\alpha \mid \beta$$

其中，α、β 是任意的符号串，且 β 不以 A 开头，对 A 的规则可改写成如下右递归形式：

$$A \to \beta A'$$
$$A' \to \alpha A' \mid \varepsilon$$

改写后的形式与原来形式是等价的。也就是说，从 A 推出的符号串的集合是相同的。

一般情况下，设文法中关于 A 的规则为

$$A \to A\alpha_1 \mid A\alpha_2 \mid \cdots \mid A\alpha_m \mid \beta_1 \mid \beta_2 \mid \cdots \mid \beta_n$$

其中，每个 α 都不等于 ε，而每个 β 都不以 A 开头，消除直接左递归后改写为

$$A \to \beta_1 A' \mid \beta_2 A' \mid \cdots \mid \beta_n A'$$
$$A' \to \alpha_1 A' \mid \alpha_2 A' \mid \cdots \mid \alpha_m A' \mid \varepsilon$$

【例 4.2】 设有文法 $G[E]$：

$$E \to E + T \mid E - T \mid T$$
$$T \to T * F \mid T / F \mid F$$
$$F \to (E) \mid id$$

消去非终结符 E、T 的直接左递归后，文法 $G[E]$ 改写为

$$E \to TE'$$
$$E' \to +TE' \mid -TE' \mid \varepsilon$$
$$T \to FT'$$
$$T' \to *F' \mid /FT' \mid \varepsilon$$
$$F \to (E) \mid id$$

【例 4.3】 设有文法 $G[A]$：

$$A \to Ac \mid Aad \mid bd \mid e$$

消去直接左递归后文法 $G[A]$ 改写为

$$A \to bdA' \mid eA'$$
$$A' \to cA' \mid adA' \mid \varepsilon$$

2）采用扩充的 BNF 表示法改写含直接左递归的规则

在扩充的 BNF 表示中，有如下约定。

（1）用"$\{\alpha\}$"表示符号串 α 可出现 0 次或多次，即表示 α^*

例如，定义标识符的文法

$$\langle 标识符 \rangle \to l \mid \langle 标识符 \rangle l \mid \langle 标识符 \rangle d$$

用扩充的 BNF 表示可改写成如下形式：

$$\langle 标识符 \rangle \to l\{l \mid d\}$$

（2）用"$[\alpha]$"表示 α 的出现可有可无，即可供选择的符号串

例如，定义 C 语言中条件语句的文法是

$$\langle 条件语句 \rangle \to if\langle 布尔表达式 \rangle\langle 语句 \rangle \mid if\langle 布尔表达式 \rangle\langle 语句 \rangle; else\langle 语句 \rangle$$

用扩充的 BNF 表示可改写成如下形式：

$$\langle 条件语句 \rangle \to if\langle 布尔表达式 \rangle\langle 语句 \rangle [; else\langle 语句 \rangle]$$

（3）用"( )"可在规则中提取因子

例如，$A \to x\alpha_1 \mid x\alpha_2 \mid \cdots \mid x\alpha_m$ 可写为

$$A \to x(\alpha_1 \mid \alpha_2 \mid \cdots \mid \alpha_m)$$

【例 4.4】 对例 4.2 中文法用扩充的 BNF 表示法进行改写。

分析 规则 $E \to E+T \mid E-T \mid T$ 和 $T \to T*F \mid T/F \mid F$ 表示了 E 所生成的符号串由 T 开头且后跟零个或多个 $+T$ 或 $-T$；T 所生成的符号串由 F 开头且后跟零个或多个 $*F$ 或 $/F$，所以原文法可改写成如下形式：

$$E \to T\{+T \mid -T\}$$
$$T \to F\{*F \mid /F\}$$
$$F \to (E) \mid id$$

【例 4.5】 对例 4.3 中文法用扩充的 BNF 表示法进行改写。

分析 规则 $A \to Ac \mid Aad \mid bd \mid e$ 表示了 A 所生成的符号串是以 bd 或 e 开头，后跟零个或多个 c 或 ad，所以原文法可以改写成如下形式：

$$A \to (bd \mid e)\{c \mid ad\}$$

2．回溯的消除

在自上而下分析过程中，由于回溯需要推翻前面的分析，包括已做的一大堆语义工作，需要重新进行试探，这样大大降低了语法分析器的工作效率，因此需要消除回溯。

引起回溯的原因（见 4.2.1 节）是，在文法中某个非终结符 A 有多个候选式，遇到用 A 去匹配当前输入符号 a 时，无法确定选用唯一的一个候选式，而只能逐一进行试探，从而引起回溯，具体表现为下面两种情况。

第一种情况是相同左部的规则，右部左端第一个符号相同而引起回溯，如例 4.1。

第二种情况是规则右部能推出 ε 串，如文法 $G：A \to Bx，B \to x \mid \varepsilon$。

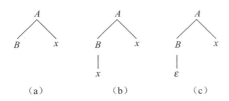

（a）　　　　（b）　　　　（c）

图 4.2　文法 G[E]的自上而下语法分析树

其非终结符 B 有两个右部，第二个右部能推导出 ε 串且两个右部左端第一个符号不相同，但在分析符号串 x 时出现回溯。试探分析过程如图 4.2 所示。

面临输入符号 x 时，用文法开始符号 A 的规则（仅一条规则）向下构造语法树，见图 4.2（a），其左子结点为非终结符 B，它有两个选择，先试用 $B \to x$ 向下构造语法树，见图 4.2（b），输入符号 x 与 B 的子结点 x 匹配，输入串指针右移，输入串已结束，但语法树中 A 的右子结点 x 未得到匹配，分析失败。回溯使输入串指针退回到 x，对 B 选用规则 $B \to \varepsilon$，见图 4.2（c），输入符号 x 得到正确匹配，分析成功。选用规则 $B \to \varepsilon$ 相当于与 B 的后继符号 x 进行匹配。由于 B 的后继符号 x 与 B 的第一个选择的右部左端的第一个符号 x 相同，因此面临输入符号 x 时出现回溯。

综上所述，在自上而下的分析过程中，为了避免回溯，对描述语言的文法有一定的要求，即要求描述语言的文法是 **LL(1)文法**。为了建立 LL(1)文法的判断条件，需引进 3 个相关集：FIRST 集、FOLLOW 集和 SELECT 集。

① 设 α 是文法 G 的任一符号串，定义文法符号串 α 的首符号集合为

$$\text{FIRST}(\alpha) = \{a \mid \alpha \overset{*}{\Rightarrow} a \cdots \text{且} \ a \in V_T\}$$

若 $\alpha \overset{*}{\Rightarrow} \varepsilon$，则规定 $\varepsilon \in$ FIRST(α)，即 FIRST(α)是从 α 可推导出的所有首终结符或可能的 ε。

② 设文法 G 的开始符号为 S，对于 G 的任何非终结符 A，定义非终结符 A 的后继符号的集合为

$$\text{FOLLOW}(A)=\{\,a\mid S \overset{*}{\Rightarrow} \cdots Aa\cdots \text{且 } a\in V_T\,\}$$

若 $S \overset{*}{\Rightarrow} \cdots A$，则规定 $\$\in$ FOLLOW(A)，即 FOLLOW(A)是 G 的所有句型中紧接在 A 之后出现的终结符或$\$$。这里用$\$$作为输入串的结束符，如 "$\$$输入串$\$$"。

③ 定义规则的选择集合 SELECT。设 $A \rightarrow \alpha$ 是文法 G 的任意一条规则，其中 $A\in V_N$，$\alpha \in (V_N, V_T)^*$，则定义

$$\text{SELECT}(A \rightarrow \alpha)=\begin{cases}\text{FIRST}(\alpha) & \text{若 } \alpha \overset{*}{\nRightarrow} \varepsilon \\ \text{FIRST}(\alpha)\setminus\{\varepsilon\}\cup \text{FOLLOW(A)} & \text{若 } \alpha \overset{*}{\Rightarrow} \varepsilon\end{cases}$$

现在，可以给出 LL(1)文法的判断条件。一个上下文无关文法 G 是 LL(1)文法，当且仅当对 G 中每个非终结符 A 的任何两个不同的规则 $A \rightarrow \alpha\mid\beta$，满足

$$\text{SELECT}(A\rightarrow\alpha)\cap \text{SELECT}(A\rightarrow\beta)=\varnothing$$

其中，α、β 中至多只有一个能推出 ε 串。这里，LL(1)中的第一个 L 表明自上而下的分析是从左到右扫描输入串，第二个 L 表明分析过程中使用最左推导，1 表示分析时每一步只需向前看一个符号即可决定所选用的规则，而且这种选择是准确无误的。

回顾前面例 4.1 中的文法

$$S \rightarrow aAb$$
$$A \rightarrow de \mid d$$

不难看出

$$\text{SELECT}(A\rightarrow de)=\text{FIRST}(de)=\{d\}$$
$$\text{SELECT}(A\rightarrow d)=\text{FIRST}(d)=\{d\}$$

所以

$$\text{SELECT}(A\rightarrow de)\cap \text{SELECT}(A\rightarrow d)\neq \varnothing$$

由 LL(1)文法定义可知，例 4.1 文法不是 LL(1)文法，因此对输入串进行自上而下分析会发生回溯。

【例 4.6】 设有文法 $G[A]$：

$$A \rightarrow aB \mid d$$
$$B \rightarrow bBA \mid \varepsilon$$

则

$$\text{SELECT}(A\rightarrow aB)=\text{FIRST}(aB)=\{a\}$$
$$\text{SELECT}(A\rightarrow d)=\text{FIRST}(d)=\{d\}$$
$$\text{SELECT}(B\rightarrow bBA)=\text{FIRST}(bBA)=\{b\}$$
$$\text{SELECT}(B\rightarrow\varepsilon)=\text{FOLLOW}(B)=\{a, d, \$\}$$

所以

$$\text{SELECT}(A\rightarrow aB)\cap \text{SELECT}(A\rightarrow d)=\varnothing$$
$$\text{SELECT}(B\rightarrow bBA)\cap \text{SELECT}(B\rightarrow\varepsilon)=\varnothing$$

由定义可知，$G[A]$是 LL(1)文法，对任何输入串 W 可进行无回溯的分析。

【例 4.7】 设有文法 $G[S]$：

$$S \rightarrow aAB$$
$$A \rightarrow bB \mid dA \mid \varepsilon$$
$$B \rightarrow a \mid e$$

则

$$\text{SELECT}(S \rightarrow aAB) = \text{FIRST}(aAB) = \{a\}$$
$$\text{SELECT}(A \rightarrow bB) = \text{FIRST}(bB) = \{b\}$$
$$\text{SELECT}(A \rightarrow dA) = \text{FIRST}(dA) = \{d\}$$
$$\text{SELECT}(A \rightarrow \varepsilon) = \text{FOLLOW}(A) = \{a, e\}$$
$$\text{SELECT}(B \rightarrow a) = \text{FIRST}(a) = \{a\}$$
$$\text{SELECT}(B \rightarrow e) = \text{FIRST}(e) = \{e\}$$

所以

$$\text{SELECT}(A \rightarrow bB) \cap \text{SELECT}(A \rightarrow dA) = \varnothing$$
$$\text{SELECT}(A \rightarrow bB) \cap \text{SELECT}(A \rightarrow \varepsilon) = \varnothing$$
$$\text{SELECT}(A \rightarrow dA) \cap \text{SELECT}(A \rightarrow \varepsilon) = \varnothing$$
$$\text{SELECT}(B \rightarrow a) \cap \text{SELECT}(B \rightarrow e) = \varnothing$$

由定义可知，文法 $G[S]$ 是 LL(1)文法，对任何输入串可进行确定的自上而下分析。

综合上面的讨论可知，对 LL(1)文法，若当前非终结符 A 面临输入符号 a 时，可根据 a 属于哪一个 SELECT 集，唯一地选择一条相应规则去准确地匹配输入符号 a。也就是说，当描述语言的文法是 LL(1)文法时，可对其进行确定的自上而下分析。

4.2.3　某些非 LL(1)文法到 LL(1)文法的改写

前面已经指出，构造确定的自上而下分析程序要求给定语言的文法必须是 LL(1)文法，但是，并不是每个语言都有 LL(1)文法。

由 LL(1)文法定义可知，若文法中含有左递归或含有公共左因子，则该文法不是 LL(1)文法，因此，对某些非 LL(1)文法而言，可通过消除左递归和反复提取公共左因子对文法进行等价变换，将其改造为 LL(1)文法。消除文法中的左递归方法见 4.2.2 节。

这里所说的提取公共左因子是指当文法中含有形如 $A \rightarrow \alpha\beta_1 \mid \alpha\beta_2 \mid \cdots \mid \alpha\beta_n$ 的规则，可将它改写成

$$A \rightarrow \alpha A'$$
$$A' \rightarrow \beta_1 \mid \beta_2 \mid \cdots \mid \beta_n$$

若在 $\beta_1, \beta_2, \cdots, \beta_n$ 中仍含有公共左因子，可再次提取，这样反复进行提取，直到引进新非终结符的有关规则再无公共左因子为止。

例如，对例 4.1 中的文法

$$S \rightarrow aAb$$
$$A \rightarrow de \mid d$$

由前面已知该文法是非 LL(1)文法，该文法无左递归，利用提取公共左因子的方法对其进行改写，得到

$$S \to aAb$$
$$A \to dA'$$
$$A' \to e \mid \varepsilon$$

不难验证改写后的文法为 LL(1) 文法。

【例 4.8】 设有文法 $G[S]$：

$$S \to ad \mid Ae$$
$$A \to aS \mid bA$$

对于非终结符 S 的规则，因有

$$\text{SELECT}(S \to ad) \cap \text{SELECT}(S \to Ae) = \{a\} \cap \{a, b\} \neq \varnothing$$

故它不是一个 LL(1) 文法。由于非终结符 S 的两个右部的公共左因子是隐式的，因此，在对 S 的两条规则提取公共左因子之前，对 S 右部以非终结符 A 开头的规则，用 A 的两条规则进行相应替换，得到

$$S \to ad \mid aSe \mid bAe$$
$$A \to aS \mid bA$$

对 S 提取公共左因子得

$$S \to bAe \mid aS'$$
$$S' \to d \mid Se$$
$$A \to aS \mid bA$$

显然，改写后的文法是 LL(1) 文法。

应当指出的是，并非一切非 LL(1) 文法都能改写为 LL(1) 文法。

例如，对于文法

$$S \to Ae \mid Bd$$
$$A \to aAe \mid b$$
$$B \to aBd \mid b$$

对于 S 的规则，因有

$$\text{SELECT}(S \to Ae) \cap \text{SELECT}(S \to Bd) = \{a, b\} \cap \{a, b\} \neq \varnothing$$

故它不是一个 LL(1) 文法。

对于 S 的两条规则，可先将非终结符 A、B 用相应规则右部进行替换，得到

$$S \to aAee \mid be \mid aBdd \mid bd$$
$$A \to aAe \mid b$$
$$B \to aBd \mid b$$

对 S 提取公共左因子后，得

$$S \to aS' \mid bS''$$
$$S' \to Aee \mid Bdd$$
$$S'' \to e \mid d$$
$$A \to aAe \mid b$$
$$B \to aBd \mid b$$

显然，它仍不是一个 LL(1) 文法，且不难看出，无论将上述步骤重复多少次都无法将它改写为 LL(1) 文法。

4.2.4 递归下降分析法

递归下降分析法是确定的自上而下分析法，要求文法是 LL(1) 文法。它的基本思想是，对文法中的每个非终结符编写一个函数（或子程序），每个函数（或子程序）的功能是识别由该非终结符所表示的语法成分。由于描述语言的文法常常是递归定义的，因此相应的这组函数（或子程序）必然以相互递归的方式进行调用，故将此种分析法称为递归下降分析法。

构造递归下降分析程序时，每个函数名是相应的非终结符，函数体则是根据规则右部符号串的结构编写。

（1）当遇到终结符 a 时，则编写语句

```
if(当前读来的输入符号==a)
    读下一个输入符号
```

（2）当遇到非终结符 A 时，则编写语句调用 $A( )$。

（3）当遇到 $A \to \varepsilon$ 规则时，则编写语句

```
if(当前读来的输入符号∉ FOLLOW(A))
    error()
```

（4）当某个非终结符的规则有多个候选式时，按 LL(1) 文法的条件能唯一地选择一个候选式进行推导。

【例 4.9】 设有文法 $G[S]$：

$$S \to a \mid \wedge \mid (T)$$
$$T \to T,S \mid S$$

试构造一个识别该文法句子的递归下降分析程序。

分析 首先消去文法左递归，得到文法 $G'[S]$：

$$S \to a \mid \wedge \mid (T)$$
$$T \to ST'$$
$$T' \to ,ST' \mid \varepsilon$$

无左递归的文法不一定是 LL(1) 文法，根据 LL(1) 文法的判断条件，对非终结符 S 和 T' 有

$$\text{SELECT}(S \to a) \cap \text{SELECT}(S \to \wedge) = \text{FIRST}(a) \cap \text{FIRST}(\wedge)$$
$$= \{a\} \cap \{\wedge\} = \varnothing$$
$$\text{SELECT}(S \to a) \cap \text{SELECT}(S \to (T)) = \text{FIRST}(a) \cap \text{FIRST}((T))$$
$$= \{a\} \cap \{(\} = \varnothing$$
$$\text{SELECT}(S \to \wedge) \cap \text{SELECT}(S \to (T)) = \text{FIRST}(\wedge) \cap \text{FIRST}((T))$$
$$= \{\wedge\} \cap \{(\} = \varnothing$$
$$\text{SELECT}(T' \to ,ST') \cap \text{SELECT}(T' \to \varepsilon) = \text{FIRST}(,ST') \cap \text{FOLLOW}(T')$$
$$= \{,\} \cap \{)\} = \varnothing$$

所以文法 $G'[S]$ 是 LL(1) 文法。

对文法 $G'[S]$ 可写出的相应递归下降分析程序如下。

```
main(){
    scaner();
    S();
    if(sym == '$')
        printf("success");
```

```
        else
            printf("fail");
    }
    S(){
        if(sym== 'a' || sym== '∧')
            scaner();
        else if(sym== '('){
            scaner();
            T();
            if(sym == ')')
                scaner();
            else
                error();
        }
        else
            error();
    }
    T(){
        S();
        T'();
    }
    T'(){
        if(sym ==','){
            scaner();
            S();
            T'();
        }
        else if(sym != ')')
            error();
    }
```

　　分析程序中函数 scaner( )的功能是读进源程序的下一个单词符号，并将它放在全程变量 sym 中；函数 error( )是出错处理程序。

　　上述主函数和 3 个函数合起来是所给文法的递归下降分析程序，可以对文法的任意一个句子进行语法分析。

　　本例若采用扩充的 BNF 表示法改写文法，可得到 $G''[S]$：

$$S \rightarrow a \mid \wedge \mid (T)$$
$$T \rightarrow S\{,S\}$$

　　该文法是 LL(1)文法，其递归下降分析程序中主函数和函数 $S( )$同上，对函数 $T( )$用 while 语句描述如下：

```
    T(){
        S();
        while(sym ==','){
            scaner();
            S();
        }
    }
```

另外，对于无左递归的算术表达式文法，其确定的自上而下的分析方法可以参考习题 4.2。由这些例子可以看出，递归下降分析法简单、直观，易于构造分析程序，但它对文法要求高，必须是 LL(1) 文法，同时由于递归调用较多，影响分析器的效率。

4.2.5 预测分析法和预测分析表的构造

预测分析法也称为 LL(1) 分析法，是确定的自上而下分析的另一种方法。采用这种方法进行语法分析要求描述语言的文法是 LL(1) 文法。

预测分析器由一张预测分析表（也称为 LL(1) 分析表）、一个先进后出分析栈和一个总控程序三部分组成，见图 4.3。

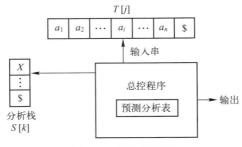

图 4.3 预测分析器

输入缓冲区 $T[j]$ 中存放待分析的输入符号串，以右界符\$作为结束。分析栈 $S[k]$ 中存放替换当前非终结符的某规则右部符号串，句子左界符"\$"存入栈底。预测分析表是一个 $M[A, a]$ 形式的矩阵，其中 A 为非终结符，a 是终结符或"\$"。分析表元素 $M[A, a]$ 中的内容为一条关于 A 的规则，表明当 A 面临输入符号 a 时当前推导应采用的候选式，当元素的内容为"出错标志"（表中用空白格表示）时，则表明 A 不应该面临输入符号 a。

预测分析器的总控程序在任何时候都是根据栈顶符号和当前输入符号 a 来决定分析器的动作，流程见图 4.4。

预测分析器的总控程序对于不同的 LL(1) 文法都是相同的，而预测分析表对于不同的 LL(1) 文法是不相同的，下面介绍对于任给的文法 G 构造预测分析表的算法。

输入：文法 G。

输出：预测分析表 M。

方法：

（1）计算文法 G 的每个非终结符的 FIRST 集和 FOLLOW 集。

① 对每个文法符号 $X \in (V_N \cup V_T)$，计算 FIRST(X)：

a. 若 $X \in V_T$，则 FIRST(X)={X}。

b. 若 $X \in V_N$ 且有规则 $X \to a \cdots$（$a \in V_T$），则 $a \in$ FIRST(X)。

c. 若 $X \in V_N$ 且有规则 $X \to \varepsilon$，则 $\varepsilon \in$ FIRST(X)。

d. 若有规则 $X \to y_1 y_2 \cdots y_n$，对于任意的 i（$1 \leqslant i \leqslant n$），当 $y_1 y_2 \cdots y_{i-1}$ 都是非终结符，且 $y_1 y_2 \cdots y_{i-1} \overset{*}{\Rightarrow} \varepsilon$ 时，则将 FIRST(y_i) 中的非 ε 元素加入 FIRST(X)。特别是，若 $y_1 y_2 \cdots y_n \overset{*}{\Rightarrow} \varepsilon$，则 $\varepsilon \in$ FIRST(X)。

e. 反复使用 a~d，直到 FIRST 集不再增大为止。

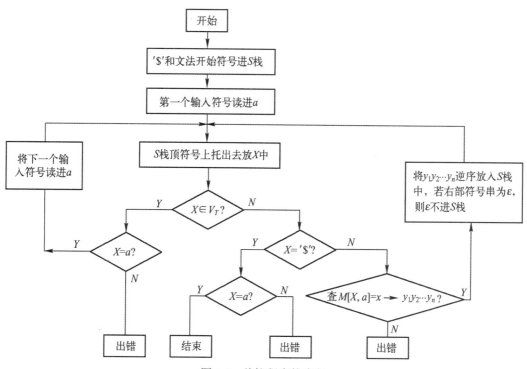

图 4.4　总控程序的流程

② 对文法中的每个 $A \in V_N$ ，计算 FOLLOW(A)：

a. 对文法的开始符号 S，则将 "\$" 加入 FOLLOW(S)。

b. 若 $A \to \alpha B \beta$ 是一条规则，则把 FIRST(β)中的非ε元素加入 FOLLOW(B)。

c. 若 $A \to \alpha B$ 或 $A \to \alpha B \beta$ 是一条规则，且 $\beta \overset{*}{\Rightarrow} \varepsilon$，则把 FOLLOW($A$)加入 FOLLOW($B$)。

d. 反复使用 b～c，直到每个非终结符的 FOLLOW 集不再增大为止。

（2）对文法的每个规则 $A \to \alpha$，若 $a \in$ FIRST(α)，则置 $M[A, a] = A \to \alpha$ 。

（3）若 $\varepsilon \in$ FIRST(α)，对任何 $b \in$ FOLLOW(A)，则置 $M[A, b] = A \to \alpha$ 。

（4）把分析表中无定义的元素标上出错标志 error（表中用空白格表示）。

【例 4.10】　设有文法 $G[S]$：

$$S \to a \,|\, \wedge \,|\, (T)$$
$$T \to ST'$$
$$T' \to , ST' \,|\, \varepsilon$$

试构造该文法的预测分析表。

分析　首先判断该文法是否是 LL(1)文法，在例 4.9 中已经证明该文法是 LL(1)文法。

计算该文法每个非终结符的 FIRST 集和 FOLLOW 集：

	FIRST	FOLLOW
S	$\{a, \wedge, (\}$	$\{\$, ,,)\}$
T	$\{a, \wedge, (\}$	$\{)\}$
T'	$\{,, \varepsilon\}$	$\{)\}$

对规则 $S \to a$，因为 FIRST(a)=$\{a\}$，所以置 $M[S, a] = S \to a$ 。

对规则 $S \to \wedge$，因为 $\text{FIRST}(\wedge) = \{\wedge\}$，所以置 $M[S, \wedge] = S \to \wedge$。

对规则 $S \to (T)$，因为 $\text{FIRST}((T)) = \{($\}$，所以置 $M[S, (] = S \to (T)$。

对规则 $T \to ST'$，因为 $\text{FIRST}(ST') = \{(, a, \wedge\}$，所以置 $M[T, (] = T \to ST'$，$M[T, a] = T \to ST'$，$M[T, \wedge] = T \to ST'$。

对规则 $T' \to , ST'$，因为 $\text{FIRST}(, ST') = \{,\}$，所以置 $M[T', ,] = T' \to , ST'$。

对规则 $T' \to \varepsilon$，因为 $\text{FIRST}(T') = \{)\}$，所以置 $M[T',)] = T' \to \varepsilon$。

文法 $G[S]$ 的分析表见表 4.1。

表 4.1　文法 $G[S]$ 的预测分析表

	a	$\wedge$	$($	$)$	$,$	$\$$
S	$S \to a$	$S \to \wedge$	$S \to (T)$			
T	$T \to ST'$	$T \to ST'$	$T \to ST'$			
T'				$T' \to \varepsilon$	$T' \to , ST'$	

对输入串 $(a, a)\$$ 预测分析器作出的移动如表 4.2 所示。可以证明，若一个文法 G 的分析表 M 不含多重定义元素，则该文法是 LL(1) 文法。

表 4.2　对输入串 $(a, a)\$$ 的分析过程

分析栈	输入串	所用规则	分析栈	输入串	所用规则
$\$S$	$(a, a)\$$		$\$)T'S,$	$, a)\$$	$T' \to , ST'$
$\$)T($	$(a, a)\$$	$S \to (T)$	$\$)T'S$	$a)\$$	
$\$)T$	$a, a)\$$		$\$)T'a$	$a)\$$	$S \to a$
$\$)T'S$	$a, a)\$$	$T \to ST'$	$\$)T'$	$)\$$	
$\$)T'a$	$a, a)\$$	$S \to a$	$\$)$	$)\$$	$T' \to \varepsilon$
$\$)T'$	$, a)\$$		$\$$	$\$$	成功

4.3　自下而上分析法的一般原理

编译中存在着多种自下而上分析法，但不管哪种自下而上分析法，都是按照"移进－归约"法建立起来的一种语法分析方法。这种分析法的基本思想是用一个寄存文法符号的先进后出栈，将输入符号一个一个地按从左到右扫描顺序移入栈，边移入边分析，当栈顶符号串形成某条规则右部时，就进行一次归约，即用该规则左部非终结符替换相应规则右部符号串，我们把栈顶被归约的这个串符号称为可归约串。重复这个过程，直到整个输入串分析完毕。最终若栈中剩下句子右界符 "$\$$" 和文法的开始符号，则所分析的输入符号串是文法的正确句子，否则不是文法的正确句子，报告错误。

下面举例说明这种自下而上分析过程。

【例 4.11】　设有文法 $G[A]$：

$$A \to aBcDe$$
$$B \to b$$
$$B \to Bb$$
$$D \to d$$

对输入串 *abbcde* 进行语法分析，检查该符号串是否是该文法的正确句子。

设一个符号栈并将输入符号串的左界符"$"移入栈，分析时，将输入符号串按从左到右扫描顺序移入栈。整个分析过程如表 4.3 所示。

表 4.3　输入符号串 *abbcde* 的分析过程

步骤	符号栈	输入串	动 作	步骤	符号栈	输入串	动 作
0	$	*abbcde*$	*a* 进栈	6	$*aBc*	*de*$	*d* 进栈
1	$*a*	*bbcde*$	*b* 进栈	7	$*aBcd*	*e*$	用 *D*→*d* 归约
2	$*ab*	*bcde*$	用 *B*→*b* 归约	8	$*aBcD*	*e*$	*e* 进栈
3	$*aB*	*bcde*$	*b* 进栈	9	$*aBcDe*	$	用 *A*→*aBcDe* 归约
4	$*aBb*	*cde*$	用 *B*→*Bb* 归约	10	$*A*	$	分析成功
5	$*aB*	*cde*$	*c* 进栈				

在上述分析过程中，当分析到第 4 步时，栈内符号串是 *aBb*，栈顶符号串 *b* 和 *Bb* 分别是规则 *B*→*b* 和 *B*→*Bb* 的右部，为什么此时知道栈顶符号串 *Bb* 是可归约串，而 *b* 不是可归约串呢？由此可见，实现自下而上分析法的关键问题是如何精确定义可归约串这个直观概念，以及怎样识别"可归约串"。事实上，存在多种方法刻画"可归约串"，对它的不同定义形成不同的自下而上的分析方法。规范归约分析法用句柄来刻画可归约串，而算符优先分析法用最左素短语来刻画可归约串。根据识别可归约串的不同方法，同样形成不同的自下而上分析方法，简单优先分析法和 LR 分析法都是规范归约分析法，即都是用句柄刻画可归约串。但它们识别句柄的方法不同，简单优先分析法是根据文法符号之间的优先关系来确定栈顶符号串是否形成句柄，而 LR 分析法是根据历史、现实、展望三者信息来确定栈顶符号串是否形成句柄。

下面介绍两种常用的自下而上分析方法，即算符优先分析法和 LR 分析法，重点讨论怎样识别栈顶符号串是否是可归约串以及如何进行归约。

4.4　算符优先分析法

算符优先分析法是一种简单、直观的自下而上分析法，特别适合分析程序语言中各类表达式且宜于手工实现的场景。

4.4.1　算符优先分析法概述

所谓算符优先分析法，就是依照算术表达式的四则运算过程而设计的一种语法分析方法。这种分析方法首先要规定运算符之间（确切地说是终结符之间）的优先关系和结合性质，然后借助这种关系，比较相邻运算符的优先级来确定句型的可归约串并进行归约。

下面以表达式的文法为例，说明采用这种分析法分析符号串 id+id*id 的分析过程。

例如，文法 *G*[*E*] 为

$$E \rightarrow E + E \mid E * E \mid (E) \mid \text{id}$$

这个文法是一个二义性文法，因而对句子 id+id*id 有两种不同的规范归约，也就是在归约过程中句型的句柄不唯一。

句子 id+id*id 的两种不同的规范归约过程如下：

第一个规范归约过程	第二个规范归约过程
（1）id+id*id	（1）id+id*id
（2）E+id*id	（2）E+id*id
（3）E+E*id	（3）E+E*id
（4）E+E*E	（4）E*id
（5）E+E	（5）E*E
（6）E	（6）E

分析上述归约过程，句型 E+E*id 在第一个规范归约中 id 是它的句柄；而在第二个规范归约中 E+E 是它的句柄。此现象是由于没有定义运算符+和*的优先关系而引起的。第一个规范归约假定*优先于+，所以不能立即把 E+E 归约为 E；而第二个规范归约假定+优先于*，因此必须先把 E+E 归约为 E。可见，上述归约过程中起决定作用的是相邻两个终结符号之间的优先关系。于是，算符优先分析法的关键在于用合适的方法定义任何两个可能相邻出现的终结符号 a 和 b 之间的优先关系。

任何两个相邻终结符号 a 与 b 之间的优先关系有 3 种：① $a < b$，a 的优先级低于 b；② $a = b$，a 的优先级等于 b；③ $a > b$，a 的优先级高于 b。

注意：优先关系与出现的左右次序有关，不同于数学中的<、=和>。例如，$a < b$ 不一定有 $b > a$。通常，表达式中运算符的优先关系有(<+、+<(，但没有+>(。

一个文法的终结符号之间的优先关系可用一个矩阵来表示，矩阵的行列名称都是文法的终结符，矩阵元素是两终结符之间可能的优先关系。算符优先分析法借助优先关系矩阵（也称优先关系表，简称优先表）寻找句型的可归约串。

需要指出的是，算符优先分析法并不是对所有的文法都适合，对文法有一定的要求，要求文法是算符优先文法，也就是说，只有当描述语言的文法是算符优先文法，才能采用算符优先分析法进行语法分析。

4.4.2 算符优先文法的定义

1．算符文法的定义

设有文法 G，若其中没有形如 $U \rightarrow \cdots VW \cdots$ 的规则，其中 V 和 W 为非终结符，则称 G 为算符文法，也称 OG（Operator Grammar）文法。也就是说，在算符文法中，任何一个规则右部都不存在两个非终结符相邻的情况。由定义可知，算符文法具有两个重要的性质（不证明，仅给出结论）。

性质 1 在算符文法中任何句型都不含两个相邻的非终结符。

性质 2 若 Ab 或 bA 出现在算符文法的句型 β 中，其中 $A \in V_N$，$b \in V_T$，则 β 中任何含 b 的短语必含有 A。

2．定义任意两个终结符号之间的优先关系

设 G 是一个算符文法，a 和 b 是任意两个终结符，P、Q、R 是非终结符，算符优先关系<、=、>的定义如下：

① $a \doteq b$，当且仅当 G 中含有形如 $P \to \cdots ab \cdots$ 或 $P \to \cdots aQb$ 的规则。

② $a \lessdot b$，当且仅当 G 中含有形如 $P \to \cdots aR \cdots$ 的规则，且 $R \overset{+}{\Rightarrow} b \cdots$ 或 $R \overset{+}{\Rightarrow} Qb \cdots$。

③ $a \gtrdot b$，当且仅当 G 中含有形如 $P \to \cdots Rb \cdots$ 的规则，且 $R \overset{+}{\Rightarrow} \cdots a$ 或 $R \overset{+}{\Rightarrow} \cdots aQ$。

3．算符优先文法的定义

一个不含 ε 规则的算符文法 G，如果任意两个终结符号对 (a,b) 在 $\lessdot$、$\doteq$、$\gtrdot$ 这三种关系中只有一种关系成立，就称 G 是算符优先文法，也称 OPG（Operator Precedence Grammar）文法。

对前述算术表达式的文法

$$E \to E+E \mid E*E \mid (E) \mid \text{id}$$

由算符文法和算符优先文法的定义，我们不难证明，该文法是一个算符文法，但不是算符优先文法。因为该文法的任一规则右部都不包含两个相邻的非终结符，所以该文法是算符文法。但是，由于 $E \to E+E$ 和 $E \overset{⇒}{} E*E$，有 $+ \lessdot *$，又由于 $E \to E*E$ 和 $E \overset{⇒}{} E+E$ 有 $+ \gtrdot *$，即运算符 $+$ 与 $*$ 之间存在两种优先关系，所以该表达式的文法只是算符文法而不是算符优先文法。

若算术表达式的文法为

$$E \to E+T \mid T$$
$$T \to T*F \mid F$$
$$F \to (E) \mid \text{id}$$

显然，该算术表达式的文法是算符优先文法。

4.4.3　算符优先关系表的构造

对算符优先文法，根据优先关系的定义，可按如下方法直接构造优先关系表。

首先对文法每个非终结符 A 定义两个集合：

$$\text{FIRSTVT}(A) = \{ b \mid A \overset{+}{\Rightarrow} b \cdots \text{或} A \overset{+}{\Rightarrow} Bb \cdots, b \in V_T, B \in V_N \}$$
$$\text{LASTVT}(A) = \{ a \mid A \overset{+}{\Rightarrow} \cdots a \text{或} A \overset{+}{\Rightarrow} \cdots aB, a \in V_T, B \in V_N \}$$

使用这两个集合，构造文法 G 的优先关系表的算法如下。

输入：算符优先文法 G。

输出：关于文法 G 的优先关系表。

方法：

（1）为每个非终结符 A 计算 $\text{FIRSTVT}(A)$ 和 $\text{LASTVT}(A)$。

（2）执行程序

```
for(每个产生式 A→x₁x₂⋯xₙ){
    for(i=1;i<=n-1;i++){
        if(xᵢ∈V_T 且 xᵢ₊₁∈V_T)
            置 xᵢ ≐ xᵢ₊₁;
        if(i<=n-2 且 xᵢ∈V_T、xᵢ₊₂∈V_T，而 xᵢ₊₁∈V_N)
            置 xᵢ ≐ xᵢ₊₂;
        if(xᵢ∈V_T, xᵢ₊₁∈V_N)
            for(FIRSTVT(xᵢ₊₁)中的每个 b)
                置 xᵢ ⋖ b;
```

```
if(x_i ∈ V_N, x_{i+1} ∈ V_T)
    for(LASTVT(x_i)中的每个 a)
        置 a > x_{i+1};
}
}
```

（3）对 FIRSTVT(S)中的所有 b，置\$ < b；对 LASTVT(S)中的所有 a，置a>\$；置\$ = \$（S为文法开始符号）。

【例 4.12】 设有表达式的文法 $G[E]$：

$$E \to E + T \mid T$$
$$T \to T * F \mid F$$
$$F \to (E) \mid \text{id}$$

构造该文法的算符优先关系表。

计算每个非终结符的 FIRSTVT 和 LASTVT：

	FIRSTVT	LASTVT
E	{*, +, (, id}	{*, +,), id}
T	{*, (, id}	{*,), id}
F	{(, id}	{), id}

执行算法，逐条扫描文法规则，因有 $E \to (E)$ 的规则，则有(=)。

寻找终结符在左边，非终结符在右边的符号对有

$$+T 则 + < \text{FIRSTVT}(T)$$
$$*F 则 * < \text{FIRSTVT}(F)$$
$$(E 则 (< \text{FIRSTVT}(E)$$

寻找非终结符在左边，终结符在右边的符号对有

$$E+ 则 \text{LASTVT}(E) > +$$
$$T* 则 \text{LASTVT}(T) > *$$
$$E) 则 \text{LASTVT}(E) >)$$

最后，对\$有\$ = \$，\$ < FIRSTVT(E)，LASTVT(E) > \$，从而构造出文法 $G[E]$的算符优先关系表如表 4.4 所示。

表 4.4 表达式文法的优先关系表

	+	*	id	(	)	$
+	>	<	<	<	>	>
*	>	>	<	<	>	>
id	>	>			>	>
(	<	<	<	<	=	
)	>	>			>	>
$	<	<	<	<		=

4.4.4 算符优先分析算法的设计

对于算符优先分析法，它虽然是一种自下而上的语法分析方法，但它并不是一种规范归约的分析方法。这是因为在算符优先文法中，仅在终结符号之间定义优先关系而未对非终结符定义优先关系，从而无法使用优先关系表去识别由单个非终结符组成的可归约串，也就是说，算符优先分析法不是用句柄来刻画可归约串的，而是用最左素短语来刻画可归约串的。

1．最左素短语

所谓句型的**素短语**，是指这样一种短语，它至少包含一个终结符，并且除自身之外，不再包含其他素短语。句型最左边的素短语称为**最左素短语**。

例如，考虑例 4.12 中的文法 $G[E]$ 的句型 $T+T*F+id$ 的素短语和最左素短语。

首先给出句型 $T+T*F+id$ 的语法树，见图 4.5。

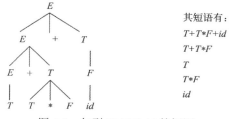

其短语有：
$T+T*F+id$
$T+T*F$
T
$T*F$
id

图 4.5　句型 $T+T*F+id$ 的短语

由素短语定义可知 $T*F$ 和 id 是素短语。$T*F$ 为最左素短语（注意：T 是该句型的句柄，但不是素短语）。

2．识别句型最左素短语的方法

由算符文法的性质可知，算符优先文法的任何句型都没有相邻的两个非终结符，其句型总可以表示成

$$\$N_1a_1N_2a_2 \cdots N_na_nN_{n+1}\$$$

其中，每个 N_i 为非终结符或空，a_i（$1 \le i \le n$）为终结符。

对算符优先文法 G 有如下定理。一个算符优先文法 G 的任何句型的最左素短语是满足下列条件的最左子串 $N_ia_iN_{i+1}a_{i+1} \cdots a_jN_{j+1}$：

$$a_{i-1} \lessdot a_i$$
$$a_i \doteq a_{i+1}, \cdots, a_{j-1} \doteq a_j$$
$$a_j \gtrdot a_{j+1}$$

需要指出的是，出现在 a_i 左端的非终结符 N_i 和出现在 a_j 右端的非终结符 N_{j+1} 是属于素短语的，这是由于算符文法的任何句型中终结符和非终结符相邻时含终结符的短语必含相邻非终结符（见 4.4.2 节中的性质 2）。

对上述句型 $\$T+T*F+id\$$ 写成算符优先分析形式为

$$\$N_1a_1N_2a_2N_3a_3a_4\$$$

因有 $\$ \lessdot + \lessdot * \gtrdot +$，故由最左素短语定理有 $N_2a_2N_3$，即 $T*F$ 是最左素短语。

3．算符优先分析算法

根据最左素短语的定理，最左素短语中的终结符号具有相同的优先关系，并且，由于

最左素短语中的符号是当时最先要归约的串，其优先关系先于最左素短语之外的符号，所以我们使用一个用于存放文法符号的先进后出栈，并利用优先关系确定最左素短语是否已形成来决定分析器的动作。如果当前栈顶的终结符号和待输入符号之间的优先关系是<或者=，则表示栈顶符号串未形成最左素短语，此时分析器将移进输入符号。如果当前栈顶的终结符号和待输入符号之间的优先关系是>，就表示已找到最左素短语的尾，再从栈顶开始，按优先关系在栈内向左（向前）寻找最左素短语的头，然后分析器将归约最左素短语。如果出现两个终结符号之间不存在优先关系，就表示存在语法错误，分析器将调用出错处理程序。下面给出算符优先分析算法。

输入：输入符号串 W 和优先关系表。

输出：若 W 是正确的句子，则接收，否则输出错误信息。

方法：执行图 4.6 所示的算法。

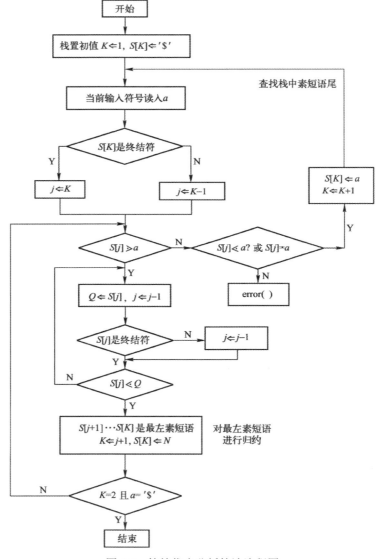

图 4.6　算符优先分析算法流程图

说明： 算法中 K 为符号栈 S 的栈顶指针，a 用来存放当前输入符号，j 是栈的查找指针，Q 是工作单元。

在算符优先分析算法中，没有指明应将栈顶的最左素短语归约到哪一个非终结符 "N"，这是因为非终结符在分析过程中对识别最左素短语没有任何影响，因此可以不关心非终结符号究竟是哪个具体符号，故可取任意的名字 N 来代替它们。最后归约成功的标志是当读到句子结束符\$时，S 栈中只剩下 "$\$N$"。

例如，对例 4.12 中表达式的文法，对输入串 id+id\$的算符优先分析过程如表 4.5 所示。

表 4.5　id+id\$的分析过程

S栈	优先关系	当前符号	输入流	动作
\$	<	id	+id\$	移进
\$id	>	+	id\$	归约
\$N	<	+	id\$	移进
\$N+	<	id	\$	移进
\$N+id	>		\$	归约
\$N+N	>		\$	
\$N	=		\$	结束

4.4.5 优先函数的构造

在算符优先分析法中，文法终结符号之间的优先关系是用优先矩阵表示的，这样需占用大量的内存空间，当文法有 n 个终结符时，需要 n^2 个内存单元，因此，在实际实现中使用优先函数来代替优先矩阵表示优先关系，对具有 n 个终结符的文法，它只需 $2n$ 个内存单元，可以节省大量存储空间。

1．优先函数 f 和 g 的定义

优先函数 f 和 g 的关系定义如下：① 当 $a < b$ 时，则令 $f(a) < g(b)$；② 当 $a = b$ 时，则令 $f(a) = g(b)$；③ 当 $a > b$ 时，则令 $f(a) > g(b)$。

我们把 f 和 g 分别称为栈内优先函数和栈外优先函数。这样，a 与 b 之间的优先关系可以由比较 $f(a)$ 和 $g(b)$ 的大小来决定。

2．优先函数的构造方法

输入： 一张优先关系表。

输出： 关于优先关系表的优先函数。

方法一：逐次加 1 法（Floyd 方法）。

（1）确定初值，对所有终结符 a，令 $f(a) = g(a) = 0$（可为其他任意整数）。

（2）对所有终结符 a 和 b，若 $a > b$，而 $f(a) \leqslant g(b)$ 时，则令 $f(a) = g(b)+1$；若 $a < b$，而 $f(a) \geqslant g(b)$ 时，则令 $g(b) = f(a)+1$；若 $a = b$，而 $f(a) \neq g(b)$ 时，则令 $f(a) = g(b) = \max(f(a), g(b))$。

（3）重复执行（2）直到过程收敛。重复过程中，若 $f(a)$ 或 $g(b)$ 的值大于 $2n$，则表明该优先关系表不存在优先函数。

例如，若已知表达式文法的优先关系表如表 4.4 所示，构造优先函数 f 和 g 的步骤如下。置初值，见表 4.6；迭代 1 次，结果见表 4.7；迭代 2 次，结果见表 4.8。

<table>
<tr><td colspan="6" align="center">表 4.6　置初值</td></tr>
<tr><td></td><td>+</td><td>*</td><td>id</td><td>(</td><td>)</td></tr>
<tr><td>f</td><td>0</td><td>0</td><td>0</td><td>0</td><td>0</td></tr>
<tr><td>g</td><td>0</td><td>0</td><td>0</td><td>0</td><td>0</td></tr>
</table>

<table>
<tr><td colspan="6" align="center">表 4.7　第 1 次迭代结果</td></tr>
<tr><td></td><td>+</td><td>*</td><td>id</td><td>(</td><td>)</td></tr>
<tr><td>f</td><td>1</td><td>3</td><td>3</td><td>0</td><td>3</td></tr>
<tr><td>g</td><td>1</td><td>2</td><td>4</td><td>4</td><td>0</td></tr>
</table>

<table>
<tr><td colspan="6" align="center">表 4.8　第 2 次迭代结果</td></tr>
<tr><td></td><td>+</td><td>*</td><td>id</td><td>(</td><td>)</td></tr>
<tr><td>f</td><td>2</td><td>4</td><td>4</td><td>0</td><td>4</td></tr>
<tr><td>g</td><td>1</td><td>3</td><td>5</td><td>5</td><td>0</td></tr>
</table>

迭代 3 次，其结果同第 2 次迭代结果，即迭代 3 次后迭代过程收敛。不难看出，对优先函数每个元素的值都增加同一个常数，仍为原优先关系表的优先函数。即一个文法的优先关系表

	a	b
a	$=$	$>$
b	$>$	$=$

对应的优先函数不唯一。然而，也有一些优先关系表不存在对应的优先函数，如左侧的优先关系表不存在对应的优先函数。若假定它存在优先函数 f 和 g，则应有 $f(a)=g(a)$，$f(a)>g(b)$，$f(b)>g(a)$，$f(b)=g(b)$，从而导致 $f(a)>g(b)=f(b)>g(a)=f(a)$，与 $f(a)=f(a)$ 矛盾，因而不存在对应的优先函数。

方法二：Bell 有向图法。

（1）对每个终结符 a，令其对应两个符号 f_a 和 g_a，画一张以所有符号 f_a 和 g_a 为结点的方向图。若 $a>b$ 或 $a=b$，就画一条从 f_a 到 g_b 的方向弧；若 $a<b$ 或 $a=b$，就画一条从 g_b 到 f_a 的方向弧。

（2）对每个结点都赋予一个数，此数等于从该结点出发所能到达的结点（包括该结点自身在内）的个数，赋给结点 f_a 的数作为函数 f_a 的值，赋给结点 g_b 的数作为函数 g_b 的值。

（3）对构造出的优先函数 f 和 g 进行检查，看它们同原来的优先关系表是否有矛盾，若没有矛盾，则 f 和 g 即为所求优先函数，否则不存在优先函数。

例如，若已知算术表达式文法的优先关系表见表 4.4，构造 Bell 有向图如图 4.7 所示。由图 4.7 求得的优先函数如表 4.9 所示。

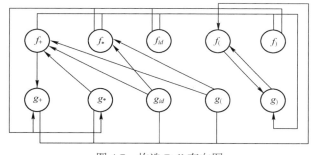

图 4.7　构造 Bell 有向图

<table>
<tr><td colspan="6" align="center">表 4.9　优先函数关系表</td></tr>
<tr><td></td><td>+</td><td>*</td><td>id</td><td>(</td><td>)</td></tr>
<tr><td>f</td><td>4</td><td>6</td><td>6</td><td>2</td><td>6</td></tr>
<tr><td>g</td><td>3</td><td>5</td><td>7</td><td>7</td><td>2</td></tr>
</table>

从上述例子可知，使用优先函数的优点是节省存储空间且便于执行比较运算，但它有不可克服的缺点，就是原先不存在优先关系的两个终结符由于与自然数对应，变成可以比较优先函数了，因而在算符优先分析过程中可能会掩盖输入串的某些错误或推迟发现输入串的错误。

由表 4.9 可知，$f(id)<g(id)$，但实际上不存在 $id<id$ 的关系（见表 4.4），这样当分析符号串 id+id id*id 时，只有当其归约到 $N+NN\cdots$ 才可发现错误，这是由于句型中有两个相邻的非终结符，而不是由于 id id 不能相邻。

4.4.6　算符优先分析法的局限性

由于算符优先分析法跳过了所有单非产生式（产生式的右部只含有单个非终结符）对应的归约，这样算符优先分析比规范归约要快得多，这既是优点也是缺点。由于忽略非终结符在归约过程中的作用，可能导致把本来不是句子的输入串误认为是文法句子。

【例 4.13】 设有算符优先文法

$$A \to A;D \mid D$$
$$D \to D(E) \mid F$$
$$F \to a \mid (A)$$
$$E \to E+A \mid A$$

该文法对应的算符优先关系表如表 4.10 所示。

对输入串 $(a+a)$ 进行算符优先分析，能正常完成所有归约。但实际上，从该文法推导不出 $(a+a)$，即输入串 $(a+a)$ 不是文法句子。当然，算符优先分析的这种局限性可以从技术上加以弥补。

表 4.10　算符优先关系表

	;	a	+	(	)	$
;	⋗	⋖		⋖	⋗	⋗
a	⋗		⋗	⋗	⋗	⋗
+	⋖	⋖	⋗	⋖	⋗	
(	⋖	⋖	⋖	⋖	≐	
)	⋗		⋗	⋗	⋗	
$	⋖	⋖		⋖		≐

4.5　LR 分析法

LR 分析法是一种自下而上进行规范归约的语法分析方法。这里，L 是指从左到右扫描输入符号串，R 是指构造最右推导的逆过程。

LR 分析法是表格驱动的，比递归下降分析法、预测分析法和算符优先分析法对文法的限制要少得多，也就是说，对于大多数用无二义性上下文无关文法描述的语言都可以用 LR 分析法进行有效的分析，虽然存在着非 LR 的上下文无关文法，但一般而言，常见的程序设计语言构造都可以避免使用这样的文法。而且这种分析法分析速度快，是已知的最通用的无回溯"移进-归约"分析技术，它的实现可以和其他更原始的"移进-归约"方法一样高效，并能准确及时地指出输入串的语法错误和出错位置。但是，这种分析法有一个缺点，对于一个语言的文法，手工构造 LR 分析器的工作量相当大，具体实现较困难。因此，目前对于真正实用的编译程序，采用构造 LR 分析器的专用工具 Bison（见附录 A）自动地构造出 LALR(1) 语法分析器。

本节主要介绍 LR 分析法的基本思想和 LR(0)、SLR(1)、LR(1)、LALR(1)4 种分析器的工作原理和构造方法。

4.5.1　LR 分析器的工作原理和过程

LR 分析法是一种规范归约分析法。规范归约分析法的关键是在分析过程中如何确定分析栈栈顶的符号串是否形成句柄。LR 分析法确定句柄的基本思想是在规范归约分析过程中，根据分析栈中记录的已移进和归约出的整个符号串（历史）和根据使用的规则推测未来可能遇到的输入符号（展望），以及现实读到的输入符号这三方面的信息来确定分析栈栈顶的符号串是否构成句柄。

LR 分析器的结构如图 4.8 所示，由分析栈、分析表和总控程序三部分组成。

分析栈用来存放分析过程中的历史和展望信息。LR 分析法将历史和展望信息抽象成状态，并放在分析栈中，这就是说分析栈中的每个状态概括了从分析开始到某归约阶段的整个分析历史和对未来进行的展望。下面用一个简单例子说明。

例如，对文法 $G[E]$:

$$E \rightarrow E + T \mid T$$
$$T \rightarrow T * F \mid F$$
$$F \rightarrow (E) \mid id$$

设分析栈中已移进和归约出的符号串为 $\$\cdots E + T$ 时，栈顶的状态为 S_m，如图 4.9 所示。状态 S_m 不仅表征了从分析开始到现在已扫描过的输入符号被归约成 $\$\cdots E + T$，而且由 S_m 可以预测，如果输入串没有语法错误，根据归约时所用规则（非终结符 T 的规则）推测出未来可能遇到的输入符号仅是 FOLLOW(T)={+, *,), $}中的任意一个符号。

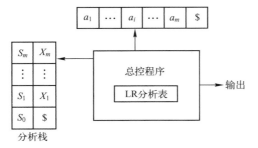

图 4.8　LR 分析器的结构　　　　图 4.9　分析栈

显然，若当前读到的输入符号是 "*"，根据文法可知 "*" 的优先级高于 "+"，栈顶尚未形成句柄，则应将 "*" 移入栈；若当前读到的输入符号是 "+" 或 "）" 或 "$" 时，根据文法可知栈顶已形成句柄，则应将符号串 $E+T$ 归约为 E；若当前读到的输入符号不是上述 4 种符号之一，则表示输入串有语法错误。由此可知，LR 分析器的每一步分析工作，都是由栈顶状态和当前输入符号所唯一确定的。

LR 分析表是 LR 分析器的核心部分。一张 LR 分析表由分析动作（ACTION）表和状态转换（GOTO）表两部分组成，它们都是二维数组。

状态转换表元素 GOTO[S_i, X]规定了当状态 S_i 面临文法符号 X 时，应转移到的下一个状态。分析动作表元素 ACTION[S_i, a]规定了当状态 S_i 面临输入符号 a 时应执行的动作。有如下 4 种可能的动作。

① 移进：把状态 S_j=GOTO[S_i, a]和输入符号 a 移入分析栈。

② 归约：当栈顶符号串 α 形成句柄，且文法中有 $A \rightarrow \alpha$ 的规则，其中 $|\alpha| = \beta$，则归约动作是从分析栈栈顶去掉 β 个文法符号和 β 个状态，并把归约符 A 和 GOTO[$S_{i-\beta}$, A]=S_j 移入分析栈中。

③ 接受（acc）：表示分析成功。此时，分析栈中只剩文法开始符号 S' 和当前读到的输入符号 "$"，即输入符号串已经结束。

④ 报错：表示输入串含有错误，此时出现栈顶的某状态遇到了不该遇到的输入符号。

总控程序也称为驱动程序，对所有 LR 分析器其总控程序是相同的。总控程序从左至右扫描输入符号串，并根据当前分析栈中栈顶状态以及当前读到的输入符号按照 LR 分析表元素所指示的动作完成每一步的分析工作。

总控程序的算法如下：

输入：输入串 W 和 LR 分析表。

输出：若 W 是句子，得到 W 的自下而上分析成功的信息，否则输出错误信息。

算法：初始化时，初始状态 S_0 在分析栈栈顶，输入串 $W\$$ 的第 1 个符号读入 a。

```
while(ACTION[S, a]!=acc){
    if(ACTION[S, a]== Si){
        将状态 i 和输入符号 a 进栈；
        将下一个输入符号读入 a 中；
    }
    else if(ACTION[S,a]==rj){
        用第 j 条规则 A→α 归约；
        将|α|个状态和|α|个输入符号退栈；
            当前栈顶状态为 S'，将 A 和 GOTO[S', A]=S"进栈；
    }
    else if(ACTION[S, a]==ERROR)
        error();
}
```

下面举例说明 LR 分析过程。

【例 4.14】 设文法 G' 为

$$
\begin{aligned}
&0. \quad S' \to S \\
&1. \quad S \to A \\
&2. \quad S \to B \\
&3. \quad A \to aAb \\
&4. \quad A \to c \\
&5. \quad B \to aBb \\
&6. \quad B \to d
\end{aligned}
$$

相应文法的 LR 分析表如表 4.11 所示。S_j 表示把当前输入符号 a 及下一个状态 j 移入分析栈；r_j 表示按第 j 条规则进行归约；acc 表示接受；空白格表示分析动作为调用出错处理程序。

表 4.11　文法 $G[S]$ 的 LR(0) 分析表

状态	ACTION					GOTO		
	a	b	c	d	$\$$	S	A	B
0	S_4		S_5	S_6		1	2	3
1					acc			
2	r_1	r_1	r_1	r_1	r_1			
3	r_2	r_2	r_2	r_2	r_2			
4	S_4		S_5	S_6			7	9
5	r_4	r_4	r_4	r_4	r_4			
6	r_6	r_6	r_6	r_6	r_6			
7		S_8						

状态	ACTION					GOTO		
	a	b	c	d	$	S	A	B
8	r_3	r_3	r_3	r_3	r_3			
9		S_{10}						
10	r_5	r_5	r_5	r_5	r_5			

应当指出的是，为了节省存储空间，通常把关于终结符的 GOTO 表和 ACTION 表重叠，即把当前状态下面临终结符应转移的下一个状态与分析动作表的移进动作用同数组元素表示。

表 4.12 给出了输入串 $aacbb\$$ 的分析过程。

表 4.12　输入串 $aacbb\$$ 的分析过程

步 骤	栈中状态	栈中符号	输入串	分析动作
1	0	$\$$	$aacbb\$$	S_4
2	04	$\$a$	$acbb\$$	S_4
3	044	$\$aa$	$cbb\$$	S_5
4	0445	$\$aac$	$bb\$$	用第 4 条规则 $A{\rightarrow}c$ 归约
5	0447	$\$aaA$	$bb\$$	S_8
6	04478	$\$aaAb$	$b\$$	用第 3 条规则 $A{\rightarrow}aAb$ 归约
7	047	$\$aA$	$b\$$	S_8
8	0478	$\$aAb$	$\$$	用第 3 条规则 $A{\rightarrow}aAb$ 归约
9	02	$\$A$	$\$$	用第 1 条规则 $S{\rightarrow}A$ 归约
10	01	$\$S$	$\$$	acc

4.5.2　LR(0)分析法

LR(0)分析就是在分析的每一步，只需根据当前栈顶状态而不必向前查看输入符号，就能确定应采取的分析动作。

LR 分析器的关键部分是分析表的构造。构造 LR 分析表的基本思想是从给定的上下文无关文法直接构造识别文法所有规范句型活前缀的 DFA，再将 DFA 转换成一张 LR 分析表。

为了给出构造 LR 分析表的算法，需要定义一些重要的概念和术语。

1．文法规范句型的活前缀

① 字符串的前缀是指字符串的任意首部。例如，字符串 abc 的前缀有 ε, a, ab, abc。

② 规范句型活前缀是指规范句型的前缀，这种前缀不包含句柄右边的任何符号。

注意：活前缀可以是一个或者是若干规范句型的前缀。

由例 4.14 对输入串 $aacbb\$$ 的归约过程可以看出，当所分析的输入串没有语法错误时，则在分析的每一步，分析栈中已"移进 - 归约"的全部文法符号与剩余的输入符号串合起来，就是所给文法的一个规范句型。也就是说，在 LR 分析工作过程中的任何时刻，栈中的文法符号应是某规范句型的活前缀。这是因为一旦句型句柄在栈的顶部形成，就会立即被归约，因此，只要输入串已扫描过的部分保持可归约成一个活前缀，就意味着所扫描过的部分是正确的。这样，我们对句柄的识别就变成对规范句型活前缀的识别。

例如，对例 4.14，文法 $G[S]$ 的规范句型 $aaAbb\$$ 的句柄是 aAb，栈中符号串为 $aaAb$（见表 4.12 中第 6 步），此句型的活前缀为 $\varepsilon, a, aa, aaA, aaAb$，它们均不含句柄右边符号 $b\$$。由此可知，LR 分析器的工作过程可看成是一个逐步识别所给文法规范句型活前缀的过程。那么，如何识别文法规范句型的活前缀呢？由于在分析的每一步，分析栈中的全部文法符号是当前规范句型的活前缀，且与当前栈顶状态相关联，因而可以利用有穷自动机去识别所给文法的所有规范句型的活前缀。

2．LR(0)项目

由活前缀定义可知，在一个规范句型的活前缀中，绝不含有句柄右边的任何符号。因此，活前缀与句柄之间的关系有下述 3 种情况。

① 活前缀中已含有句柄的全部符号，表明此时某规则 $A \to \alpha$ 的右部符号串 α 已出现在栈顶，其相应的分析动作是用此规则进行归约。

② 活前缀中只含有句柄的一部分符号，此时意味着形如 $A \to \alpha_1\alpha_2$ 规则的右部子串 α_1 已出现在栈顶，正期待着从剩余的输入串中进行归约得到 α_2。

③ 活前缀中全然不含有句柄的任何符号，此时意味着期望从剩余输入串中能看到由某规则 $A \to \alpha$ 的右部 α 所推出的符号串。

为了刻画在分析过程中，文法的一个规则右部符号串已有多大一部分被识别，我们可在文法中每个规则右部适当位置上加一个圆点来表示。针对上述 3 种情况，标有圆点的规则分别为

$$A \to \alpha \cdot$$
$$A \to \alpha_1 \cdot \alpha_2$$
$$A \to \cdot \alpha$$

我们把文法 G 中右部标有圆点的规则称为 G 的一个 LR(0)项目。值得注意的是，对空规则 $A \to \varepsilon$ 仅有 LR(0)项目 $A \to \cdot$。

直观上，一个 LR(0)项目指明了对文法规范句型活前缀的不同识别状态，文法 G 的全部 LR(0)项目是构造识别文法所有规范句型活前缀的 DFA 的基础。我们将会看到这种 DFA 的每个状态和有穷个 LR(0)项目的集合相关联。

由于不同的 LR(0)项目反映了在分析过程中栈顶的不同情况，因此可以根据圆点位置和圆点后是终结符还是非终结符，将一个文法的全部 LR(0)项目进行如下分类。

① 归约项目，形如 $A \to \alpha \cdot$，其中 $\alpha \in (V_N \cup V_T)^*$，即圆点在最右端的项目，它表示一个规则的右部已分析完，句柄已形成，应该按此规则进行归约。

② 移进项目，形如 $A \to \alpha \cdot a\beta$，其中 $\alpha, \beta \in (V_N \cup V_T)^*$，$a \in V_T$，即圆点后面为终结符的项目，它表示期待从输入串中移进一个符号，以待形成句柄。

③ 待约项目，形如 $A \to \alpha \cdot B\beta$，其中 $\alpha, \beta \in (V_N \cup V_T)^*$，$B \in V_N$，即圆点后面为非终结符的项目，它表示期待从剩余的输入串中进行归约而得到 B，然后才能继续分析 A 的右部。

④ 接受项目，形如 $S' \to S \cdot$，其中 S' 为文法的开始符号，即文法开始符号的归约项目。S' 为左部的规则仅有一个，它是归约项目的特殊情况，表示整个句子已经分析完毕，可以接受。

3．构造识别文法所有规范句型活前缀 DFA 的方法

构成识别文法规范句型活前缀 DFA 的每个状态是由若干 LR(0)项目所组成的集合，称为 LR(0)项目集。在这个项目集中，所有 LR(0)项目识别的活前缀是相同的，我们可以利用闭包

函数（CLOSURE）来求一个 DFA 状态的项目集。

为了使"接受"项目唯一，我们对文法 G 进行拓广。假定文法 G 的开始符号为 S，在文法 G 中引入一个新的开始符号 S'，并加进一个新的规则 $S' \to S$，从而得到文法 G 的拓广文法 G'。

1）定义闭包函数

设 I 是拓广文法 G' 的一个 LR(0)项目集，定义和构造 I 的闭包 CLOSURE(I)如下。

① I 中的任何一个项目都属于 CLOSURE(I)。

② 若 $A \to \alpha \cdot B\beta$ 属于 CLOSURE(I)，则每个形如 $B \to \cdot r$ 的项目也属于 CLOSURE(I)。

③ 重复②直到 CLOSURE(I)不再增大为止。

例如，对例 4.14 中文法，令 $I = \{S' \to \cdot S\}$

$$\text{CLOSURE}(I) = \left\{ \begin{array}{l} S' \to \cdot S, S \to \cdot A, S \to \cdot B, A \to \cdot aAb \\ A \to \cdot c, B \to \cdot aBb, B \to \cdot d \end{array} \right\}$$

即为初态的项目集 I_0。

有了初态的项目集 I_0 后，如何求出 I_0 对于文法符号 X 可能转移到的下一个状态的项目集？

2）定义状态转移函数 GO

设 I 是拓广文法 G' 的任一个项目集，X 为一文法符号，定义状态转移函数 GO(I, X)如下。

$$\text{GO}(I, X) = \text{CLOSURE}(J)$$
$$J = \{A \to \alpha X \cdot \beta \mid A \to \alpha \cdot X\beta \in I\}$$

例如：

$$\text{GO}(I_0, S) = \text{CLOSURE}(\{S' \to S \cdot\}) = \{S' \to S \cdot\} = I_1$$
$$\text{GO}(I_0, a) = \text{CLOSURE}(\{A \to a \cdot Ab, B \to a \cdot Bb\})$$
$$= \{A \to a \cdot Ab, A \to \cdot aAb, A \to \cdot c, B \to a \cdot Bb, B \to \cdot aBb, B \to \cdot d\}$$
$$= I_4$$

通过闭包函数（CLOSURE）和状态转移函数（GO）容易构造出文法 G' 的识别文法规范句型活前缀的 DFA。

3）构造识别文法规范句型活前缀 DFA 的方法

① 求 CLOSURE($\{S' \to \cdot S\}$)，得到初态项目集。

② 对初态项目集或其他已构造的项目集，应用状态转移函数 GO(I, X)求出新的项目集（后继状态）。

③ 重复②直到不出现新的项目集（新状态）为止。

④ 转移函数 GO 建立状态之间的连接关系。

对例 4.14 中的文法，构造识别文法所有规范句型活前缀的 DFA，如图 4.10 所示。

注意，DFA 中的每个状态都是终态，当 M 到达它们时，识别出某规范句型的一个活前缀，对那些只含归约项目的项目集，如 I_2、I_3、I_5、I_6、I_8、I_{10}。

当 M 到达终态时，表示已识别出一个句柄，这些状态称为句柄识别态；当 M 处于状态 I_1 时，M 识别的活前缀为 S，表示输入串已成功分析完毕，用 $S' \to S$ 进行最后一次归约，称状态 I_1 为接受状态。

构成识别一个文法活前缀的 DFA 的状态（项目集）的全体称为这个文法的 **LR(0)**项目集规范族。

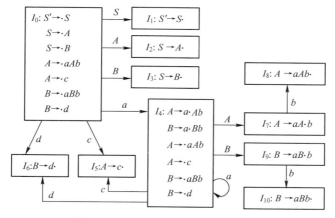

图 4.10 识别文法 G' 活前缀的 DFA

4）LR(0)分析表的构造

若对于一个文法 G 的拓广文法 G' 的 LR(0)项目集规范族中的每个项目集，不存在移进项目和归约项目同时并存或多个归约项目同时并存，则称 G 为 **LR(0)文法**。

对 LR(0)文法，构造 LR(0)分析表的算法如下。

输入： 识别 LR(0)文法 G 规范句型活前缀的 DFA。

输出： 文法 G 的 LR(0)分析表。

方法： 用整数 $0, 1, 2, \cdots, n$ 分别表示状态 $I_0, I_1, I_2, \cdots, I_n$，令包含 $S' \rightarrow \cdot S$ 项目的集合 I_k 的下标为分析器的初始状态。

① 若项目 $A \rightarrow \alpha \cdot x\beta$ 属于 I_k，且转换函数 $GO(I_k, x) = I_j$，当 x 为终结符时，则置 $ACTION[k, x] = S_j$。

② 若项目 $A \rightarrow \alpha \cdot$ 属于 I_k，则对任何终结符和结束符\$（统一记为 a）置 $ACTION[k, a] = r_j$（假定 $A \rightarrow \alpha$ 为文法的第 j 条规则）。

③ 若 $GO(I_k, A) = I_j$，A 为非终结符，则置 $GOTO[k, A] = j$。

④ 若项目 $S' \rightarrow S \cdot$ 属于 I_k，则置 $ACTION[k, \$] = acc$。

⑤ 分析表中凡不能用规则①～④填入信息的元素均置为"出错标志"，为了分析表的清晰，仅用空白表示出错标志。

根据这种方法构造的 LR(0)分析表不含多重定义时，称这样的分析表为 LR(0)分析表，能构造 LR(0)分析表的文法称为 LR(0)文法。

例 4.14 中的文法是一个 LR(0)文法，按照上述方法构造这个文法的 LR(0)分析表为表 4.11（见 4.5.1 节）。

【例 4.15】 考虑文法 $G[S]$：

$$S \rightarrow (S) \mid a$$

（1）构造识别文法规范句型活前缀的 DFA。

（2）判断该文法是否 LR(0)文法。若是，请构造 LR(0)分析表；若不是，请说明理由。

分析 将文法拓广，并给出每条规则编号。

$$0. \quad S' \rightarrow S$$
$$1. \quad S \rightarrow (S)$$

2. $S \rightarrow a$

识别文法规范句型活前缀的 DFA 如图 4.11 所示。

该文法是 LR(0) 文法。因为它的 6 个 LR(0) 项目集中均不含有冲突项目，即不存在移进项目和归约项目并存或多个归约项目并存的情况。其 LR(0) 分析表见表 4.13。

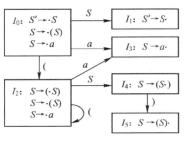

图 4.11 识别活前缀 DFA

表 4.13 文法 $G[S]$ 的 LR(0) 分析表

	ACTION				GOTO
	a	$($	$)$	$\$$	S
0	S_3	S_2			1
1				acc	
2	S_3	S_2			4
3	r_2	r_2	r_2	r_2	
4			S_5		
5	r_1	r_1	r_1	r_1	

由上述构造过程可以看出，LR(0) 分析器的特点是不需要向前查看输入符号就归约，即当栈顶形成句柄时，不管下一个输入符号是什么，都可以立即进行归约而不会发生错误。

4.5.3　SLR(1) 分析法

LR(0) 文法要求文法的每个 LR(0) 项目都不含有冲突的项目，这个条件比较苛刻，对大多数程序设计语言来说一般不能满足，即使是描述一个算术表达式的简单文法也不是 LR(0) 文法。

【例 4.16】　考虑算术表达式的文法：

$$E \rightarrow E + T \mid T$$
$$T \rightarrow T * F \mid F$$
$$F \rightarrow (E) \mid \text{id}$$

将文法拓广并对规则进行编号：

0. $E' \rightarrow E$　　　　1. $E \rightarrow E+T$　　　　2. $E \rightarrow T$

3. $T \rightarrow T*F$　　　　4. $T \rightarrow F$　　　　5. $F \rightarrow (E)$

6. $F \rightarrow \text{id}$

直接构造出识别文法规范句型活前缀的 DFA，如图 4.12 所示。

不难看出，在 I_2、I_9 中既含有移进项目，又含有归约项目，因而这个表达式的文法不是 LR(0) 文法。根据构造 LR(0) 分析表的方法，构造出的 LR(0) 分析表中在状态 2 和 9 下，面临输入符号"*"时含多重定义元素，见表 4.14。

为了对语言句子进行确定性的分析，需要解决"移进 - 归约"或"归约 - 归约"冲突。我们采用对含有冲突的项目集向前查看一个输入符号的办法来解决冲突，这种分析法称为简单的 LR 分析法，即 **SLR(1) 分析法**。

仔细分析构造 LR(0) 分析表的方法，容易看出使分析表出现多重定义的原因在于其中的规则 2，即对于每一个项目集 I_k 中的归约项目 $A \rightarrow \alpha \cdot$，不管当前输入符号是什么，都将 ACTION

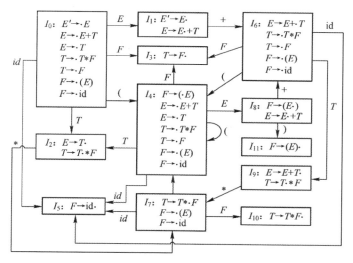

图 4.12　识别表达式文法活前缀的 DFA

表 4.14　表达式文法的 LR(0)分析表

状 态	ACTION						GOTO		
	id	+	*	(	)	$	E	T	F
0	S_5			S_4			1	2	3
1		S_6				acc			
2	r_2	r_2	S_7r_2	r_2	r_2	r_2			
3	r_4	r_4	r_4	r_4	r_4	r_4			
4	S_5			S_5			8	2	3
5	r_6	r_6	r_6	r_6	r_6	r_6			
6	S_5			S_4				9	3
7	S_5			S_4					10
8		S_6			S_{11}				
9	r_1	r_1	S_7r_1	r_1	r_1	r_1			
10	r_3	r_3	r_3	r_3	r_3	r_3			
11	r_5	r_5	r_5	r_5	r_5	r_5			

表中第 k 行的各个元素均置为 r_j，其中 j 为规则 $A \rightarrow \alpha$ 的编号，因此，当一个 LR(0)项目集规范族中存在一个含"移进－归约"冲突或"归约－归约"冲突的项目集

$$I_k = \{X \rightarrow \delta \bullet bB, A \rightarrow \alpha \bullet, B \rightarrow r \bullet\}$$

时，则在分析表第 k 行中遇到输入符号 b 时，必然出现多重定义元素。对含冲突的项目集，仅仅根据 LR(0)项目本身的信息是无法解决冲突的，需要向前查看一个输入符号以考察当前所处的环境。对归约项目 $A \rightarrow \alpha \bullet$ 和 $B \rightarrow r \bullet$，只需要考察当将句柄 α 或 r 归约为 A 或 B 时，直接跟在 A 或 B 后的终结符的集合，即 FOLLOW(A)和 FOLLOW(B)互不相交且不包含移进符号 b，即满足

$$FOLLOW(A) \cap FOLLOW(B) = \varnothing$$
$$FOLLOW(A) \cap \{b\} = \varnothing$$
$$FOLLOW(B) \cap \{b\} = \varnothing$$

那么，当状态 k 面临输入符号 a 时，可按以下规则解决冲突：① 若 $a=b$，则移进；② 若 $a \in$ FOLLOW(A)，则用规则 $A \to \alpha$ 进行归约；③ 若 $a \in$ FOLLOW(B)，则用规则 $B \to r$ 进行归约；④ 其他报错。

一般而言，若一个 LR(0)项目集 I 中有 m 个移进项目和 n 个归约项目时：

$$I:\{A_1 \to \alpha_1 \cdot \alpha_1 \beta_1, A_2 \to \alpha_2 \cdot \alpha_2 \beta_2, \cdots, A_m \to \alpha_m \cdot \alpha_m \beta_m, B_1 \to r_1 \cdot, B_2 \to r_2 \cdot, \cdots, B_n \to r_n \cdot\}$$

对所有移进项目向前看符号集合 $\{a_1, a_2, \cdots, a_m\}$ 和 FOLLOW(B_1)，FOLLOW(B_2)，$\cdots$，FOLLOW(B_n)两两相交为∅时，则项目集 I 中冲突仍可用上述规则解决冲突。对当前输入符 a：① 若 $a \in \{a_1, a_2, \cdots, a_m\}$，则移进；② 若 $a \in$ FOLLOW(B_i)，i=1, 2, $\cdots$, n，则用 $B_i \to r_i$ 进行归约；③ 其他报错。

这种用来解决分析动作冲突的方法称为 **SLR(1)方法**。若对于一个文法的某些 LR(0)项目集或LR(0)分析表中所含有的动作冲突都能用SLR(1)方法解决，则称这个文法是 **SLR(1)文法**。

现在分别考察图 4.12 中的 2 个项目集 I_2、I_9 中的冲突能否用 SLR(1)方法解决。

$$I_2 = \{E \to T \cdot, T \to T \cdot * F\}$$

由于 FOLLOW$(E) = \{+,),\$\} \cap \{*\} = \varnothing$，因此面临输入符为 "+" ")" "\$" 时，用规则 $E \to T$ 进行归约，当面临输入符 "*" 时，则移进，I_2 中 "移进－归约" 冲突可以用 SLR(1)方法解决。

$$I_9 = \{E \to E + T \cdot, T \to T \cdot * F\}$$

与 I_2 中情况类似，其项目集中 "移进－归约" 冲突可用 SLR(1)方法解决。因此该文法是 SLR(1)文法。

SLR(1)分析表的构造与 LR(0)分析表的构造基本相同。仅对 LR(0)分析表构造算法中的规则 2 进行如下修改：如果归约项目 $A \to \alpha \cdot$ 属于 I_k，那么对任何终结符 $a \in$ FOLLOW(A) 置 ACTION$[k, a]=r_j$，其中 $A \to \alpha$ 为文法的第 j 条规则。

按上述方法对例 4.16 中的算术表达式文法构造出的 SLR(1)分析表如表 4.15 所示。

表 4.15 $G[E]$的 SLR(1)分析表

状 态	ACTION						GOTO		
	id	+	*	(	)	\$	E	T	F
0	S_5			S_4			1	2	3
1		S_6				acc			
2		r_2	S_7		r_2	r_2			
3		r_4	r_4		r_4	r_4			
4	S_5			S_4			8	2	3
5		r_6	r_6		r_6	r_6			
6	S_5			S_4				9	3
7	S_5			S_4					10
8		S_6			S_{11}				
9		r_1	S_7		r_1	r_1			
10		r_3	r_3		r_3	r_3			
11		r_5	r_5		r_5	r_5			

若文法的 SLR(1)分析表不含多重定义元素，则称文法 G 为 **SLR(1)文法**。

【例 4.17】 设有拓广文法 $G[S']$：

$$
\begin{array}{ll}
0. & S' \rightarrow S \\
1. & S \rightarrow Sb \\
2. & S \rightarrow bAa
\end{array}
\qquad
\begin{array}{ll}
3. & A \rightarrow aSc \\
4. & A \rightarrow aSb \\
5. & A \rightarrow a
\end{array}
$$

（1）构造识别文法规范句型活前缀的 DFA。

（2）判断该文法是否是 SLR(1)文法。若是，构造 SLR(1)分析表；若不是，请说明理由。

该文法的 LR(0)项目集规范族及转换函数如图 4.13 所示。

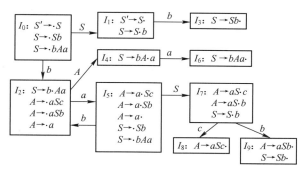

图 4.13　文法 $G[S']$ 的 LR(0)项目集及转换函数

分析所有这些项目集，可知在项目集 I_5 中存在"移进－归约"冲突，I_9 中存在"归约－归约"冲突，因此该文法不是 LR(0)文法。考虑含冲突的项目集能否用 SLR(1)方法解决。

$$ I_5 = \{A \rightarrow a\bullet, S \rightarrow \bullet bAa\} $$

由于 $\text{FOLLOW}(A) \cap \{b\} = \{a\} \cap \{b\} = \varnothing$，因此 I_5 中的"移进－归约"冲突可以用 SLR(1)方法解决。

$$ I_9 = \{A \rightarrow aSb\bullet, S \rightarrow Sb\bullet\} $$

由于 $\text{FOLLOW}(A) \cap \text{FOLLOW}(S) = \{a\} \cap \{b,c,\$\} = \varnothing$，因此 I_9 中的"归约－归约"冲突也可用 SLR(1)方法解决。

所以该文法是 SLR(1)文法，相应的 SLR(1)分析表如表 4.16 所示。

SLR(1)分析法是一种简单而实用的方法，其造表算法简单，状态数目少，且大多数程序设计语言都可以用 SLR(1)文法来定义。但是仍存在这样一些文法，其项目集中的"移进－归约"冲突或"归约－归约"冲突不能用 SLR(1)方法解决。

【例 4.18】　下列拓广文法 G' 为

$$
\begin{array}{ll}
0. & S' \rightarrow S \\
2. & S \rightarrow R \\
4. & L \rightarrow i
\end{array}
\qquad
\begin{array}{ll}
1. & S \rightarrow L=R \\
3. & L \rightarrow *R \\
5. & R \rightarrow L
\end{array}
$$

首先用 $S' \rightarrow \bullet S$ 作为初态集的项目，然后用闭包函数和转换函数构造识别文法 G' 活前缀的 DFA，如图 4.14 所示。

可以发现，项目集 I_2 中存在"移进－归约"冲突。

$$ I_2 = \left\{ \begin{array}{l} S \rightarrow L \bullet = R \\ R \rightarrow L \bullet \end{array} \right\} $$

由于 $\text{FOLLOW}(R) \cap \{=\} = \{=,\$\} \cap \{=\} \neq \varnothing$，因此 I_2 中"移进－归约"冲突不能用 SLR(1)方法解决，需要功能更强的 LR 分析法即 LR(1)分析法来解决这种冲突。

表 4.16　$G[S]$的 SLR(1)分析表

状态	ACTION				GOTO	
	a	b	c	$\$$	S	A
0		S_2			1	
1		S_3		acc		
2	S_5					4
3		r_1	r_1	r_1		
4	S_6					
5	r_5	S_2			7	
6		r_2	r_2	r_2		
7		S_9	S_8			
8	r_3					
9	r_4	r_1	r_1	r_1		

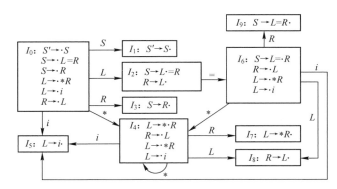

图 4.14　LR(0)识别 G'活前缀的 DFA

4.5.4　LR(1)分析法

由于用 SLR(1)方法解决动作冲突时，它仅孤立地考察对于归约项目 $A \to \alpha\bullet$，只要当前面临输入符号 $a \in$ FOLLOW(A)，就确定使用规则 $A \to \alpha$ 进行归约，而没有考察符号串 α 所在规范句型的环境。因为如果栈中的符号串是 $\$\delta\alpha$，归约后变为 $\$\delta A$，当前读到的输入符号是 a，若文法中不存在以 δAa 为前缀的规范句型，那么这种归约无效。

例如，对识别文法 G'活前缀的 DFA（见图 4.14），考察规范句型 $i = i$ 的 SLR(1)分析过程为

状态栈	符号栈	输入串
0	$\$$	$i = i\$$
05	$\$i$	$= i\$$
02	$\$L$	$= i\$$
03	$\$R$	$= i\$$

不难看出，当状态 2 呈现于栈顶且面临的输入符号是"="时，由于这个文法不含有以 $R=$ 为前缀的规范句型，因此用 $R \to L$ 进行的归约是无效归约，也就是说，并不是 FOLLOW(R)中每个元素在含 R 的所有句型中都出现在 R 的后面。解决该问题的方法是 LR(1)分析法。

LR(1)分析法的思想是在分析过程中，当试图用某规则 $A \to \alpha$ 归约栈顶的符号串 α 时，不仅应该查看栈中符号串 $\delta\alpha$，还应向前扫视一个输入符号 a，只有当 δAa 的确构成文法某规范句型的前缀时，才能用此规则进行归约。为此，可以考虑在原来 LR(0)项目集中增加更多的展望信息，这些展望信息有助于克服动作冲突和排除无效归约，也就是需要重新定义称之为 LR(1)的项目。

LR(1)项目是一个二元组 $[A \to \alpha\bullet\beta, a]$，其中 $A \to \alpha\bullet\beta$ 是一个 LR(0)项目，a 是终结符，称为展望符或搜索符。当 $\beta \neq \varepsilon$ 时，搜索符是无意义的；当 $\beta = \varepsilon$ 时，搜索符 a 明确指出当 $[A \to \alpha\bullet, a]$ 是栈顶状态的一个 LR(1)项目时，仅在输入符号是 a 时才能用 $A \to \alpha$ 归约，而不是对 FOLLOW(A)中的所有符号都用 $A \to \alpha$ 归约。

构造 LR(1)项目集族的方法与构造 LR(0)项目集规范族的方法基本相同，具体如下。

临输入符号 $a \in$ FOLLOW(A)，就确定使用规则 $A \to \alpha$ 进行归约，而没有考察符号串 α 所在规范句型的环境。因为如果栈中的符号串为 $\$\delta\alpha$，归约后变为 $\$\delta A$，当前读到的输入符号是 a，若文法中不存在以 δAa 为前缀的规范句型，那么这种归约无效。

例如，对识别文法 G' 活前缀的 DFA（见图 4.14），考察规范句型 $i = i$ 的 SLR(1) 分析过程为

状态栈	符号栈	输入串
0	$\$$	$i = i\$$
05	$\$i$	$= i\$$
02	$\$L$	$= i\$$
03	$\$R$	$= i\$$

不难看出，当状态 2 呈现于栈顶且面临的输入符号是 "="时，由于这个文法不含有以 $R=$ 为前缀的规范句型，因此用 $R \to L$ 进行的归约是无效归约，也就是说，并不是 FOLLOW(R) 中每个元素在含 R 的所有句型中都出现在 R 的后面。解决该问题的方法是 LR(1) 分析法。

LR(1) 分析法的思想是在分析过程中，当试图用某规则 $A \to \alpha$ 归约栈顶的符号串 α 时，不仅应该查看栈中符号串 $\delta\alpha$，还应向前扫视一个输入符号 a，只有当 δAa 的确构成文法某规范句型的前缀时，才能用此规则进行归约。为此，可以考虑在原来 LR(0) 项目集中增加更多的展望信息，这些展望信息有助于克服动作冲突和排除无效归约，也就是需要重新定义称之为 LR(1) 的项目。

LR(1) 项目是一个二元组 $[A \to \alpha \cdot \beta, a]$，其中 $A \to \alpha \cdot \beta$ 是一个 LR(0) 项目，a 是终结符，称为**展望符**或**搜索符**。当 $\beta \neq \varepsilon$ 时，搜索符是无意义的；当 $\beta = \varepsilon$ 时，搜索符 a 明确指出当 $[A \to \alpha \cdot, a]$ 是栈顶状态的一个 LR(1) 项目时，仅在输入符号是 a 时才能用 $A \to \alpha$ 归约，而不是对 FOLLOW(A) 中的所有符号都用 $A \to \alpha$ 归约。

构造 LR(1) 项目集族的方法与构造 LR(0) 项目集规范族的方法基本相同，具体如下。

（1）构造 LR(1) 项目集 I 的闭包函数。

① I 的任何项目都属于 CLOSURE(I)。

② 若项目 $[A \to \alpha \cdot B\beta, a]$ 属于 CLOSURE(I)，$B \to r$ 是文法中的一条规则，$b \in$ FIRST(βa)，则 $[B \to \cdot r, b]$ 也属于 CLOSURE(I)。

③ 重复②，直到 CLOSURE(I) 不再增大为止。

（2）构造转换函数。

令 I 是一个 LR(1) 项目集，X 是一个文法符号，函数
$$\text{GO}(I, X) = \text{CLOSURE}(J)$$
$$J = \{[A \to \alpha X \cdot \beta, a] \mid [A \to \alpha \cdot X\beta, a] \in I\}$$

对例 4.18 中的文法 G'，令 $I = [S' \to \cdot S, \$]$ 为初态集的初始项目集，对其求闭包和转换函数，构造出它的 LR(1) 项目集族，如图 4.15 所示。I_0 的计算过程中要注意 LR(1) 项目 $[L \to \cdot *R, = /\$]$，其搜索符 $= /\$$ 的计算是两次计算后合并得到的：由项目 $[S \to \cdot L = R, \$]$ 得到 $[L \to \cdot *R, =]$；由 $[S \to \cdot R, \$]$ 得到 $[R \to \cdot L, \$]$，进而得到 $[L \to \cdot *R, \$]$。

另一个 $[L \to \cdot i, = /\$]$ 项目也类似。

分析所有这些项目集可以发现，每个项目集中都不含"移进–归约"冲突或"归约–归约"冲突。在项目集 I_2 中，由于归约项目 $[R \to L \cdot, \$]$ 的搜索符集合 $\{\$\}$ 与移进项目 $[S \to L \cdot =R, \$]$ 的待移进符号 "=" 不相交，所以在 I_2 中，当面临输入符为 "\$" 时，用规则 $R \to L$ 归约，为 "="

文法，也是 LR(1) 文法。反之，则不一定成立。

表 4.17　$G[S]$ 的 LR(1) 分析表

状　态	ACTION				GOTO		
	i	$*$	$=$	$\$$	S	L	R
0	S_5	S_4			1	2	3
1				acc			
2			S_6	r_5			
3				r_2			
4	S_5	S_4				8	7
5			r_4	r_4			
6	S_{12}	S_{11}				10	9
7			r_3	r_3			
8			r_5	r_5			
9				r_1			
10				r_5			
11	S_{12}	S_{11}				10	13
12				r_4			
13				r_3			

【例 4.19】　考虑例 4.15 中的拓广文法：

　　　　　0. $S' \rightarrow S$　　　　　1. $S \rightarrow (S)$　　　　　2. $S \rightarrow a$

试构造它的 LR(1) 项目集的 DFA 和 LR(1) 分析表。

　　分析　根据前面讨论的有关构造文法 LR(1) 项目集的 DFA 和 LR(1) 分析表的方法，该文法的 LR(1) 项目集的 DFA 如图 4.16 所示。

　　该文法的 10 个 LR(1) 项目集中均不存在"移进–归约"或"归约–归约"冲突，因此该文法为 LR(1) 文法。实际上，该文法是一个 LR(0) 文法，因此也是 SLR(1) 文法，也是 LR(1) 文法。该文法相应的 LR(1) 分析表如表 4.18 所示。

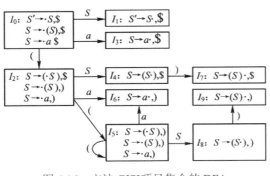

图 4.16　文法 G[S] 项目集合的 DFA

表 4.18　LR(1) 分析表

状态	ACTION				GOTO
	a	$($	$)$	$\$$	S
0	S_3	S_2			1
1				acc	
2	S_6	S_5			4
3				r_2	
4			S_7		
5	S_6	S_5			8
6			r_2		
7				r_1	
8			S_9		
9			r_1		

4.5.5　LALR(1)分析法

LR(1)分析法虽然可以解决 SLR(1)方法所难以解决的"移进－归约"或"归约－归约"冲突，但是对同一个文法而言，当搜索符不同时，同一个项目集被分裂成多个项目集从而引起状态数的剧烈增长，导致了时间和内存空间的急剧上升，它的应用相应地受到了一定的限制。为了克服 LR(1)分析法的这种缺点，我们可以采用 LALR(1)分析法。

LALR(1)分析法是介于 SLR(1)分析法和 LR(1)分析法之间的一种语法分析方法，能解决 SLR(1)分析法不能解决的冲突动作，并且其分析表的状态个数与 SLR(1)相同。LALR(1)分析法的基本思想是，将 LR(1)项目集规范族中所有同心的项目集合并为一，以减少项目集个数。

所谓同心的 **LR(1)项目集**，是指在两个 LR(1)项目集中，除了搜索符不同，核心部分是相同的。例如，分析图 4.15 中的项目集，可以发现同心集如下：

$$I_4:\{L \to *\!\cdot\! R,= /\$ \qquad I_{11}:\{L \to *\!\cdot\! R,\$$$
$$R \to\!\cdot\! L,= /\$ \qquad\qquad R \to\!\cdot\! L,\$$$
$$L \to\!\cdot\! *R,= /\$ \qquad\qquad L \to\!\cdot\! *R,\$$$
$$L \to\!\cdot\! i,= /\$\} \qquad\quad L \to\!\cdot\! i,\$\}$$

$$I_5:\{L \to i\!\cdot\!,= /\$\} \qquad I_{12}:\{L \to i\!\cdot\!,\$\}$$
$$I_7:\{L \to *R\!\cdot\!,= /\$\} \qquad I_{13}:\{L \to *R\!\cdot\!,\$\}$$
$$I_8:\{R \to L\!\cdot\!,= /\$\} \qquad I_{10}:\{R \to L\!\cdot\!,\$\}$$

即 I_4 与 I_{11} 、I_5 与 I_{12} 、I_7 与 I_{13} 、I_8 与 I_{10} ，它们两两之间除了搜索符不同，"心"是相同的。将同心集合并为

$$I_{4,11}:\{L \to *\!\cdot\! R,= /\$$$
$$R \to\!\cdot\! L,= /\$$$
$$L \to\!\cdot\! *R,= /\$$$
$$L \to\!\cdot\! i,= /\$\}$$

$$I_{5,12}:\{L \to i\!\cdot\!,= /\$\}$$
$$I_{7,13}:\{L \to *R\!\cdot\!,= /\$\}$$
$$I_{8,10}:\{R \to L\!\cdot\!,= /\$\}$$

合并同心集后的项目集核心部分不变，仅搜索符合并。对合并同心集后的项目集的转换函数为 $GO(I, X)$ 自身的合并，这是因为相同心的转换函数仍属同心集。例如：

$$GO(I_{4,11},i) = GO(I_4,i) \cup GO(I_{11},i) = I_5 \cup I_{12} = I_{5,12}$$
$$GO(I_{4,11},R) = GO(I_4,R) \cup GO(I_{11},R) = I_7 \cup I_{13} = I_{7,13}$$
$$GO(I_{4,11},*) = GO(I_4,*) \cup GO(I_{11},*) = I_4 \cup I_{11} = I_{4,11}$$

合并同心集需着重指出的是，若文法是 LR(1)文法，即 LR(1)项目集中不存在动作冲突，合并同心集后，若有冲突则只可能是"归约－归约"冲突，而不可能是"移进－归约"冲突。

假定 LR(1)文法的项目集 I_k 与 I_j 为同心集，其中

$$I_k = \{[A \to \alpha\!\cdot\!,a_1][B \to \beta\!\cdot\! a\gamma,b_1]\}$$
$$I_j = \{[A \to \alpha\!\cdot\!,a_2][B \to \beta\!\cdot\! a\gamma,b_2]\}$$

合并同心集后的项目集

$$I_{k,j} = \{[A \to \alpha\!\cdot\!,a_1 / a_2][B \to \beta\!\cdot\! a\gamma,b_1 / b_2]\}$$

因为假设文法是 LR(1)的，在 I_k 中，$\{a_1\} \cap \{a\} = \varnothing$ ，在 I_j 中，$\{a_2\} \cap \{a\} = \varnothing$ ，显然在 $I_{k,j}$ 中，$(\{a_1\} \cup \{a_2\}) \cap \{a\} = \varnothing$ 。也就是说，合并同心集以后，不可能有"移进－归约"冲突。

现在可以根据合并同心集后的项目集族构造文法的 LALR(1)分析表，其构造方法如下。

（1）构造拓广文法 G' 的 LR(1)项目集族。

（2）若 LR(1)项目集族中不存在含冲突的项目集，则合并所有同心集，构造出文法的

LALR(1)项目集族。例如，对例 4.18 中文法 G 的 LR(1)项目集族（见图 4.15）合并同心集后，构造出的 LALR(1)项目集族如图 4.17 所示。

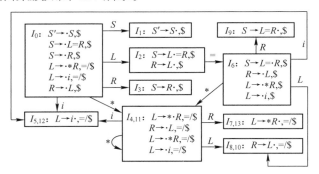

图 4.17　LALR(1)项目集和转换函数

（3）若 LALR(1)项目集族中不存在"归约－归约"冲突，则该文法是 LALR(1)文法。对例 4.18 中的文法，由于合并同心集后不存在"归约－归约"冲突，因此该文法是 LALR(1)文法。

（4）LALR(1)项目集族构造该文法的 LALR(1)分析表的方法与 LR(1)分析表的构造方法相同。由图 4.17 构造例 4.18 中文法的 LALR(1)分析表，如表 4.19 所示。

表 4.19　合并同心集后的 LALR(1)分析表

状　态	ACTION				GOTO		
	i	$*$	i	$*$	i	$*$	i
0	$S_{5,12}$	$S_{4,11}$			1	2	3
1				acc			
2			S_6	r_5			
3				r_2			
4，11	$S_{5,12}$	$S_{4,11}$				8，10	7，13
5，12		r_4	r_4				
6	$S_{5,12}$	$S_{4,11}$				8，10	9
7，13			r_3	r_3			
8，10			r_5	r_5			
9				r_1			

对给定的文法 G 而言，其 LALR(1)分析表比 LR(1)分析表状态数要少（表 4.19 状态数比表 4.17 中状态数减少了 4 个），但在分析文法 G 的某一个含有错误的符号串时，LALR(1)分析速度比 LR(1)分析速度要慢，这是因为合并同心集后多做了不必要的归约，从而推迟发现错误。

【例 4.20】　考虑例 4.15 中的拓广文法：

$$0.\ S' \to S \quad 1.\ S \to (S) \quad 2.\ S \to a$$

分析图 4.16 中的项目集可发现同心集如下：

$I_2 : S \to (\cdot S),\$$ 　$I_5 : S \to (\cdot S),)$ 　$I_3 : S \to a\cdot,\$$ 　$I_6 : S \to a\cdot)$

　$S \to \cdot(S),)$ 　$S \to \cdot(S),)$ 　$I_4 : S \to (S\cdot),\$$ 　$I_8 : S \to (S\cdot),)$

　$S \to \cdot a,)$ 　$S \to \cdot a,)$ 　$I_7 : S \to (S)\cdot,\$$ 　$I_9 : S \to (S)\cdot,)$

合并同心集后得到如图 4.18 所示的 LALR(1)项目集的 DFA。

我们考察合并同心集后的项目集，发现它们仍不含"归约-归约"冲突，可以判定该文法是 LALR(1)文法。相应的 LALR(1)分析表如表 4.20 所示。

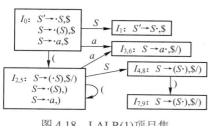

图 4.18 LALR(1)项目集

表 4.20 LALR(1)分析表

状态	ACTION				GOTO
	a	(	)	$	S
0	$S_{3,6}$	$S_{2,5}$			1
1				acc	
2，5	$S_{3,6}$	$S_{2,5}$			4，8
3，6			r_2	r_2	
4，8			$S_{7,9}$		
7，9			r_1	r_1	

4.5.6 LR 分析法对二义性文法的应用

任何一个二义性文法绝不是 LR 类文法，与其相应的 LR 分析表一定含有多重定义的元素。但是对于某些二义性文法，若在含多重定义的 LR 分析表中加进足够的无二义性规则，则可以构造出比相应非二义性文法更优越的 LR 分析器。

例如，考虑算术表达式的二义性文法 $E \rightarrow E+E \mid E*E \mid (E) \mid id$，相应的非二义性文法为

$$E \rightarrow E+T \mid T$$
$$T \rightarrow T*F \mid F$$
$$F \rightarrow (E) \mid id$$

两者相比，二义性文法的优点在于，只需改变运算符的优先级或结合性，不需改变文法自身；其次，二义性文法的 LR 分析表所含状态数肯定比非二义性文法少，因为非二义性文法含有右部仅一个非终结符号的规则 $E \rightarrow T$ 和 $T \rightarrow F$，它们要占用状态和降低分析器的分析效率。

本节讨论如何在二义性文法的 LR 分析表中，加进足够的无二义性规则，来分析二义性文法所定义的语言。现在构造算术表达式二义性文法的 LR(0)项目集规范族，如图 4.19 所示。

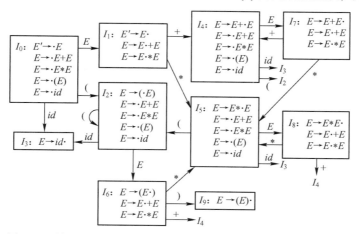

图 4.19 算术表达式二义性文法的 LR(0)项目集规范族和转移函数

状态 I_7 和 I_8 中存在"移进－归约"冲突。对 I_7 和 I_8 而言，由于 FOLLOW$(E)\cap\{+,*\}=$ $\{\$+,*,)\}\cap\{+,*\}\neq\varnothing$，因此 I_7 和 I_8 中的冲突不能用 SLR(1) 方法解决，也不能用其他 LR(K) 方法解决，但是我们用+、*的优先级和结合性可以解决这类冲突。

若规定"*"的优先级高于"+"，且都服从左结合，那么在 I_7 中，由于"*"优先级高于"+"，因此状态 7 面临"*"则移进，又因"+"服从左结合，故状态 7 面临"+"，则用 $E\rightarrow E+E$ 归约。在 I_8 中，由于"*"优先于"+"且"*"服从左结合，因此状态 8 面临"+"或"*"，都应用 $E\rightarrow E*E$ 归约。由此构造的该二义性文法的 LR 分析表如表 4.21 所示。

表 4.21 二义性文法的 LR 分析表

状态	ACTION						GOTO	状态	ACTION						GOTO
	+	id	*	(	)	$	E		+	id	*	(	)	$	E
0		S_3		S_2			1	5		S_3		S_2			8
1	S_4		S_5			acc		6	S_4		S_5		S_9		
2		S_3		S_2			6	7	r_1		S_5		r_1	r_1	
3	r_4		r_4		r_4	r_4		8	r_2		r_2		r_2	r_2	
4		S_3		S_2			7	9	r_3		r_3		r_3	r_3	

其他二义性文法也可用类似方法进行处理，可以构造出无多重定义的 LR 分析表。

4.5.7　LR 语法分析中的错误恢复技术

如果编译器只处理正确的程序，它的设计实现可以非常简单。但程序员编写程序时经常会出错，如何在遇到错误时仍能继续分析，直到文件结束，是编译程序必须提供的功能，这时就需要错误恢复技术。好的编译器应该能够帮助程序员定位出错类型和出错位置。大多数程序设计语言的说明中都不会描述编译器应该如何处理错误，而是由编译器的设计者来处理。

程序可能包含的不同级别的错误如下。

① 词法错误。如标识符、关键字、操作符拼写错误，或者没有在字符串文本上正确地加引号等。

② 语法错误。如";"放错位置，"{"或"}"多余或缺失。或者，C 语言的语法错误的例子是，一个 case 语句的外围没有相应的 switch 语句（语法分析器通常允许这种情况出现，当编译器在之后要生成代码时才会发现这类错误）。

③ 语义错误。包括运算符和运算量之间的类型不匹配。如返回类型为 void 的某 Java 方法中出现了一个返回某个值的 return 语句。

④ 逻辑错误。可能是因为程序员的错误推理而引起的错误，如无限的递归调用，或者在一个 C 程序中应该使用比较运算符==的地方使用了赋值运算符=。这样的程序可能结构上没有问题，却没有正确地反映程序员的设计意图。

源程序的多数错误诊断和恢复都集中在语法分析阶段。一是因为多数错误都是语法错误，或者在语法分析时才暴露出的词法错误；二是因为语法分析方法的准确性使语法分析过程中能非常有效地检查出语法错误，而要在编译阶段检查语义错误和逻辑错误却是非常困难的。

语法分析器中错误处理程序的基本目标是：① 清楚、准确地报告错误的出现；② 快速地从错误中恢复，继续检查后面的错误；③ 尽可能少地增加处理正确程序时的开销。

错误处理程序应该如何报告出现的错误呢？至少它必须报告在源程序的什么位置检测到错误，因为实际的错误很可能就出现在这个位置之前的几个词法单元处。常用的策略是打印出有问题的那一行，然后通过一个指针定位到检测出错误的地方。

语法分析器可以采用如下语法错误恢复策略：紧急方式恢复策略、短语级恢复策略、出错产生式策略、全局纠正策略。

① 紧急方式恢复策略。发现错误时，语法分析器开始抛弃输入符号，每次抛弃一个符号，直到发现某个指定的同步符号为止。同步符号通常是界符，如"；"或 end。这种方法常常跳过大量的输入符号，方法比较简单，不会陷入死循环。当语句中出现的错误数较少时，使用这种方法比较合适，它是最容易实现的方法。

② 短语级恢复策略。发现错误时，语法分析器对剩余的输入符号进行局部纠正，用一个能使语法分析器继续工作的符号串代替剩余输入的前缀，如用"；"代替"，"，插入额外的"，"等。编译器的设计者必须谨慎地选择替换字符串，避免引起死循环。这种类型的替换可以纠正任何输入字符串，并且已经用于多个错误修复编译器。其主要缺点是，不能处理错误实际出现在发现点之前的情况。

③ 出错产生式策略。扩充语言的文法，增加产生错误结构的产生式，然后由这些包含错误产生式的扩展文法构造语法分析器。前提是设计者非常了解经常遇到的错误，将错误当作语法特定的结构进行分析。

④ 全局纠正策略。希望编译器在处理有错误的输入字符串时尽可能少改动。其主要思想是，如果给定包含错误的输入串 x 和文法 G，算法会发现符号串 y 的一棵分析树，并且使用最少的符号插入、删除和修改，将 x 变换成正确的输入符号串 y。目前，这些算法的时间和空间开销太大，只限于理论研究，但"最小代价纠正"的概念已经成为评价错误恢复技术的一种标准，并已经被用于短语级恢复中最优替换字符串的选择。

不同的语法分析方法都可以运用上面的策略实现错误处理和恢复，以下着重讲述 LR 语法分析法的部分实现思路，供读者参考。

在前面介绍 LR 分析表中提到，动作表（ACTION）中除了 acc、r_i、S_i，空白项表示出错。在语法分析过程中，使用 LR 语法分析方法，在访问动作表时，如果遇到空白的出错表项，就说明检测到了一个错误。和算符优先语法分析器不同，LR 语法分析器只要发现已经扫描的输入出现一个不正确的后继符号，就会立即报告错误。规范 LR 语法分析器在报告错误之前，不会进行无效规约，SLR 语法分析器和 LALR 语法分析器在报告错误前可能执行几步规约，但不会把出错点的输入符号移进栈中。

在 LR 分析中，可以将含有语法错误的短语分离出来。语法分析器认为，由 A 推导出的串含有一个错误，该串的一部分已经处理，处理结果保存在栈顶序列中，该串剩余的部分在输入缓冲区内。语法分析器需要跳过该串的剩余部分，在输入中找到一个符号，它是 A 的合法后随符号。通过从栈中移除一些状态，跳过部分输入符号，暂且认为发现了 A 生成的部分，从而恢复正常的分析。

具体可以采用如下的方法实现紧急方式的错误恢复：从栈顶开始出栈，直到发现在特定非终结符 A 上具有状态的转移 s 为止；然后丢弃零个或多个输入符号，直到找到符号 a 为止，它

是 A 的合法后随符号；接着把状态 goto[s, A]入栈，恢复正常分析。

短语级恢复的实现是通过检查 LR 分析表的每个出错表项（原来留空白的项目），并根据语言的具体情况，确定可能引起该错误的程序员最可能犯的错误，然后为该表项编写一个适当的错误恢复程序段。该程序段用对应出错表项的合适方式来修改栈顶符号或第一个输入符号。

我们可以在语法分析表动作域部分，为原来表示出错的空白项填上一个指针，指向编译器设计者为之设计的错误处理程序。该程序的动作包括从栈顶或输入中修改、删除或插入符号。错误恢复中需要注意，不应该让 LR 分析器进入死循环，要保证至少有一个输入符号被移走或最终被移进，或者在达到输入的结尾时栈最终缩短。同时，需要避免从栈中弹出覆盖一个非终结符的状态，因为这种修改实际上删掉了已经成功分析的一个语法结构。

下面以 4.5.6 节中的算术表达式文法

$$E \rightarrow E + E \mid E * E \mid (E) \mid id$$

为例，具体说明错误处理的方法。表 4.22 给出了该文法的 LR 语法分析表，是由表 4.21 修改得到的，加上了错误处理和恢复。另外，为了处理方便，将部分错误表项改为了归约，这样会推迟错误发现，多进行几步归约，但错误仍能在移进下一个符号前被捕获处理。原来表示错误的空白表项用 e_i 填充。e 表示错误（error），下标 i 表示对应调用的错误恢复处理程序的编号。

表 4.22　带有错误处理调用的 LR 分析表

状态	ACTION						GOTO	状态	ACTION						GOTO
	+	id	*	(	)	$	E		+	id	*	(	)	$	E
0	e_1	S_3	e_1	S_2	e_2	e_1	1	5	e_1	S_3	e_1	S_2	e_2	e_1	8
1	s_4	e_3	S_5	e_3	e_2	acc		6	S_4	e_3	S_5	e_3	S_9	e_4	
2	e_1	S_3	e_1	S_2	e_2	e_1	6	7	r_1	r_1	S_5	r_1	r_1	r_1	
3	r_4	r_4	r_4	r_4	r_4	r_4		8	r_2	r_2	r_2	r_2	r_2	r_2	
4	e_1	S_3	e_1	S_2	e_2	e_1	7	9	r_3	r_3	r_3	r_3	r_3	r_3	

e_1：此时处于状态 0、2、4、5，要求输入符号为运算对象的首终结符，即 id 或左括号，而实际遇到的符号是+、*或$，此时调用该错误处理程序。报错的同时，假设得到符号 id，从而能继续后续分析。

将 id 压进栈，将状态 3 压进状态栈（0、2、4、5 遇到 id 转移到 3 状态）。打印出错信息："缺少运算对象"。

e_2：此时处于状态 0、1、2、4、5，若遇到"）"，则调用该错误处理程序。报错的同时，删掉输入的"）"，继续分析。从输入中删除"）"。打印出错信息："右括号不配对"。

e_3：此时处于状态 1、6，期望读入一个操作符，而遇到的是 id 或"）"，则调用该错误处理程序。报错的同时，假设得到了一个"+"，从而继续分析。将"+"压进栈，将状态 4 压进状态栈。打印出错信息："缺少操作符"。

e_4：此时处于状态 6，期望读入操作符或"）"，而遇到的是$，则调用该错误处理程序。报错的同时，假设得到了"）"，从而继续分析。将"）"压进栈，将状态 9 压进状态栈。打印出错信息："缺少右括号"。

以输入串 id*)为例，LR 语法分析和错误恢复如表 4.23 所示。

读者可以根据这里提供的方法，考虑构造其他不同分析方法中的错误恢复算法。

表 4.23　LR 语法分析和错误恢复

状态栈	符号栈	输入串	动作或错误信息
0	$	id*)$	S_3
03	$id	*)$	r_4
01	$E	*)$	S_5
015	$E*	)$	"右括号不配对", e_2: 删除右括号
015	$E*	$	"缺少运算对象", e_1: id、状态 3 进栈
0153	$E*id	$	r_4
0158	$E*E	$	r_2
01	$E	$	acc（仅表示分析结束）

4.6　语法分析程序的编写方法

语法分析的方法分为自上而下和自下而上两大类。具体完成语法分析程序的构造过程可以分为手工方式和利用自动生成工具 Bison 辅助生成。

对于本章前面提到的递归下降分析法，在本书实验部分有对应实验和参考实现。其他算法可根据课文中介绍的算法流程图手工编程实现。

本书附录 A 中对语法自动生成工具 Bison 进行了介绍，读者通过 4～5 小时自学可基本掌握，之后可完成语法分析程序的自动生成。掌握和使用该工具，对于后面学习理解语法指导的翻译技术、处理各种翻译相关的编程都非常有帮助。

本章小结

语法分析是编译程序的核心部分。语法分析的任务是分析和识别由词法分析给出的单词符号序列是否为给定文法的正确句子。

本章重点介绍了 4 种典型的语法分析技术，其主要内容如下。

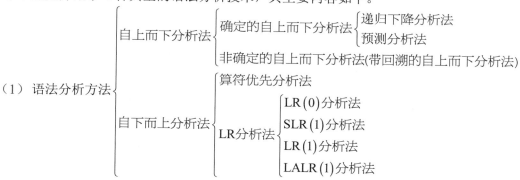

（2）确定的自上而下分析法要求描述语言的文法是 LL(1)文法。

① LL(1)文法的判别方法。

a．求文法每个产生式右部符号串的 FIRST 集。

b. 求文法每个非终结符的 FOLLOW 集。

c. 求文法每个产生式的 SELECT 集。

d. 求相同左部产生式的 SELECT 交集。

e. 对文法 G 的每个产生式 $A \to \alpha_1 | \alpha_2 | \cdots | \alpha_n$，若 $\mathrm{SELECT}(A \to a_i) \cap \mathrm{SELECT}(A \to a_j) = \varnothing$ $(i \neq j)$，则文法 G 是一个 LL(1)文法。

② LL(1)文法是无左递归、无二义性文法。通过消除文法左递归和提取公共左因子，可将非 LL(1)文法改写为 LL(1)文法。

（3）算符优先分析法要求文法为算符优先文法，特别适合分析算术表达式，但不是专用于分析算术表达式的。

① 算符优先文法的判别方法。

a. 判别所给文法 G 是否为算符文法。若文法中没有形如 $A \to \cdots BC \cdots$ 规则，则 G 为算符文法。

b. 对算符文法 G，计算每个非终结符的 FIRSTVT 和 LASTVT 集。

c. 根据算符优先关系定义，计算文法 G 中任意两个终结符之间的优先关系。

d. 若任意两个终结符之间至少有 $<$、$\doteq$、$>$ 三种关系中的一种成立，则 G 是一个算符优先文法。

② 算符优先分析法只在终结符之间定义优先关系，因而它的归约过程与规范归约是不同的，不是对句柄进行归约，而是对最左短语进行归约。

③ 由于算符优先分析法忽略了非终结符在归约过程中的作用，可能导致把不是句子的输入串误认为是句子。

（4）LR 分析法是一种规范归约分析法，大多数用上下文无关文法描述的语言都可以用相应的 LR 分析器予以识别。一个 LR 分析器的关键部分是一张 LR 分析表。

① 从给定的上下文无关文法构造 LR 分析表的方法如下。

a. 对 LR(0)或 SLR(1)分析表，构造 LR(0)项目集规范族，而对 LR(1)或 LALR(1)分析表，则构造 LR(1)项目集规范族。

b. 构造识别文法规范句型活前缀的 DFA。

c. 将 DFA 转换成相应的 LR 分析表。

4 种分析表的构造基本相同，仅对含归约项目的项目集构造分析表元素有所不同。注意，文法要拓广。

② 4 种 LR 文法的判别方法。

首先判别文法是否为二义性文法，因为任何二义性文法都不是 LR 类文法。若文法不是二义性文法，则可根据项目集中是否含冲突项目或相应分析表中是否含多重定义元素进行判断。

a. LR(0)文法是所有的 LR(0)项目集中没有"移进－归约"冲突或"归约－归约"冲突（或 LR(0)分析表中不含多重定义）。

b. SLR(1)文法是 LR(0)项目集中所有含冲突的项目集都能用 SLR 规则解决冲突（或 SLR(1)分析表中不含多重定义）。

c. LR(1)项目集中无"移进－归约"冲突或"归约－归约"冲突（或 LR(1)分析表中不含多重定义），注意搜索符只对归约项目起作用。

d. LALR(1)项目集中无"归约－归约"冲突（或 LALR(1)分析表中不含多重定义）。

③ 4 种 LR 类文法之间的关系。一个文法是 LR(0)文法一定也是 SLR(1)文法，也是 LR(1) 和 LALR(1)文法，反之则不一定成立，即 LR(0)⊂SLR(1)⊂LALR(1)⊂LR(1)。

扩展阅读

有重大影响的"Algol 60 报告"使用 Backus-Naur 范式（BNF）来定义一个较大的程序设计语言的语法。BNF 范式和上下文无关文法的等价性很快引起了人们的关注，而且形式语言理论在 20 世纪 60 年代得到了极大关注。Hopcroft 和 Ullman（1979 年）介绍了该领域的基础研究情况。

随着上下文无关文法的发展，语法分析方法变得更加系统化，出现了一些可以分析任何上下文无关文法的通用技术。动态规划技术是最早出现的分析技术之一，是由 J. Cocke、Younger（1967 年）和 Kasami（1965 年）分别独立发现的。Earle（1970 年）在他的博士论文中也提出了一种分析所有上下文无关文法的通用算法。Aho 和 Ullman（1972、1973 年）详细讨论了这些方法以及其他一些分析方法。

编译器中已经应用了多种语法分析技术。Sheridan（1959 年）描述了 FORTRAN 编译器的原始版本使用的一种分析方法，为了能够分析表达式，该方法在操作数两边引入了额外的括号。算符优先的思想和优先函数的使用来自 Floyd（1963 年）。20 世纪 60 年代，人们提出了很多自下而上的分析策略，主要包括简单优先法（Wirth 和 Weber，1966 年）、有界上下文法（Floyd、Graham，1964 年）、混合策略优先法（McKeeman、Horning 和 Wortman，1970 年）以及弱优先法（Ichbiah 和 Morse，1970 年）。

递归下降法和预测分析法在实践中得到了广泛应用。由于递归下降分析法的灵活性，它在很多早期的编译器编写（compiler-writing）系统中都有应用，如 META（Schorre，1964 年）和 TMG（McClure，1965 年）。Pratt（1973 年）提出了一种自上而下的算符优先语法分析法。

Lewis 和 Stearns（1968 年）研究了 LL 文法，Rosenkrantz 和 Stearns（1970 年）研究了 LL 文法的性质。Knuth（1971 年）对预测语法分析器进行了深入研究。Foster（1968 年）、Wood（1969 年）、Stearns（1971 年）等人提出了一种将文法转换成 LL(1)形式的算法。

LR 文法和语法分析器首先是由 Knuth（1965 年）提出的，他还描述了规范的 LR 语法分析表的构造。Korenjak（1969 年）证明了使用 LR 方法可以构造大小合理的语法分析器。当 DeRemer（1969 年，1971 年）设计了比 Korenjak 方法更加简单的 SLR 和 LALR 方法时，LR 技术就成为语法分析器自动生成器的一种选择。如今 LR 语法分析器的生成器在编译器构造领域非常流行。

已经有很多基于语法分析器错误恢复技术方面的研究成果。Aho 和 Johnson（1974 年）给出了 LR 分析法的综述，并讨论了 Yacc 语法分析器生成器用到的一些算法，包括用出错产生式进行错误恢复。Ciesinger（1979 年）和 Sippu（1981 年）对错误恢复技术进行了综述。Irons（1963 年）提出了一种基于文法的语法错误恢复技术。Wirth（1968 年）用出错产生式来处理 PL360 编译器中的错误。Leinius（1970 年）提出了短语级恢复策略。Aho 和 Peterson（1972 年）提出了将出错产生式和上下文无关文法的一般分析法相结合，可以获得全局最小开销的错误恢复。Mauney 和 Fischer（1982 年）研究了 LL 和 LR 语法分析器的局部最小开销的错误修复。Granham 和 Rhodes（1975 年）研究了优先分析中的错误恢复。

自测题 4

1. 选择题（从下列各题 4 个备选答案中选出一个或多个正确答案，写在题干中的横线上）

（1）编译程序中语法分析常用的方法有_____。

A. 自上而下分析法   B. 自下而上分析法

C. 自左向右分析法   D. 自右向左分析法

（2）编译程序中的语法分析器接受以_____为单位的输入，并产生有关信息供以后各阶段使用。

A. 表达式   B. 字符串   C. 单词   D. 语句

（3）在高级语言编译程序常用的语法分析方法中，递归下降分析法属于_____分析方法。

A. 自左至右   B. 自上而下   C. 自下而上   D. 自右向左

（4）递归下降分析法和预测分析法要求描述语言的文法是_____。

A. 正规文法   B. LR(1)文法   C. LL(1)文法   D. 右线性文法

（5）设有文法 $G[E]$：

$$E \to TE'$$
$$E' \to +TE' \mid \varepsilon$$
$$T \to FT'$$
$$T' \to *FT' \mid \varepsilon$$
$$F \to (E) \mid \text{id}$$

FIRST(T')= _____ ， FOLLOW(F)= _____。

A. {(,id   B. {*,ε}   C. {*,+,),$}   D. {+,),$}

（6）自下而上语法分析法的原理是_____。

A. "移进 – 推导法"   B. "移进 – 归约法"

C. "最左推导法"   D. "推导 – 归约法"

（7）如果文法 G 中没有形如 $A \to \cdots BC \cdots$ 的规则，其中 A、B、C 为非终结符，则称文法 G 为_____。

A. 算符优先文法 B. LL(1)文法 C. LR(0)文法 D. 算符文法

（8）算符优先分析法从左到右扫描输入串，当栈顶出现_____时进行归约。

A. 素短语   B. 直接短语   C. 句柄   D. 最左素短语

（9）设有文法 $G[E]$：

$$E \to E+T \mid T$$
$$T \to T*F \mid F$$
$$F \to (E) \mid a$$

句型 $T+T*F+a$ 的素短语是_____。

A. a B. $T*F$ C. T D. $T+T*F$

（10）设有文法 $G[S]$：

$$S \rightarrow a \mid \wedge \mid (T)$$
$$T \rightarrow T, S \mid S$$

其中，FIRSTVT(T)=_____，LASTVT(T)=_____。

A．$\{(, a,)\}$　　　　　B．$\{(, a, \wedge\}$　　　　　C．$\{a, (, ', '\}$　　　　　D．$\{', ', (, a, \wedge\}$

E．$\{\$,)\}$　　　　　F．$\{\$,), a\}$　　　　　G．$\{a,), ', '\}$　　　　　H．$\{', ',), a, \wedge\}$

（11）LR(0)项目集规范族的项目的类型可分为_____。

A．移进项目　　　　　B．归约项目　　　　　C．待约项目　　　　　D．接受项目

（12）LR(0)分析器的核心部分是一张分析表，这张分析表包括两部分，即_____。

A．LL(1)分析表　　　　　　　　　　B．分析动作表

C．状态转换表　　　　　　　　　　D．移进分析表

（13）设有一个 LR(0)项目集 $I = \{X \rightarrow \alpha \cdot b\beta, A \rightarrow \alpha \cdot, B \rightarrow \alpha \cdot\}$，该项目集含有冲突项目，它们是_____。

A．"移进 - 归约"冲突　　　　　　　B．"移进 - 接受"冲突

C．"移进 - 待约"冲突　　　　　　　D．"归约 - 归约"冲突

（14）LR 语法分析栈中存放的状态是识别文法规范句型_____的 DFA 状态。

A．前缀　　　　　B．活前缀　　　　　C．项目　　　　　D．句柄

2．判断题（对下列叙述中的说法，正确的在题后括号内打"√"，错误的打"×"）

（1）LL(1)文法是无左递归、无二义性文法。　　　　　　　　　　　（　　）

（2）无左递归的文法是 LL(1)文法。　　　　　　　　　　　　　　（　　）

（3）在高级语言编译程序常用的语法分析方法中，预测分析法属于自上而下的语法分析方法。　　　　　　　　　　　　　　　　　　　　　　　　　　　（　　）

（4）在高级语言编译程序常用的语法分析方法中，算符优先分析法属于自上而下的语法分析方法。　　　　　　　　　　　　　　　　　　　　　　　　　（　　）

（5）算符优先分析法是一种规范归约分析法。　　　　　　　　　　（　　）

（6）算符优先分析法最适合于分析算术表达式。　　　　　　　　　（　　）

（7）设有一个 LR(0)项目集 $I = \{X \rightarrow \alpha \cdot B\beta, A \rightarrow \alpha \cdot\}$，该项目集含有"移进 - 归约"冲突。　　　　　　　　　　　　　　　　　　　　　　　　　　（　　）

（8）LR 分析法是一种规范归约分析法。　　　　　　　　　　　　（　　）

（9）设有一个 LR(1)项目集 $I = \{[X \rightarrow \alpha \cdot b\beta, a][A \rightarrow \alpha \cdot, a]\}$，该项目集含有"移进 - 归约"冲突。　　　　　　　　　　　　　　　　　　　　　　　　（　　）

（10）SLR(1)文法是二义性文法。　　　　　　　　　　　　　　　（　　）

习 题 4

4.1　设有文法 $G[A]$：

$$A \rightarrow BCc \mid gDB$$
$$B \rightarrow bCDE \mid \varepsilon$$
$$C \rightarrow DaB \mid ca$$

$$D \rightarrow dD \mid \varepsilon$$
$$E \rightarrow gAf \mid c$$

（1）计算该文法的每个非终结符的 FIRST 集和 FOLLOW 集。

（2）试判断该文法是否为 LL(1)文法。

4.2　对下面的文法 G：

$$E \rightarrow TE'$$
$$E' \rightarrow +TE' \mid \varepsilon$$
$$T \rightarrow FT'$$
$$T' \rightarrow *FT' \mid \varepsilon$$
$$F \rightarrow (E) \mid \text{id}$$

（1）计算这个文法的每个非终结符的 FIRST 集和 FOLLOW 集。

（2）证明这个文法是 LL(1)的。

（3）构造它的预测分析表。

（4）构造它的递归下降分析程序。

4.3　设有文法 $G[S]$：

$$S \rightarrow A$$
$$A \rightarrow B \mid AiB$$
$$B \rightarrow C \mid B+C$$
$$C \rightarrow)A* \mid ($$

（1）将文法 $G[S]$ 改写为 LL(1)文法。

（2）求经改写后的文法的每个非终结符的 FIRST 集和 FOLLOW 集。

（3）构造相应的预测分析表。

4.4　设有文法 $G[S]$：

$$S \rightarrow (A) \mid aAb$$
$$A \rightarrow eA' \mid dSA'$$
$$A' \rightarrow dA' \mid \varepsilon$$

（1）试判断该文法是否为 LL(1)文法。

（2）用某种高级语言编写一个识别该文法句子的递归下降分析程序。

4.5　设有表格结构文法 $G[S]$：

$$S \rightarrow a \mid \wedge \mid (T)$$
$$T \rightarrow T,S \mid S$$

（1）给出 $(a,(a,a))$ 的最左、最右推导，并画出相应的语法树。

（2）计算文法 $G[S]$ 的 FIRSTVT 集和 LASTVT 集。

（3）构造 $G[S]$ 的优先关系表，并判断 $G[S]$ 是否为算符优先文法。

（4）计算 $G[S]$ 的优先函数。

4.6　设有文法 $G[S]$：

$$S \rightarrow A$$
$$A \rightarrow B \mid AiB$$
$$B \rightarrow C \mid B+C$$
$$C \rightarrow)A^* \mid ($$

试给出句型 $C + Ci($ 的短语、句柄和素短语。

4.7 设有文法 $G[E]$：

$$E \to E + T \mid E - T \mid T$$
$$T \to T * F \mid T / F \mid F$$
$$F \to F \uparrow P \mid P$$
$$P \to (E) \mid a$$

试给出句型 $T - T / F + a$ 和 $T + T * F - F \uparrow a$ 的短语、句柄、素短语。

4.8 考虑文法：

$$S \to AS \mid b$$
$$A \to SA \mid a$$

（1）构造识别文法活前缀的 DFA。

（2）该文法是 LR(0) 文法吗？请说明理由。

（3）该文法是 SLR(1) 文法吗？若是，构造它的 SLR(1) 分析表。

（4）该文法是 LALR(1) 或 LR(1) 文法吗？请说明理由。

4.9 设文法 $G[S]$ 为：

$$S \to rD$$
$$D \to D, i \mid i$$

（1）构造识别文法活前缀的 DFA。

（2）该文法是 LR(0) 文法吗？请说明理由。

（3）该文法是 SLR(1) 文法吗？若是，构造它的 SLR(1) 分析表。

4.10 考虑文法 $G[S]$：

$$S \to aA \mid bB$$
$$A \to 0A \mid 1$$
$$B \to 0B \mid 1$$

（1）构造识别文法活前缀的 DFA。

（2）试判断该文法是否为 LR(0) 文法，若是，请构造 LR(0) 分析表，若不是，请说明理由。

4.11 设有文法 $G[S]$：

$$S \to aSb \mid aSd \mid \varepsilon$$

试证明该文法是 SLR(1) 文法，但不是 LR(0) 文法。

4.12 设有文法 G：

$$S \to BB$$
$$B \to cB \mid d$$

（1）试证明它是 LR(1) 文法。

（2）构造它的 LR(1) 分析表。

4.13 设有文法 G：

$$S \to aAd \mid bBd \mid aBe \mid bAe$$
$$A \to x$$
$$B \to x$$

试证明该文法是 LR(1) 文法，但不是 LALR(1) 文法。

4.14 设有文法 $G[S]$：

$$S \to (S) \mid \varepsilon$$

试判断该文法是否为 SLR(1)文法，若不是，请说明理由；若是，请构造 SLR(1)分析表。

4.15 解释下列术语和概念。

（1）素短语   （2）规范句型活前缀

（3）LR(0)项目集规范族   （4）冲突项目、移进项目

（5）归约项目、接受项目   （6）同心集

第5章

语法制导翻译技术
和中间代码生成

CP

本章学习导读

编译程序将高级语言所写的源程序翻译成等价的机器语言或汇编语言的目标程序，首先进行词法分析，得到单词符号序列，再进行语法分析，得到各类语法成分（或语法单位）。本章将在词法分析和语法分析的基础上，讨论语义分析和翻译，主要介绍属性文法和语法制导翻译法的基本思想及其在中间代码生成中的应用，具体包括下面 4 方面的内容：

- ❖ 属性文法
- ❖ 语法制导翻译法的基本思想
- ❖ 常见的几种中间语言的形式
- ❖ 各种不同语法结构的语法制导翻译技术

在编译过程中，一个高级程序设计语言经词法分析，得到单词符号序列，再经语法分析，得到各类语法短语（或语法单位），接下来将进行语义分析与处理。

对语法分析后的语法单位进行语义分析，编译程序审查每个语法结构的静态语义，如果静态语义正确，再生成中间语言，有的编译程序不生成中间语言，而直接生成实际的目标代码。

目前较为常见的是用属性文法作为描述程序设计语言语义的工具，采用语法制导翻译法完成对语法成分的翻译工作。

本章主要介绍属性文法、语法制导翻译法的基本思想、常见的几种中间语言的形式（如逆波兰式、三元式和树形表示、四元式和三地址代码等）以及各种语法结构（如简单算术表达式、赋值语句、布尔表达式、控制语句等）的语法制导翻译。

5.1　属性文法

属性文法是编译技术中用来说明程序设计语言的语义的工具，也是当前在实际应用中比较流行的一种语义描述方法。

属性，一般用来描述客观存在的事物或人的特性。例如，学生的姓名、年龄、性别等，商品的颜色、质量、单价等，这些都表示人或事物固有的特征。

编译技术中用属性描述计算机处理对象的特征。随着编译过程的推进，对语法分析阶段产生的语法树将进行语义分析，分析的结果用某种形式的中间代码描述出来。对一棵等待翻译的语法树，它的各结点都是文法的某个符号 X，X 可以是终结符也可以是非终结符。根据语义处理的需要，在用文法规则式 $A \rightarrow \alpha X \beta$ 进行归约或推导时，应能准确而适当地表达文法符号 X 在处理规则式 $A \rightarrow \alpha X \beta$ 时的不同特征。例如，判断变量 X 的类型是否匹配要用 X 的数据类型描述，判断变量 X 是否存在要用 X 的存储位置，而对 X 的运算要用 X 的值描述。因此语义分析阶段引入 X 的属性，如 $X.type$、$X.place$、$X.val$ 等分别描述 X 的类型、存储位置、值等特征。

什么是属性文法？一个属性文法是在上下文无关文法的基础上，允许每个文法符号 X（终结符或非终结符）根据处理的需要，定义与 X 相关联的属性。如 X 的类型为 $X.type$，X 的值为 $X.val$，X 的存储位置为 $X.place$ 等。对属性的处理有计算、传递信息等，属性处理的过程就是语义处理过程。当然，处理时必须遵循一定的规则。为此，为每个文法规则式都定义一组属性的计算规则，称为语义规则。下面给出属性文法的形式定义。

一个属性文法形式上定义为一个三元组 $AG = (G, V, E)$。其中，G 表示一个上下文无关文法，V 表示属性的有穷集，E 表示属性的断言或谓词的有穷集。在属性文法中有以下规则。

① 每个属性与某个文法符号 X（终结符或非终结符）相关联，用"文法符号.属性"表示这种关联。例如 $X.type$ 表示与 X 关联的属性类型。假设 type 表示数据类型，并有两种数据类型 int 和 bool，则可以表示为 $X.int$ 和 $X.bool$。

② 每个断言与文法某规则式相关联。与一个文法规则式相关联的断言也是这个文法规则式上定义的一组语义规则。例如，对一个简单表达式文法有

$$E \rightarrow N^{(1)} + N^{(2)} \mid N^{(1)} \text{ or } N^{(2)} \qquad \text{/*用上角标区别同一规则出现的不同的 } N\text{*/}$$
$$N \rightarrow \text{num} \mid \text{true} \mid \text{false}$$

遵照以上关联与程序设计语言中有关类型的检验原则，可以得到关于类型检验的属性文法，见图 5.1。

1. $E \rightarrow N^{(1)} + N^{(2)}$ $\{N^{(1)}.\text{type}=\text{int and } N^{(2)}.\text{type}=\text{int}\}$
2. $E \rightarrow N^{(1)} \text{or } N^{(2)}$ $\{N^{(1)}.\text{type}=\text{bool and } N^{(2)}.\text{type}=\text{bool}\}$
3. $N \rightarrow \text{num}$ $\{N.\text{type}=\text{int}\}$
4. $N \rightarrow \text{true}$ $\{N.\text{type}=\text{bool}\}$
5. $N \rightarrow \text{false}$ $\{N.\text{type}=\text{bool}\}$

图 5.1 关于类型检验的属性文法

图 5.1 的式 1 中，与非终结符 E 的规则式 $E \rightarrow N^{(1)}+N^{(2)}$ 相关联的断言 $\{N^{(1)}.\text{type}=\text{int and } N^{(2)}.\text{type}=\text{int}\}$ 指明：$N^{(1)}$ 和 $N^{(2)}$ 的属性必须相同；式 3 中，与非终结符 N 的规则式 $N \rightarrow \text{num}$ 相关联的断言 $\{N.\text{type}=\text{int}\}$ 指明 N 的属性必须是 int。

属性分为两类：综合属性和继承属性。一般情况下，综合属性用于"自下而上"传递信息，继承属性用于"自上而下"传递信息。根据不同的处理要求，属性和断言可以多种形式出现，也就是说，与每个文法符号相关联的可以是各种属性、断言及语义规则，或者某种程序设计语言的程序段等。例如，用于描述简单算术表达式求值的语义规则（如例 5.1）和用于描述说明语句中各种变量的类型信息的语义规则（如例 5.2）。

【例 5.1】 简单算术表达式求值的语义规则。

规则式   语义规则

1. $S \rightarrow E$ $\text{print}(E.\text{val})$
2. $E \rightarrow E^{(1)} + T$ $E.\text{val}=E^{(1)}.\text{val} + T.\text{val}$
3. $E \rightarrow T$ $E.\text{val}=T.\text{val}$
4. $T \rightarrow T^{(1)}*F$ $T.\text{val}=T^{(1)}.\text{val}*F.\text{val}$
5. $T \rightarrow F$ $T.\text{val}=F.\text{val}$
6. $F \rightarrow (E)$ $F.\text{val}=E.\text{val}$
7. $F \rightarrow \text{digit}$ $F.\text{val}=\text{digit.lexval}$

在上述一组规则式中，每个非终结符都有一个属性 val，表示整数值。如 $E.\text{val}$，表示 E 的整数值。与规则式关联的每个语义规则的左部符号 E、T、F 等的属性值的计算由其各自相应的右部非终结符决定，这种属性也称为综合属性。与规则式 $S \rightarrow E$ 关联的语义规则是一个过程 $\text{print}(E.\text{val})$，其功能是打印 E 的值。注意到 S 在语义规则中没有出现，可以理解其属性为一个虚属性。

【例 5.2】 说明语句中简单变量类型信息的语义规则。

规则式   语义规则

1. $D \rightarrow TL$ $L.\text{in}=T.\text{type}$
2. $T \rightarrow \text{int}$ $T.\text{type}=\text{integer}$
3. $T \rightarrow \text{real}$ $T.\text{type}=\text{real}$
4. $L \rightarrow L^{(1)}, \text{id}$ $L^{(1)}.\text{in}=L.\text{in}$
                 $\text{addtype}(\text{id.entry}, L.\text{in})$
5. $L \rightarrow \text{id}$ $\text{addtype}(\text{id.entry}, L.\text{in})$

例 5.2 表示的原文法（文法 5.1）是对简单变量的类型说明。

    1. $D \rightarrow$ int L | real L

    2. $L \rightarrow L,$ id | id   （文法 5.1）

与之相应的说明语句的形式可为

       real $\text{id}_1, \text{id}_2, \cdots, \text{id}_n$

或   int $\text{id}_1, \text{id}_2, \cdots, \text{id}_n$

为了把扫描到的每个标识符 id 都及时地填入符号表，不必等到所有标识符都扫描完再归约为一个标识符表，将原文法 5.1 改写为例 5.2 的文法，在与之关联的语义规则中，用过程调用 addtype 把每个标识符 id 的类型信息（由 L.in 继承得到）登录在符号表的相关项 id.entry 中。

非终结符 T 有一个综合属性 type，其值或为 int 或为 real。语义规则 L.in:=T.type 表示 L.in 的属性值由相应说明语句指定的类型 T.type 决定。属性 L.in 被确定后，将随着语法树的逐步生成传递到下边有关的结点使用，因此这种结点属性被称为**继承属性**。由此可见，标识符的类型可以通过继承属性的复写规则来传递。例如，对输入串"real a, b"根据以上语义规则，可以在其生成的语法树中看到用"→"表示的属性传递情况，见图 5.2。

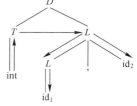

图 5.2   属性信息传递情况

5.2   语法制导翻译

编译过程的语义分析阶段将要完成两项主要工作：首先分析语言的含义，然后用一种中间代码将这种含义描述出来。目前广为使用的语义分析方法是语法制导翻译法，虽然它并非一种形式系统，但比较接近形式化。

语法制导翻译法的基本思想是，对文法中的每个产生式都附加上一个语义动作或语义子程序，在执行语法分析的过程中，每当使用一条产生式进行推导或归约时，就执行相应产生式的语义动作。这些语义动作不仅指明了该产生式产生符号串的意义，还根据这种意义规定了对应的加工动作（如查填各类表格、改变编译程序的某些变量的值、打印各种错误信息及生成中间代码等），从而完成预定的翻译工作。

所谓**语法制导翻译法**，就是在语法分析过程中，随着分析的逐步进展，根据相应文法的每个规则对应的语义子程序进行翻译的方法。语法制导翻译技术分为自下而上语法制导翻译和自上向下语法制导翻译。下面重点介绍自下而上语法制导翻译。

下面将以自下而上的 LR 语法制导翻译为例，讨论如何具体实现语法制导翻译。

首先，为文法的每个规则设计相应的语义子程序。例如，为某简单算术表达式计值的文法
$$E \rightarrow E + E \,|\, E * E \,|\, (E) \,|\, \text{digit}$$
设计语义子程序。分析规则式 $E \rightarrow E + E$，为了区别规则右部的两个不同的 E，加上角标，为 $E \rightarrow E^{(1)} + E^{(2)}$；在 $E^{(1)} + E^{(2)}$ 归约为 E 后，E 中就有了两个 $E^{(i)}$（$i = 1, 2$）的运算结果，定义一个语义变量 E.val 存放此结果，因此可用语义子程序描述为 $E.\text{val} = E^{(1)}.\text{val} + E^{(2)}.\text{val}$。

由此得到上述文法每个规则式相应的语义子程序。

    1. $E \rightarrow E^{(1)} + E^{(2)}$ {$E.\text{val} = E^{(1)}.\text{val} + E^{(2)}.\text{val}$}

    2. $E \rightarrow E^{(1)} * E^{(2)}$ {$E.\text{val} = E^{(1)}.\text{val} * E^{(2)}.\text{val}$}

3． $E\rightarrow(E^{(1)})$ {$E.val=E^{(1)}.val$}
4． $E\rightarrow$digit   {$E.val=$digit.lexval}

其次，为上述文法构造 LR 分析表，见表 5.1。

表 5.1　二义性文法的 LR 分析表

状　态	ACTION						GOTO
	+	digit	*	(	)	$	E
0		S_3		S_2			1
1	S_4		S_5			acc	
2		S_3		S_2			6
3	r_4		r_4		r_4	r_4	
4		S_3		S_2			7
5		S_3		S_2			8
6	S_4		S_5		S_9		
7	r_1		S_5		r_1	r_1	
8	r_2		r_2		r_2	r_2	
9	r_3		r_3		r_3	r_3	

再次，将原 LR 语法分析栈扩充，以便存放文法符号对应的语义值。这样分析栈中可以存放三类信息：分析状态、文法符号及其语义值。扩充后的语义分析栈如图 5.3 所示。

最后，根据语义分析栈的工作过程设计总控程序，使其在完成语法分析工作的同时也能完成语义分析工作，即在用某规则式进行归约的同时，调用相应的语义子程序，完成所用规则式相应的语义动作，并将每次工作后的语义值保存在扩充后的语义值栈中。图 5.4 表示算术表达式 7＋8＊5\$ 的语法树及各结点值。根据表 5.1，用 LR 语法制导翻译法得到该表达式的语义分析和计值过程，见图 5.5。

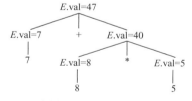

S_k	X_k	X_k.val
⋮	⋮	⋮
S_1	X_1	X_1.val
S_0	\$	—
状态栈	文法符号栈	语义值栈

图 5.3　扩充 LR 分析栈　　　　　图 5.4　语法制导翻译法计算表达式 7＋8＊5\$

步骤	状态栈	语义栈	符号栈	输入符号栈	主要动作
1	0		$	7+8*5$	S_3
2	03	_	$7	+8*5$	r_4
3	01	_7	$E	+8*5$	S_4
4	014	_7_	$E+	8*5$	S_3
5	0143	_7_	$E+8	*5$	r_4
6	0147	_7_8	$E+E	*5$	S_5
7	01475	_7_8	$E+E*	5$	S_3
8	014753	_7_8_	$E+E*5	$	r_4
9	014758	_7_8_5	$E+E*E	$	r_2
10	0147	_7_40	$E+E	$	r_1
11	01	_47	$E	$	acc

图 5.5　表达式 7＋8＊5\$的语义分析和计值过程

5.3 中间语言

编译程序中常常采用独立于计算机的中间语言。因为处理中间语言的复杂性介于源语言和目标语言之间，便于编译后期进行与机器无关的代码优化工作。同时，以中间语言为界面，可使编译前端和编译后端的接口更清晰，编译程序的结构在逻辑上更简单明确。

本节将介绍常见的中间语言形式：逆波兰式（后缀式）、三元式和树形表示、四元式和三地址代码等。

5.3.1 逆波兰式

波兰逻辑学家卢卡西维奇（Lukasiewicz）发明了一种方便表示表达式的中间语言，即逆波兰式。这种表示法除去了原表达式中的括号，并将运算对象写在前面，运算符写在后面，因而又被称为后缀式。例如，表达式 $a*b$ 的逆波兰式为 $ab*$，表达式 $(a+b)*c$ 的逆波兰式为 $ab+c*$。用逆波兰式表示表达式的最大优点是易于计算处理。

一般表达式计值时，要处理两类符号：一类是运算对象，另一类是运算符。通常用两个工作栈分别处理，但处理用逆波兰式表示的表达式只用一个工作栈。当计算机自左到右顺序扫描逆波兰式时，若当前符号是运算对象，则进栈；若当前符号是运算符，并且为 K 元运算符，则将栈顶的 K 个元素依次取出，同时进行 K 元运算，并将运算结果置于栈顶，表达式处理完毕，其计算结果自然呈现在栈顶。逆波兰式 $ab+c*$ 的处理过程详见图5.6。

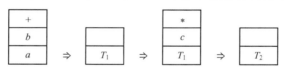

图 5.6　逆波兰式 $ab+c*$ 的处理过程

设 E 是一般表达式，其逆波兰形式可以遵循以下原则定义。

一般表达式	逆波兰式
E（若为常数，变量）	E
(E)	E 的逆波兰式
$E^{(1)}$ op $E^{(2)}$（二元运算）	$E^{(1)}$的逆波兰式 $E^{(2)}$的逆波兰式 op
op E（一元运算）	E 的逆波兰式 op

逆波兰式不仅用来表示计值表达式，还可以推广到其他语法成分。例如，条件语句 if e then S_1 else S_2 表示：若 $e \neq 0$，则执行 S_1，否则为 S_2。

可以将 if then else 看成一个三目运算符，设为 ￥，这时可得到以上语句的逆波兰式 eS_1S_2 ￥。在编译过程中，如何将一般表达式翻译成逆波兰式呢？表达式语法制导翻译中的语义规则简单描述如下。其中，$E.code$ 表示 E 的逆波兰式，op 表示运算符，"‖"表示逆波兰式的连接。例如，规则式 $E \rightarrow E^{(1)}$ op $E^{(2)}$ 的语义规则可以描述为：E 的逆波兰式等于 $E^{(1)}$的逆波兰式，连接 $E^{(2)}$的逆波兰式，连接运算符 op。又如，$(E^{(1)})$ 的逆波兰式是 $E^{(1)}$的逆波兰式，标识符 i 的语义值是 i 自身。

规则式	语义规则
$E \rightarrow E^{(1)} \text{ op } E^{(2)}$	$E.\text{code} = E^{(1)}.\text{code} \parallel E^{(2)}.\text{code} \parallel \text{op}$
$E \rightarrow (E^{(1)})$	$E.\text{code} = E^{(1)}.\text{code}$
$E \rightarrow i$	$E.\text{code} = i$

5.3.2 三元式和树形表示

1. 三元式

三元式由序号和 3 个主要部分组成，即

$$(i) (\text{op}, \text{arg} 1, \text{arg} 2)$$

其中，op 是运算符，arg1、arg2 是两个运算对象，当 op 是一目运算时，选用 $\text{arg}i$（$i = 1, 2$）表示运算对象，也可以事先规定用 arg1。三元式出现的先后顺序与表达式的计值顺序一致，三元式的运算结果由每个三元式前的序号 (i) 指示，序号 (i) 指向三元式所处的表格位置。因此，引用一个三元式的计算结果是通过引用该三元式的序号实现的。例如，表达式 $A + (-B) * C$ 的三元式可以表示成

(1) $(@, B, -)$ @是一目运算符，使 B 取反

(2) $(*, (1), C)$

(3) $(+, A, (2))$

2. 间接三元式

由于三元式的先后顺序决定了值的顺序，因此在产生三元式形式的中间代码后，对其进行代码优化时难免涉及三元式顺序的改变，这就要修改三元式表。为了最少改动三元式表，可以另设一张间接码表，来表示有关三元式在三元式表的计值顺序。用这种办法处理的中间代码称为间接三元式。例如，表达式

$$X = A + B * C$$
$$Y = D - B * C$$

的间接三元式表示如表 5.2 所示。

表 5.2 间接三元式表示

三元式表	间接码
(1)$(*, B, C)$	(1)
(2)$(+, A, (1))$	(2)
(3)$(=, X, (2))$	(3)
(4)$(-, D, (1))$	(1)
(5)$(=, Y, (4))$	(4)
	(5)

由于间接码表的作用，编译程序每产生一个三元式，先查看三元式表中是否存在当前三元式，若存在，则不需重复填入三元式表，如三元式 (1) $(*, B, C)$ 在间接码表中出现了两次，但三元式表中实际只有一个三元式。

3. 树形表示

树形结构实质上是三元式的另一种表示形式，如表达式 $A + (-B) * C$ 的树形表示如图 5.7 所示。用树形表示法可以方便地表示一个表达式或语句。一个表达式中的简单变量或常数的树形表示就是该变量或常数自身。如果表达式 e_1 和 e_2 的树分别为 E_1、E_2，那么 $-e_1$、$e_1 + e_2$、$e_1 * e_2$ 的树如图 5.8 所示。

由图 5.8 不难看出，二目运算 +、*分别对应二叉树，由二叉树的数据结构特点，我们可以很方便地处理数据的存储与组织。但当一个表达式由多目运算组合而成时，例如，语句 if E

then S_1 else S_2，可以看成一个三目运算，其运算符 ¥ 定义为 if then else。由以上树形表示法可以得到一棵多叉子树，如图 5.9(a)所示，多叉子树作为数据存储结构随机性大，并且不平衡。我们可以设法为多叉子树引进新结点，使其转化为二叉树，这样三目运算 ¥ 的多叉树可转化为二叉树，如图 5.9(b)所示。多目运算也可以此为例转化为二叉树，以便于安排存储空间。

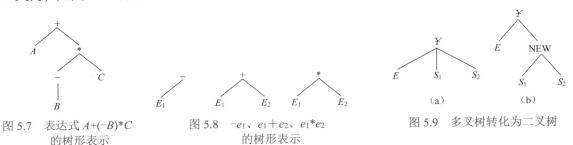

图 5.7　表达式 $A+(-B)*C$ 的树形表示　　　图 5.8　$-e_1$、e_1+e_2、e_1*e_2 的树形表示　　　图 5.9　多叉树转化为二叉树

5.3.3　四元式和三地址代码

四元式主要由 4 部分组成：
$$(i)(op, arg1, arg2, result)$$
其中，op 是运算符，arg1、arg2 分别是第一和第二个运算对象，当 op 是一目运算时，常常将运算对象定义为 arg1。例如，表达式$-C$和赋值语句 $X=a$ 的四元式可分别表示为
$$(i)(@, C, -, T_i)$$
$$(j)(=, a, -, X)$$

四元式的第 4 个分量 result 是编译程序为存放中间运算结果而临时引进的变量，常称为临时变量，如 T_i；也可以是用户自定义变量，如 X。这样在后续的四元式中，若需要引用前面已定义的四元式结果，则可以直接用已定义的变量名 T_i 或 X，而与四元式序号无关。因此，四元式之间的联系是通过临时变量或已定义的变量实现的，这样易于调整和变动四元式，也为中间代码的优化工作带来很大方便。$X=a*b+c/d$ 表达式的四元式序列见图 5.10。

图 5.10　表达式的四元式序列示例

编译系统中，有时将四元式表示成另一种更直观、更易理解的形式——三地址代码。三地址代码形式定义为
$$X = a \ op \ b$$
其中，X、a、b 可为变量名或临时变量名，a、b 还可为常数；op 是运算符，特别注意这种表示法与赋值语句的区别是每个语句的右边只能有一个运算符。据此，图 5.10 的四元式序列可以表示成如下所示的三地址代码序列。

(1)$T_1 = a*b$

(2)$T_2 = c/d$

(3)$T_3 = T_1 + T_2$

(4)$X = T_3$

三地址代码形式突出表现了每个四元式中参加运算的对象和结果变量,因此有两个地址为操作对象的地址,第三个为存放结果的临时变量,或用户自定义变量的地址。这种表示形式有利于中间代码的优化和目标代码的生成。

5.4 自下而上语法制导翻译

自下而上语法制导翻译方法是在自下而上的语法分析过程中逐步实现语义规则的方法,具体实现途径并不困难。要正确理解本节介绍的各种语句的翻译方法,关键是掌握自下而上翻译的特点:① 当栈顶形成句柄执行归约时,调用相应的语义动作;② 语法分析栈与语义分析栈同步操作。

5.4.1 简单算术表达式和赋值语句的翻译

简单算术表达式是一种仅含简单变量的算术表达式,简单变量一般可为变量、常数等,但不含数组元素、结构、引用等复合型数据结构。简单算术表达式的计值顺序与四元式出现的顺序相同,因此很容易将其翻译成四元式形式。当然,对这些翻译方法稍加修改也可用于产生三元式或间接三元式。

实现简单算术表达式和赋值语句到四元式的翻译一般采取下列步骤。

(1)分析文法的特点。

(2)设置一系列语义变量,定义语义过程、语义函数。

(3)修改文法,写出每个规则式的语义子程序。

(4)扩充 LR 分析栈,构造 LR 分析表。

考虑以下文法

$$A \rightarrow i = E$$
$$E \rightarrow E + E \mid E * E \mid -E \mid (E) \mid i$$

(文法 5.2)

显而易见,上述文法具有二义性,通过确定算符的结合性以及对算符规定优先级别等方法可避免二义性的产生。

对此文法写出语义子程序,以便在进行归约的同时执行语义子程序。这些语义子程序中设置的语义变量、语义过程及函数如下。

① 对非终结符 E 定义语义变量 $E.place$。$E.place$ 表示存放 E 值的变量名在符号表中的入口地址或临时变量名的整数码。

② 定义语义函数 newtemp(),其功能是产生一个新的临时变量名字,如 T_1、T_2 等。具体实现时,每产生一个 T_i,就及时送到符号表,也可以不进符号表,直接将单词值用整数码表示。

③ 定义语义过程 emit(T=arg1 op arg2)。emit 的功能是产生一个四元式,并及时填进四元式表中。

④ 定义语义过程 lookup($i.name$),其功能是审查 $i.name$ 是否出现在符号表中,是则返回其指针,否则返回 NULL。

利用以上定义的语义变量、过程、函数等,根据文法 5.2,写出每个规则式的语义子程序。

(1) $A \rightarrow i = E$ {p = lookup($i.name$);

         if(p == NULL)   error();

         else   emit(p'='$E.place$) }

(2) $E \rightarrow E^{(1)} + E^{(2)}$ {$E.place$=newtemp();

$$\text{emit}(E.\text{place}'='E^{(1)}.\text{place}' + 'E^{(2)}.\text{place})$$

             }

(3) $E \rightarrow E^{(1)} * E^{(2)}$ {$E.\text{place} = \text{newtemp}()$;

                   $\text{emit}(E.\text{place}'='E^{(1)}.\text{place}'*'E^{(2)}.\text{place})$

             }

(4) $E \rightarrow (E^{(1)})$ {$E.\text{place}=E^{(1)}.\text{place};$}

(5) $E \rightarrow i$ {$p = \text{lookup}(i.\text{name})$;

                   if(p!= NULL) $E.\text{place}=p$;

                   else   error();

             }

在规则式（1）的语义子程序中，首先执行语义过程 lookup（$i.\text{name}$），找到变量 i 在符号表中的地址并送到 p，判断 p 是否为空，p 为空时显示出错，否则向四元式表中填入一个四元式（$p = E.\text{place}$），即在归约的同时生成了四元式。

为什么规则（2）右边的两个 E 要加上角序号呢？分析原规则式 $E \rightarrow E + E$，在分析栈中前后两个 E 是没有区别的，但是它们对应符号表中各自不同的入口地址。当右边串符号 $E + E$ 呈现在分析栈顶并即将进行归约时，必须在符号表中分别找到这两个 E 对应的地址，再将它们的"+"运算结果送入新定义的符号表的入口地址。

规则式（3）的语义子程序功能与规则式（2）相似，不同的是执行"*"运算。

5.4.2　布尔表达式的翻译

在程序设计语言中，表达式一般由运算符与运算对象组成。布尔表达式的运算符为布尔算符，即 ¬、∧ 和 ∨，或为 not、and 和 or，其运算对象为布尔变量，也可为常量或关系表达式。关系表达式的运算对象为算术表达式。其运算符为关系运算符，即 <、≤、=、≥、>、≠ 等，关系运算符的优先级相同，但不得结合，其运算优先级低于任何算术运算符。布尔算符的运算顺序一般为 ¬、∧、∨，且 ∧ 和 ∨ 服从左结合，其运算优先级低于任何关系运算符。对布尔运算、关系运算、算术运算的运算对象的类型，可以不区分布尔型或算术型，因为不同类型的变换工作将在需要时强制执行。下面将遵循以上运算约定讨论文法 5.3 生成的布尔表达式。

$$E \rightarrow E \wedge E \mid E \vee \neg E \mid (E) \mid i \text{ rop } i \mid i \qquad \text{（文法 5.3）}$$

布尔表达式在程序设计语言中，不仅用作计算布尔值，还可以作为控制流语句（如 if E then S_1 else S_2，while E do 等）中的条件表达式，以确定程序的控制转向。不论布尔表达式作用如何，按照程序执行的顺序，首先必须计算出布尔表达式的值。

计算布尔表达式的值一般有两种方法：第一种方法是仿照计算算术表达式的思想，按照布尔表达式的运算顺序，一步一步地计算出其真假值。假设逻辑值 true 用 1 表示，false 用 0 表示，布尔表达式 1 or (0 and not 0) and 1 的计值过程为

$$1 \text{ or } (0 \text{ and not } 0) \text{ and } 1 = 1 \text{ or } (0 \text{ and } 1) \text{ and } 1$$
$$= 1 \text{ or } 0 \text{ and } 1$$
$$= 1 \text{ or } 0$$
$$= 1$$

另一种方法是根据布尔运算的特点，实施某种优化措施。即不必一步一步地计算布尔表达式中所有运算对象的值，而是由布尔运算符与主要运算对象共同决定是否计算其他运算对象的值。例如，要计算 $A \vee B$，若计算出 A 的值为 1，由布尔运算 $\vee$ 的取值约定可知，表达式 $A \vee B$ 的值一定为 1。在这样的前提下，$A \vee B$ 的值不受 B 取值的约束，没有必要计算 B 的值。同理，要计算布尔表达式 $A \wedge B$ 的值，若计算出 A 的值为 0，则由布尔运算 $\wedge$ 的取值约定可知，$A \wedge B$ 的值一定为 0，这时没有必要再计算 B 的值。

布尔表达式的计值方法不同，采用的翻译方法也不同。例如，用作计值的布尔表达式可按照算术表达式计值的翻译思想。这样，布尔表达式 $A = B \vee C \wedge D$ 将翻译成如下四元式序列。

(1) if $A = B$ goto (4)

(2) $T_1 = 0$

(3) goto (5)

(4) $T_1 = 1$

(5) $T_2 = C \wedge D$

(6) $T_3 = T_1 \vee T_2$

将布尔表达式翻译成四元式，可按照布尔表达式第一种计值方法，即参照算术表达式计值方法的翻译，由这种方法得到文法 5.3 的每个规则式的语义子程序，详见如下定义。

$E \rightarrow E^{(1)} \vee E^{(2)}$ 　　　　$\{E.\text{place} = \text{newtemp};$

　　　　　　　　　　　　　 $\text{emit}(E.\text{place}'='E^{(1)}.\text{place}' \vee 'E^{(2)}.\text{place}) \}$

$E \rightarrow E^{(1)} \wedge E^{(2)}$ 　　　　$\{E.\text{place} = \text{newtemp};$

　　　　　　　　　　　　　 $\text{emit}(E.\text{place}'='E^{(1)}.\text{place}' \wedge 'E^{(2)}.\text{place}) \}$

$E \rightarrow \neg E^{(1)}$ 　　　　　　$\{E.\text{place} = \text{newtemp};$

　　　　　　　　　　　　　 $\text{emit}(E.\text{place}'=''\neg 'E^{(1)}.\text{place}) \}$

$E \rightarrow (E^{(1)})$ 　　　　　 $\{E.\text{place} = E^{(1)}.\text{place} \}$

$E \rightarrow i^{(1)} \text{ op } i^{(2)}$ 　　　　$\{E.\text{place} = \text{newtemp};$

　　　　　　　　　　　　　 $\text{emit}(\text{if } i^{(1)}.\text{place op } i^{(1)}.\text{place goto nextq} + 3);$

　　　　　　　　　　　　　 $\text{emit } (E.\text{place} = 0);$

　　　　　　　　　　　　　 $\text{emit } (\text{goto nextq} + 2);$

　　　　　　　　　　　　　 $\text{emit } (E.\text{place}=1) \}$

$E \rightarrow i$ 　　　　　　　　 $\{E.\text{place} = i.\text{place}\}$

根据翻译布尔表达式的第二种方法的思想，可用 if-then-else 来解释布尔运算 $\wedge$、$\vee$、$\neg$。

❖ 若有 $A \wedge B$，用 if 语句解释为：if A　then B　else false。

❖ 若有 $A \vee B$，用 if 语句解释为：if A　then true　else B。

❖ 若有 $\neg A$，用 if 语句解释为：if A　then false　else true。

在程序设计语言中，布尔表达式若出现在类似如 if、while 等语句中用作条件控制，这时布尔表达式不仅是计值，其值还决定了程序控制流的转向。例如，在条件语句 if E　then $S^{(1)}$ else $S^{(2)}$ 中，若 E 值为真，则执行语句序列 $S^{(1)}$，E 值为假时执行语句序列 $S^{(2)}$。if 语句的代码结构表示在图 5.11 中。

为了将图 5.11 所示的代码结构，尤其是作为条件控制的布尔表达式 E 正确翻译成四元式

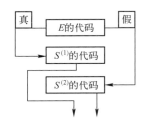

图 5.11　if E then $S^{(1)}$ else $S^{(2)}$
语句的代码结构

序列，定义下面一组控制转向的四元式。

(1)　　　(if E　goto L_i)

(2)　　　(if $E^{(1)}$ rop $E^{(2)}$　goto L_i)

(3)　　　(goto L_j)

四元式（1）表示当 E 为真时，执行标号为 L_i 的四元式，L_i 又被称为布尔式 E 的真出口。四元式（2）表示若 $E^{(1)}$ rop $E^{(2)}$ 为真，则执行四元式 L_i。例如，若有语句 if a<b then $S^{(1)}$，其四元式为

(1)　　　if $a<b$　goto L_i

(2)　　　goto L_j

(3)　　　$L_i : S^{(1)}$ 的第一个四元式

…

标号 L_i 是当关系运算值为真时的出口，也称为真出口。四元式（2）表示无条件转向标号为 L_j 的四元式，L_j 常常用来表示当 E 为假时程序流的转向，因此 L_j 又称为假出口。

对于语句

$$\text{if } a<b \vee c \text{ then } S^{(1)} \text{ else } S^{(2)}$$

若 $a<b$ 为真，可直接执行 $S^{(1)}$ 语句序列，不再计算 c；若 $a<b$ 为假，则计算 c 是否为真，若 c 为真，则执行 $S^{(1)}$ 语句序列，若 c 为假，则执行 $S^{(2)}$ 语句序列。因此，当 $a<b$ 与 c 分别为真时，程序控制流的转向是一致的，即真出口相同，这样根据以上分析得到如下第一组四元式。

(1)　　　if $a<b$　goto（5）

(2)　　　goto（3）

(3)　　　if c　goto（5）

(4)　　　goto　$p+1$

(5)　　　关于 $S^{(1)}$ 的四元式序列

…

(p)　　　goto q

(p+1)　　　　　　　　　　（关于 $S^{(2)}$ 的四元式序列）

…

(q)　　　后继四元式　　　　（第一组四元式）

布尔表达式也有可能在 while 循环语句中作为控制循环体是否继续执行的条件，如 while E do $S^{(1)}$，其中 $S^{(1)}$ 语句序列为循环体。

while 语句的代码结构如图 5.12 所示。

当 E 值为真时，执行语句序列 $S^{(1)}$，当 E 为假时，执行 $S^{(1)}$ 代码序列的第一个后继语句。用控制转向四元式定义如下。

(1)　　　if E goto（3）

(2)　　　goto　$p+1$

(3)　　　关于 $S^{(1)}$ 的四元式序列

…

(p)　　　goto（1）

(p+1)　　后继四元式　　　　（第二组四元式）

图 5.11　if E then S(1) else S(2)
语句的代码结构

四元式（1）中的（3）表示 E 值的真出口，E 值假出口为（p+1）。

分析以上 if 语句与 while 语句的两组四元式，不难发现它们有一个共同的特点，即在生成四元式时，并不是每个四元式中的第四个信息都随着该四元式的生成能够及时填入。例如，前述四元式（1）if $a<b$ goto（5），其中（5）是真出口，生成（1）时，这个转移地址（5）是未知的，什么时候才能有这个值呢，至少处理到 if 语句的 then 时，才能回填这个值。四元式（3）if c goto（5）中的（5）与四元式（1）中的转移地址相同。如果 if 语句的 E 值不成立，即 $a<b$ 不成立，同时 c 为假，那么整个 if 语句的假出口（p+1）也不能及时回填，要处理到 else 时，才能回填。即在由多个因子组成的布尔表达式中，可能有多个因子的真出口或假出口的转移去向相同，但不能立刻知道具体转移位置。在这种情况下，需要把这些转移方向相同的四元式链在一起，一旦发现具体转移目标就回填。

这样在生成用作控制条件的布尔表达式 E 时，就有两条链需要回填，一条是 E 的真出口，用 E.true 表示，也可称为 E 的真链，另一条是 E 的假出口，又称为假链，用 E.false 表示。

以语句 if $a<b\lor c$ then $S^{(1)}$ else $S^{(2)}$ 为例，对整个语句真、假出口的回填描述见图 5.13。

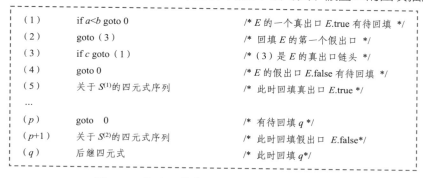

图 5.13　关于 E 的真出口、假出口的回填描述

在语法制导翻译中，为及时回填四元式第四区段信息，还需用到公共变量、过程和函数。

1．四元式（标号或地址）指针 nextq

nextq 的值表示下一条即将要产生的四元式标号（或称地址），nextq 的初值为 1，每生成一个四元式，nextq 自动累加 1。

2．设置非终结符 E 的语义变量 E.bcode

E.bcode 表示非终结符 E 的第一个四元式标号。

3．回填过程 backpatch(p, t)

过程 backpatch(p, t)有两个参数，p 表示待回填链的链首，t 表示回填值。backpatch 的功能是把 p 所链接的每个四元式的第四区段都回填 t。回填时，若原四元式第四区段已有信息，应先保存该信息，再将 t 填入。

4．链接函数 merge(p_1, p_2)

链接函数 merge(p_1, p_2)的功能是将以 p_1、p_2 为链首的两条链合并为一条链，返回合并后的链首。图 5.14（a）表示链接前，p_1、p_2 分别为链首的两条链。链接时，首先沿 p_2 链首顺序找到该链尾所在的四元式，该四元式第四区段值为 0，再将 p_1 填入该四元式的第四区段，即以 p_1

去覆盖 0，返回时，得到链首为函数值 merge 的一条链，如图 5.14（b）所示。

$$r_1(\_,\_,\_,0) \qquad\qquad r_1(\_,\_,\_,0)$$
$$q_1(\_,\_,\_,r_1) \qquad\qquad q_1(\_,\_,\_,r_1)$$
$$p_1(\_,\_,\_,q_1) \qquad\qquad p_1(\_,\_,\_,q_1)$$
$$r_2(\_,\_,\_,0) \qquad\qquad r_2(\_,\_,\_,p_1)$$
$$q_2(\_,\_,\_,r_2) \qquad\qquad q_2(\_,\_,\_,r_2)$$
$$p_2(\_,\_,\_,q_2) \qquad\qquad p_2(\_,\_,\_,q_2)$$

（a）以 p_1、p_2 为链首的两条链　　　　（b）以 p_2 为链首的一条链

图 5.14　链接系数

根据布尔运算的特殊性，用上述函数和过程，采用自下而上的语法制导翻译方法，给出布尔表达式翻译中每个规则式相应的语义子程序，如图 5.15 所示。

（1）$E \rightarrow i$ 　　　　　　　　{E.true = nextq;
　　　　　　　　　　　　　　E.false = nextq+1;
　　　　　　　　　　　　　　E.bcode=nextq;
　　　　　　　　　　　　　　emit(if i.place goto 0);
　　　　　　　　　　　　　　emit(goto 0); }

（2）$E \rightarrow i^{(1)}\text{rop } i^{(2)}$ 　　　{E.true = nextq;
　　　　　　　　　　　　　　E.bcode = nextq;
　　　　　　　　　　　　　　E.false = nextq+1;
　　　　　　　　　　　　　　emit(if $i^{(1)}$.place rop $i^{(2)}$.place goto 0);
　　　　　　　　　　　　　　emit(goto 0); }

（3）$E \rightarrow （E^{(1)}）$ 　　　　{E.true = $E^{(1)}$.true;
　　　　　　　　　　　　　　E.false = $E^{(1)}$.false;
　　　　　　　　　　　　　　E.bcode = $E^{(1)}$.bcode; }

（4）$E \rightarrow \neg E^{(1)}$ 　　　　{E.true = $E^{(1)}$.false;
　　　　　　　　　　　　　　E.false = $E^{(1)}$.true;
　　　　　　　　　　　　　　E.bcode = $E^{(1)}$.bcode};

（5）$E \rightarrow E^{(1)} \vee E^{(2)}$ 　　{backpatch（$E^{(1)}$.false, $E^{(2)}$.bcode）;
　　　　　　　　　　　　　　E.bcode = $E^{(1)}$.bcode;
　　　　　　　　　　　　　　E.true = merge（$E^{(1)}$.true, $E^{(2)}$.true）;
　　　　　　　　　　　　　　E.false = $E^{(2)}$.false; }

（6）$E \rightarrow E^{(1)} \wedge E^{(2)}$ 　　{backpatch（$E^{(1)}$.true, $E^{(2)}$.bcode）;
　　　　　　　　　　　　　　E.bcode = $E^{(1)}$.bcode;
　　　　　　　　　　　　　　E.true = $E^{(2)}$.true;
　　　　　　　　　　　　　　E.false = merge（$E^{(1)}$.false, $E^{(2)}$.false）; }

图 5.15　采用优化措施的布尔表达式的翻译

从规则式（1）$E \rightarrow i$ 的语义子程序中可以看到，用 $E \rightarrow i$ 进行归约后，E 的真链、假链都已有了具体值。规则式（2）至规则（4）归约时与（1）同理。这样，在用规则式（5）进行归约时，$E^{(1)}$ 与 $E^{(2)}$ 的真链、假链都分别有了具体值，根据布尔运算 "$\vee$" 的特点有以下几点。

① 当 $E^{(1)}$ 为假时，计算 $E^{(2)}$，所以 $E^{(2)}$ 的第一个四元式地址（这时已经记录在 $E^{(2)}$.bcode 中）$E^{(2)}$.bcode 这时回填至 $E^{(1)}$ 的假链，因此有 backpatch($E^{(1)}$.false, $E^{(2)}$.bcode)。

② 若 $E^{(1)}$ 为真，无需计算 $E^{(2)}$ 而去执行 $S^{(1)}$ 的第一个四元式，但此时尚未扫描到 "then"，因此保留 $E^{(1)}$ 已经形成的真链首 $E^{(1)}$.true；若 $E^{(2)}$ 为真，其移转地址同 $E^{(1)}$，所以将 $E^{(1)}$，$E^{(2)}$ 的

两个真链 $E^{(1)}$.true，$E^{(2)}$.true 合并为 E 的一条链，用函数 merge 合并 $E^{(1)}$.true，$E^{(2)}$.true 后返回其值，即新链首作为 E 的真链首。

③ 若 $E^{(1)}$ 为假，再计算 $E^{(2)}$，$E^{(2)}$ 也为假，这时整个布尔式 $E^{(1)}$ or $E^{(2)}$ 为假，可见 $E^{(2)}$ 的假出口与整个布尔式的假出口是一致的，此时 $E^{(2)}$ 的假出口 $E^{(2)}$.false 已形成，因此 $E^{(2)}$.false 送到 E.false，有 E.false = $E^{(2)}$.false。

⑤ 尽管有两个变量 $E^{(1)}$，$E^{(2)}$ 参加运算，但按扫描顺序，首先生成 $E^{(1)}$ 的四元式，因此 $E^{(1)}$ 的第一个四元式也是整个布尔式的第一个四元式，所以 E.bcode = $E^{(1)}$.bcode。

同理不难分析规则式（6）的语义子程序。下面是以表达式 $A \vee B < D$ 为例，按图 5.15 的分析思路，顺序生成四元式的过程。

首先，给指示器 nextq 赋初值 1。扫描到 A 时，用 $E \rightarrow i$ 进行归约，根据产生式（1）的语义子程序，有

```
{
    E⁽¹⁾.true = nextq = (1), E⁽¹⁾.false = nextq+1 = (2), E⁽¹⁾.bcode = 1,
    生成四元式 (1)(if A goto 0)
            (2)(goto 0)
}
```

此时 nextq = 3。继续扫描，由自下而上的语法制导翻译可知，这时归约关系运算 $B < D$，用 $E \rightarrow i^{(1)}$ rop $i^{(2)}$ 归约，有

```
{
    E⁽²⁾.true = nextq = 3, E⁽²⁾.false = nextq+1 = 4, E⁽²⁾.bcode = nextq = 3,
    生成四元式 (3)(if B<D goto 0)
            (4)(goto 0)
}
```

这时，nextq=(5)。

继续向上归约，用 $E \rightarrow E^{(1)} \vee E^{(2)}$ 进行归约，有

```
{
    回填 backpatch(E⁽¹⁾.false, E⁽²⁾.bcode)
    E.bcode = E⁽¹⁾.bcode
    E.true = merge(E⁽¹⁾.true, E⁽²⁾.true)
    E.false = E⁽²⁾.false
    因为 E⁽¹⁾.true = (1), E⁽²⁾.true = (3)
    所以，合并后 E.true = (3)，将 E⁽¹⁾.true 放到 E⁽²⁾的链尾
}
```

回填得：$E^{(2)}$.bcode =(3)，将(3)填入 $E^{(1)}$.false，即 goto (3)。

合并 $E^{(1)}$、$E^{(2)}$ 的真链，将 $E^{(2)}$.true 填到以 $E^{(1)}$ 为真链头的一个四元式区段中。最后，$E^{(2)}$ 的假链就是 E 的假链：E.false=$E^{(2)}$.false=4。

得到的一组四元式，如图 5.16 所示。

这时 E.true=3，E.false=4。

```
(1)    (if A goto 0)
(2)    (goto 3)
(3)    (if B′<′D goto 1)
(4)    (goto 0)
```

图 5.16　$A \vee B < D$ 的代码结构

5.4.3　控制语句的翻译

在程序设计语言中，控制语句一般形式为：if-then、if-then-else、while-do。这些语句将

遵循文法 5.4。其中非终结符 L 表示语句串，A 表示赋值语句，S、E 定义同前。

$G[S]$:   (1) $S \rightarrow if\ E$ then $S^{(1)}$

            (2) $S \rightarrow if\ E$ then $S^{(1)}$ else $S^{(2)}$

            (3) $S \rightarrow$ while E do $S^{(1)}$

            (4) $S \rightarrow A$

            (5) $L \rightarrow L^{(1)}$; S

            (6) $L \rightarrow S$ （文法 5.4）

布尔表达式 E 出现在上述语句中作为转移条件，其翻译方法在上一节已介绍，但细心的读者不难发现，图 5.16 展示的 $A \lor B < D$ 的代码结构中，E 的真、假出口 $E.true$ 和 $E.false$ 都是一个待回填的未知数。例如，对 if E then $S^{(1)}$ else $S^{(2)}$，其 $E.true$ 直到扫描到"then"，产生 $S^{(1)}$ 的第一个四元式序号时，才将该标号作为 E 的真链的待填值填入 $E.true$；而 $E.false$ 直到扫描到"else"，产生 $S^{(2)}$ 的第一个四元式序号时，才能将其标号作为 $E.false$ 的假链待填值填入 $E.false$。

翻译过程中涉及的回填和"拉链"技术将在本节着重介绍。

以语句 $S \rightarrow if\ E$ then $S^{(1)}$ else $S^{(2)}$ 为例，进一步分析如下。

语句 $S^{(1)}$ 是 E 为真时的执行体，这个执行体的最后一个四元式必须使控制流不再执行 $S^{(1)}$，因此应该是一个无条件转移四元式（goto 0）。该四元式第四区段值是什么，即它应该转到哪里？纵观整个语句代码结构，它必须到 $S^{(2)}$ 整个语句处理完后再回填这个值，即是 $S^{(2)}$ 后面的第一个四元式序号。如果 $S^{(1)}$ 也是控制语句，当某种条件不满足时，也需从 $S^{(1)}$ 中间某位置转出，还需跳过 $S^{(2)}$ 范围，因此对非终结符 S（和 L）设置有一个语义变量 $S.CHAIN$（和 $L.CHAIN$）记忆跳出该语句执行的跳转语句链，直到翻译完整个控制语句后再回填。

为了在扫描控制语句的每一时刻都不失时机地处理和回填有关信息，可以适当地将文法改写，并据此写出 if 语句各规则式相应语义子程序。

     (1) $S \rightarrow CS^{(1)}$

     (2) $C \rightarrow if\ E$ then

     (3) $S \rightarrow T^p S^{(2)}$

     (4) $T^p \rightarrow CS^{(1)}$ else

根据程序设计语言的处理顺序，首先用规则式（2）$C \rightarrow if\ E$ then 进行归约，这时在"then"后可以产生 E 的真出口地址。因此将"then"后的第一个四元式回填至 E 的真链所串接的跳转语句的目标。E 的假链作为待填信息放在 C 的语义变量 $C.CHAIN$ 中，即

     $C \rightarrow if\ E$ then   { backpatch($E.true$, nextq);

                                 $C.CHAIN = E.false$; }

接着用规则式（1）$S \rightarrow CS^{(1)}$ 继续向上归约。这时已经处理到 $C \rightarrow if\ E$ then $S^{(1)}$。注意，归约时 E 的真链已经处理，由于 E 不成立时转移地址 V 与 $S^{(1)}$ 语句待填的转移地址相同，E 的假出口放在了 $C.CHAIN$ 中，但此时转移地址仍未确定，$S^{(1)}$ 的待填转移地址的链放在了 $S^{(1)}.CHAIN$ 中，所以与 $S^{(1)}$ 的语义值 $S^{(1)}.CHAIN$ 一并作为 S 的待填跳转语句链，用函数 merge() 将这两个待填跳转语句链在一起，其链头值保留在 S 的语义值 $S.CHAIN$ 中，即

     $S \rightarrow CS^{(1)}$ {$S.CHAIN = merge(C.CHAIN, S^{(1)}.CHAIN)$}

如果 if 语句没有"else"及其后续部分，在规则式（1）、（2）归约为 S 后随即可以产生后续第一个四元式地址，以此回填 S 的语义值 CHAIN。如果 if 语句为 if-then-else 形式，用规则

式 $T^P \rightarrow CS^{(1)}$ else 继续归约。

归约时首先产生 $S^{(1)}$ 语句序列的最后一个无条件转移四元式，它的标号保留在 q 中。

(i)	（$S^{(1)}$ 第一个四元式）	/* E 的真出口 */
$\ldots$		
(q)	(goto 0)	/* q 的第四区段有待回填 */
$(\text{next}q)$		/* else 后的第一个四元式，E 的假出口 */

如前所述，q 是整个语句 S 的语义值 $S.\text{CHAIN}$。因为有待回填 q 第四区段的值，与 $S.\text{CHAIN}$ 一样，链在以链头为 $T^P.\text{CHAIN}$ 的链中，用链接函数 merge( ) 实现。过程 emit 产生（q）四元式后，nextq 值自动累加 1，这时 nextq 是 "else" 后的第一个四元式地址，也是 E 的假出口地址，回填该值时 $E.\text{false}$ 即 $C.\text{CHAIN}$ 中。因此

$T^P \rightarrow CS^{(1)}$ else 　　{ q=nextq;
　　　　　　　　　　　emit (goto 0);
　　　　　　　　　　　backpatch($C.\text{CHAIN}$, nextq);
　　　　　　　　　　　$T^P.\text{CHAIN}$ = merge($S^{(1)}.\text{CHAIN}$, q); }

最后用产生式（3）$S \rightarrow T^P S^{(2)}$ 归约。当 $S^{(2)}$ 语句序列处理完后，产生 if 语句的后继语句。这时就有了后继语句的四元式地址，该地址也是整个 if 语句的出口地址，它与 $S^{(2)}$ 语句序列的出口一致。$S^{(2)}$ 的出口待填跳转语句链在 $S^{(2)}.\text{CHAIN}$ 中，因此将 $T^P.\text{CHAIN}$ 和 $S^{(2)}.\text{CHAIN}$ 链接，并以 $S.\text{CHAIN}$ 为链头

$$S \rightarrow T^P S^{(2)} \{S.\text{CHAIN} = \text{merge}(T^P.\text{CHAIN}, S^{(2)}.\text{CHAIN}); \}$$

出现在循环语句 while 中的布尔式翻译方法与上同理，对规则式 $S \rightarrow$ while E do $S^{(1)}$，分解文法如下。

(1) $S \rightarrow W^d S^{(1)}$

(2) $W^d \rightarrow W E$ do

(3) $W \rightarrow$ while

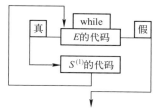

图 5.17　while 语句的代码结构

观察 while 语句的代码结构，如图 5.17 所示，分析到 while 时，首先要记下 E 的第一条四元式的地址，以便在归约到 do $S^{(1)}$ 以后能准确转到该入口。其次，语义值 $W.\text{CHAIN}$ 仍是一个待填跳转语句链，串接所有跳出该 while 语句执行的跳转语句。

什么时候回填呢？因为 E 为真时，执行循环体 $S^{(1)}$ 语句序列，根据 while 语句的特点，$S^{(1)}$ 语句序列的最后一条语句是一条无条件转移语句，该无条件转移语句的目标是转到 E 的第一个四元式去执行；继续判断 E 是否为真，若为真，则再执行 $S^{(1)}$，否则整个控制流将离开 while 语句，去执行 while 语句的后继语句，因此 E 的假出口 $E.\text{false}$ 作为待填信息存放在 $W.\text{CHAIN}$ 与 $S.\text{CHAIN}$ 中。

由 while 语句的执行顺序，首先用规则式（3）$W \rightarrow$ while 归约，这时 nextq 中记下 E 的第一个四元式地址，并保留在 $W.\text{bcode}$ 中，继续扫描。用 $W^d \rightarrow W E$ do 归约。如前所述，扫描完 E 后，应该会产生 $E.\text{true}$、$E.\text{false}$。扫描完 do 后，可以回填 $E.\text{true}$ 值，用 backpatch($E.\text{true}$, nextq)，而 $E.\text{false}$ 要到 $S^{(1)}$ 语句序列全部产生后才能回填，因此作为待填信息，由 $W^d.\text{CHAIN}$ 传下去，$W^d.\text{CHAIN} = E.\text{false}$ 继续往下传。

用规则式（1）$S \rightarrow W^d S^{(1)}$ 归约时，$S^{(1)}$ 语句序列的全部四元式已产生。根据 while 语句代码

结构的特点，最后应无条件返回到 E 的第一个四元式去执行，因此产生四元式(goto W^d.bcode)，同时回填 E 的入口地址到 $S^{(1)}$ 语句序列中所有需要跳转到 E 去执行的跳转语句：

$$\text{backpatch}(S^{(1)}.\text{CHAIN}, W^d.\text{bcode})$$

在无条件转移语句 goto W^d.bcode 后是 while 语句的后继语句。后继语句的第一个四元式地址也是 E 的假出口，E 的假链链首已保存在 W^d.CHAIN 中，将该信息作为整个 while 语句的假链链首保留在 S.CHAIN 中，以便适当时回填。略经整理得到上述文法的语义子程序。

(1) $W \rightarrow$ while { W.bcode = nextq }

(2) $W^d \rightarrow W\ E$ do { backpatch(E.true, nextq);

                         W^d.CHAIN = E.false ;

                         W^d.bcode = W.bcode; }

(3) $S \rightarrow W^d\ S^{(1)}$ {backpatch($S^{(1)}$.CHAIN, W^d.bcode);

                        emit('goto' W^d.bcode);

                        S.CHAIN = W^d.CHAIN; }

按照上述文法及其每个规则式的相应语义动作，并根据布尔表达式和赋值语句翻译方法。例如，语句

```
while A∨B < D do
    if(x>6) then X = X-1
            else Y = X+1
```

将被翻译成如下一组四元式。

```
            100 (if A goto 104)              /* W.bcode = 100 */
            101 (goto 102)
E.true →   102 ifB<D goto 104)
E.false→   103 (goto 0)
            104 (if X>6 goto 106)
            105 (goto 109)
            106 (T₁ = X-1)
            107 (X = T₁)
            108 (goto 100)
            109 (T₂ = X+1)
            110 (Y = T₂)
            111 (goto 100)
            112
```

最后，当该语句分析完毕，转移目标明确以后，将 112 回填在 S.CHAIN，即 E 的假出口 103 中。

5.4.4   循环语句的翻译

一般程序设计语言中，常见到如下形式的 for 循环语句。

     for $i = E^{(1)}$ step $E^{(2)}$ until $E^{(3)}$ do $S^{(1)}$

其中，i 是循环控制变量，$E^{(1)}$ 是 i 的初值，$E^{(3)}$ 是终值，$E^{(2)}$ 称为步长，$S^{(1)}$ 是循环体。for 循环语句的代码结构见图 5.18。

为了简化翻译工作，假设步长 $E^{(2)}$ 为正整数，按高级语言的定义，图 5.18 可以理解为以下

一组基本语句。

$$i = E^{(1)}$$

```
            goto OVER;
AGAIN:      i= i+E^(2);
OVER:       if(i≤E^(3)){
                S^(1);
                goto AGAIN;
            }
```

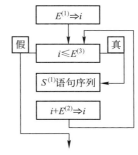

图 5.18　for 循环语句的代码结构

上面一组语句中多次出现循环控制变量 i，因此有必要保存 i 在符号表的地址，用语义函数 lookup(i.name)。为了实现 for 循环语句的翻译，按其代码结构产生正确的四元式序列，并在归约过程中适当处理不同变量值，改写 for 循环语句文法为

（1）$F_1 \rightarrow$ for　$i = E^{(1)}$
（2）$F_2 \rightarrow F_1$　　step $E^{(2)}$
（3）$F_3 \rightarrow F_2$　　until $E^{(3)}$
（4）$S \rightarrow F_3$　　do $S^{(1)}$　　　　　　　　　　　　　　　　　　（文法 5.5）

文法 5.5 每个规则式相应的语义子程序如下。

```
(1) F₁→for i=E⁽¹⁾ { emit(lookup(i.name)=E⁽¹⁾.place;   /* i=E⁽¹⁾ */
                    F₁.place=lookup(i.name);           /* 保存控制变量 i 在符号表中的地址 */
                    F₁.CHAIN=mklist(nextq);            /* 构造以序号 nextq 为链首的跳转语句链 */
                    emit(goto 0);                      /* goto OVER */
                    F₁.bcode = nextq;}                 /* 将 AGAIN 的地址保存在 F₁.bcode 中 */
(2) F₂→F₁ step E⁽²⁾{ F₂.bcode=F₁.bcode;               /* 将 AGAIN 地址传下去 */
                    F₂.place=F₁ .place;                /* 将控制变量的值传下去 */
                    emit(F₁.place=F₁.place+E⁽²⁾.place);
                    backpatch(F₁.CHAIN, nextq); }      /* 回填上面的 goto OVER */
(3) F₃→F₂ until E⁽³⁾ { F₃.bcode=F₂.bcode;             /* 继续下传 AGAIN 地址 */
                    q=nextq;
                    emit(if F₂.place≤E⁽³⁾.place goto q+2);
                    F₃.CHAIN = mklist(nextq);          /* 保存下面转离循环的地址 */
                    emit(goto 0); }                    /* 转离循环 */
(4) S→F₃ do S⁽¹⁾ { emit(goto F₃.bcode);              /* goto AGAIN */
                    backpatch(S⁽¹⁾.CHAIN, F₃.bcode);  /* 回填 AGAIN 地址*/
                    S.CHAIN=F₃.CHAIN;}                 /* 转离循环地址留待处理外层 S 时再回填 */
```

按照文法 5.5 及其每个规则式相应的语义动作和赋值语句的翻译方法，for 循环语句为

　　　for i=1 step 10　until N　do k:=k+1

可以翻译成如下四元式序列。

100	i=1	（$i=E^{(1)}(=1)$）
101	goto 103	（goto OVER）
102	i=i+10	（$i=i+E^{(2)}$）
103	if (i≤N)　goto 105	（i≤N，goto 105）
104	goto 108	（i≤N 不成立时，转离循环体）
105	T_1=K+1	
106	K=T_1	（$K=K+1$）

5.4.5　简单说明语句的翻译

程序设计语言中，程序中的每个名字（如变量名）都必须在使用前进行说明。说明语句的功能就是对编译系统说明每个名字及其性质。简单说明语句的一般形式是用一个基本字来定义某些名字的性质，如整型变量、实型变量等。

简单说明语句语法定义如下。

$$D \rightarrow \text{in teger} \langle namelist \rangle \mid \text{real} \langle namelist \rangle$$
$$namelist \rightarrow \langle namelist \rangle, \text{id} \mid \text{id} \qquad （文法 5.6）$$

其中，integer、real 为基本字，用来说明名字的性质，分别表示整型、实型，相应的翻译工作是将名字及其性质登录在符号表中。

用上述文法的规则式进行归约时，按照自下而上制导翻译，首先将所有名字 id 归约为一个名字表 namelist 后，才能将 namelist 中所有名字的性质登录在符号表里。这样必须用一个队列（或栈）来保存 namelist 中的所有名字。这就好像对一批人员注册，先准备一个能容纳所有人员的房间，待全体人员都在房间到齐后再成批注册。事实上，采取每到一个人员就进行及时注册的方法，不需占用房间。这样既省空间又省时间，还可以避免一些错误。为此，在扫描过程中，每遇到一个名字，就把它及其性质及时登录在符号表中。归约过程中涉及这些名字及其性质时，可以直接到符号表中进行查找，而不需占用额外空间保存 namelist 中名字的信息。基于上述思想，文法 5.6 改写成文法 5.7 如下。

$$D \rightarrow D^{(1)}, \text{id} \mid \text{integer id} \mid \text{real id} \qquad （文法 5.7）$$

根据文法 5.7 而设计的语义动作如下。

（1）　　$D \rightarrow \text{integer id} \{ \text{FILL(id, int)};$
　　　　　　　　$D.\text{ATT=int} \}$

（2）　　$D \rightarrow \text{real id} \{ \text{FILL(id, real)};$
　　　　　　　　$D.\text{ATT:=real} \}$

（3）　　$D \rightarrow D^{(1)}, \text{id} \{ \text{FILL(id}, D^{(1)}.\text{ATT)};$
　　　　　　　　$D.\text{ATT:=}D^{(1)}.\text{ATT} \}$

D 的语义子程序中设置了一个过程和一个语义变量。过程 FILL(id, A)的功能是把名字 id 和性质 A 登录在符号表中。考虑到一个性质说明（如 integer）后有可能是一系列名字，设置非终结符 D 的语义变量 $D.\text{ATT}$ 传递相关名字性质。

5.4.6　含数组元素的赋值语句的翻译

在程序设计语言中，数组是用来存储有规律或同类型数据的数据结构，数组中每个元素在计算机中占有相同的存储空间 w。w 又称为**存储宽度**。如果在编译时就已知道一个数组存储空间，称该数组为**静态数组**，否则为动态数组。本节主要讨论静态数组元素的引用如何翻译。

数组的一般定义为

$$a[l_1:u_1,l_2:u_2,\cdots,l_k:u_k,\cdots,l_n:u_n]\,(1\leq k\leq n)$$

其中，a 是数组名，l_k 称为数组下标的下限，u_k 为上限。变量 k 为数组的维数。如 $k=1$，称为一维数组，$k=2$ 时为二维数组，$k=n$ 时为 n 维数组。

计算机中最简单的方法是用一组连续存储单元来表示一个数组，因此可看成一维结构。若数组 $a[l_1:u_1]$ 的元素存放在一维连续单元里，每个元素宽度为 w，则数组元素 $a[i]$（$l_1\leq i\leq u_1$）的地址可以定义为

$$b_1+(i-l_1)*w$$

其中，b_1 是数组 a 的第一个元素的相对地址，称为**起始地址**。整理上式后，得到

$$i*w+(b_1-l_1*w)$$

注意到括号中的 b_1、l_1、w 等 3 项值在处理数组说明时可以计算出来，设

$$C=b_1-l_1*w$$

得到 $i*w+C$。因此，可以得到一维数组元素 $a[i]$ 的相对地址。

对于二维或二维以上的数组，必须事先约定存储顺序。常见的有按行序存放或按列序存放。若 a 是一个 2 行 3 列的二维数组 $a[1:2,1:3]$，按行或按列存放的结果见图 5.19。

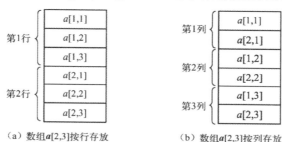

（a）数组 $a[2,3]$ 按行存放　　（b）数组 $a[2,3]$ 按列存放

图 5.19　数组 a 按行或列分别存放结果

比较图 5.19 的（a）与（b），数组元素 $a[1,3]$ 在图（a）中是第 3 个元素，而在图（b）中是第 5 个元素。由此可见，存储方式的不同，导致数组中同一个元素的相对地址不同。因此，计算地址的规律也不尽相同。若以图 5.19（a）为例，设数组 a 每个元素的存储宽度 $w=1$，初始地址 $b=1$，则元素 $a[1,3]$ 的相对地址为

$$b+(i-1)*3+(j-1)$$

经整理得到

$$(b-4)+(3*i+j)$$

可以按上式将有关参数值代入，得到数组元素 $a[1,3]$ 的地址为 3。

设 n 维数组 a 中每个元素存储宽度 $w=1$，b 是数组 a 的首地址，若按行存放，则 a 的第 i 个元素 $a[i_1,i_2,\cdots,i_n]$ 的地址 D 为

$$D=b+(i_1-l_1)d_2d_3\cdots d_n+(i_1-l_1)d_3d_4\cdots d_n+\cdots+(i_{n-1}-l_{n-1})d_n+(i_n-l_n)$$
$$(d_i=u_i-l_{i+1},i=1,2,\cdots,n)$$

按照上面分解的特点，整理得到

$$D=\text{bap}+\text{vap}$$

其中

$$\text{bap}=a-(\cdots((l_1d_2+l_2)d_3+l_3)d_4+\cdots+l_{n-1}d_n+l_n$$
$$\text{vap}=(\cdots((i_1d_2+i_3)d_3+i_3)d_4+\cdots+i_{n-1}d_n)+i_n$$

分析 bap 中的各项，如 l_i、d_i（$i=1,2,\cdots,n$），在处理说明语句时就可以得到。因此，bap 值可以在编译时计算出来后保存在数组 a 的相关符号表项里。以后只要是计算数组 a 中的元素，仅计算 vap 值，直接调用 bap 值，避免了多次重复计算。

实现数组元素的地址计算时，产生两组四元式序列。一组产生基本地址 bap，其值存放在临时单元 T_1 中；另一组计算 vap 值，将其存放在另一个临时单元 T 中。用 $T_1[T]$ 表示数组元素的地址。这样，对应数组元素的引用和赋值就有两种四元式。

① 变址存数。若有 $T_1[T]=X$，可用四元式表示为 $([]=,X,-,T_1[T])$。

② 变址取数。若有 $X=T_1[T]$，则四元式为 $(=[],T_1[T],X,-)$。

计算数组元素地址，并且要与数组引用时的文法联系起来，是对于含有数组元素的赋值语句的翻译的主要问题。

定义一个含有数组元素的赋值语句 S 的文法为

（1）$S \to V = E$

（2）$V \to i[< \text{elist} >] \mid i$

（3）$< \text{elist} > \to < \text{elist} >, E \mid E$

（4）$E \to E + E \mid (E) \mid V$ （文法 5.8）

文法 5.8 中各非终结符的含义如下。

❖ S：赋值语句。

❖ V：变量名。

❖ 简单变量名或数组名。

❖ E：算术表达式。

❖ 〈elist〉：由逗号分隔的表达式，表示数组的一个下标。

注意到用规则式（2）、规则式（3）进行归约时，因为每处理到一对数组下标，都可以先计算基本地址，为此，改写规则式为

$(2') V \to < \text{elist} >] \mid i$

$(3') < \text{elist} > \to < \text{elist} >^{(1)}, E \mid i \mid [E$ （文法 5.9）

在规则式（1）、规则式（2）语义子程序的实现过程中，对非终结符 V 设置两个语义值 $V.\text{off}$ 和 $V.\text{place}$。语义值 $V.\text{off}$ 是区别 V 是简单变量名或是下标变量名的标志。若 i 是一个简单变量名，则 $V.\text{off}$ 为 null，$V.\text{place}$ 是该变量名在符号表的入口；i 是下标变量名时，$V.\text{off}$ 是保存 Vap 的临时变量名的整数码，而 $V.\text{place}$ 是保存 bap 的临时变量名的整数码。

除此之外，还需设置如下参数。

① 语义变量 elist.ARRAY，表示数组名在符号表的入口。

② 语义变量 elist.DIM 为计数器，计算数组维数。

③ 语义变量 elist.place，登录已经生成的 bap 的中间结果单元名字在符号表中的位置，或是一个临时变量的整数码。

④ 函数过程 LIMIT(ARRAY, k)，参数 ARRAY 表示数组名在符号表的入口，k 表示数组维数。过程 LIMIT 计算数组 ARRAY 的第 k 维长度 d_k。

以下列出文法 5.8 及文法 5.9 各规则式的主要语义动作。

（1）$S \to V = E$ { if $V.\text{off}$=null

then emit($V.\text{place}$'='$E.\text{place}$) /* V 是一个简单变量 */

else   emit(V.place[V.off] '='E.place)   /* V 是一个下标变量 */
    }

(2) $V \to i$ { V.place=i.place;   /* 若 i 是简单变量名时，V.off 为 null，V.place
                                                为 i 在符号表的入口*/

        V.off=null; }

(3) $V \to <$ elist $>$]   { V.place=newtemp;
                        emit(V.place=elist.ARRAY$-C$);
                        V.off=elist.place; }

(4) $<$ elist $> \to i[E$ { elist.place=E.place;
                        elist.DIM=1;
                        elist.ARRAY=i.place; }

当 i 是数组名时，用该规则式归约，扫描符号"["后的第一个 E，即第一个下标，所以数组维数 elist.DIM=1。将下标变量 E 值作为可变量 vap 的中间结果单元名字在符号表的位置，记录数组名 i 的符号表入口。

(5) $<$ elist $> \to <$ elist $>^{(1)}, E$ { T = newtemp;
                        K = elist$^{(1)}$.DIM+1;
                        d_k = LIMIT(elist$^{(1)}$.ARRAY, k);
                        emit(t = elist$^{(1)}$.place'*' d_k);
                        emit(t=t'+'E.place);
                        elist.ARRAY=elist$^{(1)}$.ARRAY;
                        elist.place=T;
                        elist.DIM=k; }

(6) $E \to E^{(1)} + E^{(2)}$ { E.place=newtemp;
                        emit(E.place=$E^{(1)}$.place'+'$E^{(2)}$.place); }

(7) $E \to E^{(1)}$ { E.place=$E^{(1)}$.place; }

(8) $E \to V$ { if(V.off == NULL) E.place=V.place
                else { E.place=newtemp;
                    emit(E.place=V.place[V.off]); }}

当 V.off = null 时，V 是简单变量名。将 V 在符号表的入口传入 E。若 V.off $\neq$ null，V 是下标变量名，这时按 V 的不变量 V.place 和可变量 V.off 组成的地址取数。

按照上述翻译规则及语义动作，若定义图 5.22 (a) 中数组 a[2, 3]，即 d_1=2，d_2=3，赋值句 X:=a[i, j]将产生如下四元式序列。

(1) $T_1 = i * 3$ /* $i * d_2 \Rightarrow T_1$ */

(2) $T_1 = T_1 + j$ /* $T_1 + j \Rightarrow T_1$ = vap */

(3) $T_2 = b - 4$ /* $b - d_2 - 1 \Rightarrow T_2$ = bap */

(4) $T_3 = T_2[T_1]$ /* $T_2[T_1] \Rightarrow T_3$ */

(5) $X = T_3$ /* $T_3 \Rightarrow X$ */

赋值句 a[$i+3, j+2$] = $X + Y$ 的四元式序列为

(1) $T_1 = i + 3$

(2) $T_2 = j + 2$

(3) $T_3 = T_1 * 3$

(4) $T_3 = T_2 + T_3$ /* T_3 = vap */

(5) $T_4 = b - 4$ /* T_4 = bap */

(6) $T_5 = X + Y$

(7) $T_4[T_3] = T_5$ /* $T_4[T_3] = T_5$ */

5.4.7 过程和函数调用语句的翻译

过程和函数是程序设计最常用的手段之一，也是程序语言中最常用的一种结构。

过程和函数调用语句的翻译是为了产生一个调用序列和返回序列。如果在过程 P 中有过程调用语句 call Q，那么当目标程序执行到过程调用语句 call Q 时，过程调用步骤如下。

（1）为被调用过程 Q 分配活动记录的存储空间。

（2）将实在参数传递给被调用过程 Q 的形式单元。

（3）建立被调用过程 Q 的外围嵌套过程的层次显示表，以便存取外围过程数据。

（4）保留被调用时刻的环境状态，以便调用返回后能恢复过程 P 的原运行状态。

（5）保存返回地址（通常是调用指令的下一条指令地址）。

（6）在完成上述调用序列动作后，生成一条转子指令，转移到被调用过程的代码段开始位置。

在过程调用结束返回时：

（1）若是函数调用，则在返回前将返回值存放到指定位置。

（2）恢复过程的活动记录。

（3）生成返回地址的指令，返回到过程 P。

编译阶段对过程和函数调用语句的翻译工作主要是参数传递。参数传递的方式很多，在此只讨论传递实在参数地址（传地址）的处理方式。

如果实在参数是一个变量或数组元素，就直接传递它的地址；如果实在参数是其他表达式，如 $A+B$ 或 2，就先把它的值计算出来并存放在某个临时单元 T 中，再传送 T 的地址。

所有实在参数的地址都应存放在被调用过程（如 Q）能够取到的地方。在被调用的过程中，每个形式参数都有一个单元（称为形式单元）用来存放相应的实在参数的地址，对形式参数的任何引用都当作对形式单元的间接访问。当通过转子指令进入被调用过程后，被调用过程的第一步工作是把实在参数的地址取到对应形式单元中，然后开始执行本过程的语句。

传递实在参数地址的一个简单办法是，把实在参数的地址逐一放在转子指令的前面。例如，过程调用 call $Q(A+B, Z)$ 将被翻译成

```
计算 A+B 置于 T 中的代码          /* 生成四元式 (+, A, B, T) */
par T                          /* 第一个实参地址 */
par Z                          /* 第二个实参地址 */
call Q                         /* 转子指令 */
```

这样，在目标代码执行过程中，当通过执行转子指令 call Q 而进入过程 Q 后，Q 可根据返回地址（假定为 K，它是 call Q 后面的那条指令地址）寻找到存放实在参数地址的单元（分别为 $K-3$ 对应 T，$K-2$ 对应 Z）。

根据上述过程和函数调用的目标结构，讨论如何产生反映这种结构的四元式序列。

一种描述过程和函数调用语句的文法 $G[S]$ 如下。

$$G[S]: \quad S \rightarrow \textbf{call} \ i(<\textbf{elist}>)$$
$$<\textbf{elist}> \rightarrow <\textbf{elist}>, E$$
$$<\textbf{elist}> \rightarrow E$$

为了在处理实在参数串的过程中记住每个实在参数的地址，以便最后把它们排列在转子指令 call 之前，需要把这些地址保存起来。用来存放这些地址的有效办法是使用队列数据结构，以便按序记录每个实在参数的地址。我们赋予产生式 $<\textbf{elist}> \rightarrow <\textbf{elist}>, E$ 的语义动作是，将表达式 E 的存放地址 $E.place$ 放入队列 queue；而产生式 $S \rightarrow \textbf{call} \ i(<\textbf{elist}>)$ 的语义动作是，对队列 queue 中四元式的每项 P 生成一个四元式 $(par,\_,\_,P)$，并让这些四元式按顺序排列在对实参表达式求值的那些四元式之后。注意，对实参表达式求值的语句已经在把它们归约为 E 的时候生成了。下面是文法 $G[S]$ 和与之对应的语义加工子程序。

(1) $S \rightarrow \textbf{call} \ i(<\textbf{elist}>)$ {for(队列 queue 中的每项 P)

                                           emit(par, _, _, P);

                                           emit(call, _, _, $i.place$); }

(2) $<\textbf{elist}> \rightarrow <\textbf{elist}>, E$ {将 $E.place$ 加入 queue 的队尾}

(3) $<\textbf{elist}> \rightarrow E$ {初始化 queue 队列，仅包含 $E.place$}

上述（1）中，S 的四元式首先包括 $<\textbf{elist}>$ 的四元式（对各实参表达式求值的四元式），然后还包含依次为每个参数产生的一个四元式 $(par,\_,\_,P)$，最后包括生成 $(call,\_,\_,i.place)$ 的四元式。

5.5 递归下降语法制导的翻译

递归下降分析法是语法分析阶段适合于自上而下分析法的方法之一。用递归下降法进行语法分析的同时，可以在处理一个规则式的适当时候，如使用规则式 $A \rightarrow BCD$，为非终结符 A 寻找匹配式，若当前处理的字符串正是 BCD，则每处理一个符号，如 B、C、D 后，随时加进有关该字符的语义子程序，不需要等到规则式右部所有符号扫描完后再处理。

递归下降分析制导翻译法的特点是将语义子程序嵌入每个递归过程，通过递归子程序内部的局部量和参数传递语义信息。

考虑有关算术表达式的如下文法：

$$(1) E \rightarrow T\{+T\}$$
$$(2) T \rightarrow F\{*F\} \qquad \text{（文法 5.10）}$$
$$(3) F \rightarrow i \mid (E)$$

依据以上递归下降的语法制导思想，分别在非终结符 E、T、F 的递归程序中加入适当语义动作，详细程序如下。

```
E() {                                    /*  E→T{+T}  */
    E(1).place:=T();                     /*  调用过程 T  */
    do{
```

```
        scaner();                                              /* 读进下一个符号 */
        E⁽²⁾.place=T();                                         /* 调用过程 T */
        T₁=newtemp;
        emit(E⁽¹⁾.place=E⁽¹⁾.place'+'E⁽²⁾.place);
    }while(sym='+');
    return(E⁽¹⁾.place);
}
T() {                                                          /* T→F{*F} */
    T⁽¹⁾.place:=F();
    do{
        scaner();
        T⁽²⁾.place:=F();
        T⁽¹⁾=newtemp;
        emit(T⁽¹⁾.place=T⁽²⁾.place'*'T⁽¹⁾.place);
    } while(sym='*');
    return(T⁽¹⁾.place);
}
F() {                                                          /* F→i|(E) */
    if(sym=='i') {
        scaner();
        return(i.place);
    }
    else if(sym=='('){
        scaner();
        F.place=E();
        if(sym==')') {
            scaner();
            return(F.place);
        }
        else
            error();
    }
    else error();
}
```

本章小结

  本章主要介绍语义分析阶段采用的语法制导翻译方法以及中间代码的生成。

  属性文法是说明语义的一种工具。属性描述了计算机处理对象的特征。属性文法定义为一个三元组 $AG = (G, V, E)$，它将文法 G、属性 V 和属性的断言 E 有机结合在一起，准确地描述了处理（或归约或推导）每个规则式时的语义分析工作。属性的断言用语义规则描述，有时用语义子程序描述，这是本章的重点。

  中间代码有多种形式。本章主要介绍了逆波兰式、三元式、间接三元式、树形表示、四元式和三地址代码等。注意各种不同形式之间的区别，读者要求能根据已知条件写出以上各种形式的中间代码。

语法制导翻译技术分为自下而上的语法制导翻译方法和自上而下的语法制导翻译方法。

自下而上语法制导翻译中主要介绍了对简单算术表达式和赋值语句、布尔表达式、控制语句、循环语句、简单说明语句和含数组元素的赋值语句等的翻译。其中主要掌握对简单算术表达式和赋值语句、布尔表达式、条件语句和循环语句等的翻译技术，这是本章的难点。

自上而下语法制导翻译中主要介绍了递归下降的语法制导翻译。

扩展阅读

Irons（1961 年）阐述了如何用综合属性表示语言的翻译。Samelson、Bauer（1960 年）和 Brooker、Morris（1962 年）讨论了调用语义动作的语法分析器的设计思想。Knuth（1968 年）研究了继承属性、依赖图、强无环检测等内容，进一步提出了环形检测的概念和方法。其中扩充例子使用了全局属性训练过程的副作用，这里全局属性和分析树的树根相关联。

Lewis、Rosenkrantz 和 Stearns（1974 年）提出了在语法分析过程中进行翻译的 L 属性文法定义。Bochmann 和 Ward（1978 年）提出了一种机械式预测翻译器构造方法，Jones 和 Madsen（1980 年）提出了一个能在 LR(1) 分析过程中进行计算的属性。Engelfriet（1984 年）对属性计算方法进行了综述。

在 FORTRAN 和 ALGOL60 等早期语言中，对基本类型和类型构造符的限制比较严格，所以类型检查不是严重的问题。因此，它们的编译器将类型检查的描述隐藏在表达式代码生成的讨论中。Sheridan（1959 年）描述了最初的 FORTRAN 编译器对表达式的翻译。该编译器能知道表达式的类型是整型还是实型，但不允许强制类型转换。强制类型转换和重载的结合可能导致二义性。

自测题 5

1. 选择题（从下列各题 4 个备选答案中选出一个或多个正确答案，写在题干中的横线上）

（1）编译中的语义处理有两个任务：一个是_____，另一个是_____。

A. 静态语义审查   B. 审查语法结构

C. 执行真正的翻译   D. 审查语义结构

（2）在编译程序中安排中间代码生成的目的是_____。

A. 便于进行存储空间的组织   B. 利于目标代码优化

C. 利于提高目标代码的质量   D. 利于编译程序的移植

（3）编译过程中比较常见的中间语言有_____。

A. 逆波兰式   B. 三元式   C. 四元式   D. 树形表示

（4）中缀表达式 $-a+b*(-c+d)$ 的逆波兰表示是_____。

A. $a@bc@d+*+$ B. $abc@d+*+@$

C. $a@bcd+@*+$ D. $abcd+@*+@$

（5）后缀式 $iiii-/\uparrow$ 的中缀表达式是_____。

A. $i\uparrow(i/(i-i))$ B. $(i-i)/i\uparrow i$

C. $i\uparrow(i-i)/i$ D. $(i-i)\uparrow i/i$

2. 填空题

给出下列文法的适合自下而上翻译的语义动作，使得当输入串是 $aacbb$ 时，其输出串是 12020。

（1） $A\to aB$ {_____}

（2） $A\to c$ {_____}

（3） $B\to Ab$ {_____}

3. 判断题（对下列叙述中的说法，正确的在题后括号内打"√"，错误的打"×"）

（1）对任何一个编译程序来说，产生中间代码是不可缺少的一部分。   （   ）

（2）目前多数编译程序进行语义分析的方法采用语法制导翻译法，这是因为语法制导翻译法是一种形式化系统。   （   ）

（3）一个属性文法包含一个上下文无关文法和一系列语法规则。   （   ）

（4）文法符号的属性有两种，一种称为继承属性，另一种称为综合属性。   （   ）

（5）自下而上语法制导翻译法的特点是语法分析栈与语义分析栈不需同步操作。   （   ）

（6）自下而上语法制导翻译法的特点是栈顶形成句柄，在归约之前执行相应的语义动作。   （   ）

（7）逆波兰表达式 $ab+cd+*$ 所代表的中缀形式的表达式是 $a+b*c+d$ 。   （   ）

（8）赋值语句 $A=A+B*C\uparrow(D\div E)/F$ 的逆波兰表示是 $AABCDE\div\uparrow F/+=$ 。   （   ）

（9）表达式 $-(a+b)*(c+d)-(a+b+c)$ 的四元式表示是：

$(1)(T_1=a+b)$

$(2)(T_2=-T_1)$

$(3)(T_3=c+d)$

$(4)(T_4=T_2*T_3)$ （   ）

$(5)(T_5=a+b)$

$(6)(T_6=T_5+c)$

$(7)(T_7=T_4-T_6)$

习 题 5

5.1   给出下面表达式的逆波兰表示。

（1） $a*(-b)+c$ （2） $a+b*(c+d/e)$

（3） $-a+b*(-c+d)$ （4） $\neg A\vee\neg(C\vee\neg D)$

（5） $(A\wedge B)\vee(\neg C\vee D)$ （6） $(A\vee B)\vee(C\vee\neg D\wedge E)$

（7）if $(x+y)*z$ then $(a+b)\uparrow c$ else $a\uparrow b\uparrow c$

5.2   表达式 E 的"值"描述如下：

        产生式   语义动作

(1) $S' \rightarrow E$ { print E.val }

(2) $E \rightarrow E^{(1)} + E^{(2)}$ { E.val=$E^{(1)}$.val+$E^{(2)}$.val }

(3) $E \rightarrow E^{(1)} * E^{(2)}$ { E.val=$E^{(1)}$.val*$E^{(2)}$.val }

(4) $E \rightarrow (E^{(1)})$ { E.val=$E^{(1)}$.val }

(5) $E \rightarrow n$ { E.val=n.lexval }

如采用 LR 分析法，给出表达式 $(5*4+8)*2$ 的语法树并在各结点注明语义值 VAL。

5.3　现有文法 G：

$$E \rightarrow E+T \mid T$$
$$T \rightarrow T*F \mid F$$
$$F \rightarrow P \uparrow F \mid P$$
$$P \rightarrow (E) \mid i$$

在其递归下降语法分析程序内添加产生四元式的语义动作。

5.4　修改下面的文法并给出语义动作（便于填写名字和性质）。

$D \rightarrow$ namelist integer | namelist real　namelist $\rightarrow i$, namelist | i

5.5　什么是属性文法？

5.6　语法制导翻译的基本思想是什么？

第6章
符号表的组织和管理

CP

本章学习导读

　　编译过程中始终涉及对一些语法符号的处理，需要用到这些语法符号的相关属性。为了在需要的时候能找到这些语法成分及其相关属性，必须使用一些表格保存这些语法成分及其相关属性，这些表格就是符号表。符号表是编译程序中主要的数据结构之一。本章主要介绍如下 3 方面的内容：

- ❖ 符号表的作用
- ❖ 符号表的组织
- ❖ 符号表的建立和查找

6.1　符号表的作用

符号表是编译程序中主要的数据结构之一,主要用来存放程序语言中出现的有关标识符的信息。编译程序处理标识符时主要涉及两部分内容,其一是标识符自身,其二是与标识符相关的信息。这些信息又包括:标识符的类型,如实型、整型、布尔型等;标识符的种属,如数组名、变量名、过程名、函数名等;标识符的作用域,如全局变量或局部变量等。

在对程序语言进行编译的过程中,常常需要处理出现在程序语言中的标识符及相关信息。如在词法分析中每识别到一个标识符,编译程序就要查阅符号表,若符号表中没有该标识符的定义,则将标识符及其相关信息登录在符号表中。在语义分析时,符号表中的内容可以用于语义检查。代码优化时,编译程序将利用符号表提供的信息选出恰当的代码进行优化。目标代码生成时,编译程序将依据符号表中的符号名分配目标地址。由此可见,编译过程的各阶段都要访问符号表。因此,合理地组织和管理这些符号表显得尤为重要。

本章将介绍符号表的作用、内容、组织和管理办法,同时介绍一个基于 Linux 操作系统的小型 C 语言编译系统中的符号表结构。

因为编译程序的不同分析阶段都要使用符号表,所以设置符号表的内容时要充分考虑各阶段的不同需要,使编译程序在各阶段访问符号表的效率尽量高,同时使符号表自身占用存储空间少。

符号表的每项通常由两部分组成。第一部分是名字栏,其内容为标识符名,也称为主栏。在程序设计语言中,一个标识符可以是一个变量名、函数名、过程名等。每个标识符通常是由若干非空格字符组成的字符串,一般情况下,这个字符串在整个程序中是唯一的,因此在符号表的名字栏中将它作为名字填入也是唯一的。由于查填符号表是通过检验名字是否匹配来实现的,因此主栏的内容又称为关键字。

符号表的另一部分是与名字有关的信息栏,包括若干子栏和标志位,用来记录标识符的不同特征。标识符的用途不同,保存名字的信息就不同,设计的表项格式也可以不一致。有时为了使信息统一,把不同的信息放在表外,在符号表中设置指针指向表外信息的地址。

在一个符号表上可以进行下列操作。

(1)往表中填入一个新标识符。

(2)对给定标识符:① 查找它是否已在表中;② 访问它的某些信息;③ 往表中填入或更新某些信息。

(3)更新或删除一个或一组无用的项。

符号表的作用体现在如下几方面。

首先,当编译程序扫描到语言程序中标识符的说明部分时,根据说明语句的功能,符号表应能记录标识符的相关信息,例如,某语言程序中具有如下说明语句。

```
    ...
    int      x, y[10];
    float    w;
    ...
```

则编译程序首先检查符号表，看符号表的名字栏中是否已有标识符 x、y、w，若没有，则将这些标识符顺序填入符号表的名字栏，同时向相应的信息栏中依次填入每个标识符的特征，即 x 是一个整型简单变量，y 是一个具有 10 个元素的整型数组，w 是一个浮点型简单变量。

其次，符号表内容为上下文语义的合法性检查提供依据。有时某个标识符会出现在语言程序中的不同地方，那么什么地方出现是合法的，什么地方出现是不合法的，需要通过符号表及其相应特征的查询才能确定标识符属性在上下文中的一致性和合法性。例如，在一个 C 语言中出现以下说明语句。

```
...
int      A[2,3];
float    A[4,5];
int      A[2,3];
...
```

通过查阅符号表，发现 A 已经在符号表中被登录为一个具有 2×3 个元素的整型数组，接着扫描到 float A[4, 5]时，发现标识符 A 已经在符号表中，这时编译程序检测到标识符 A 的重定义错误；继续扫描到第二个 int A[2, 3]时，再次出现 A 已在符号表中，并发现有关 A 的第二次重定义冲突。又如，扫描到表达式 x+y，进行运算前，编译程序到符号表中去查阅 x、y 的数据类型，若相同，则允许计算。若 x、y 均为整型，则表达式中的加法应进行定点加法；若 x、y 均为实型，则进行浮点加法。当数据类型不一致时，如果程序设计语言不允许不同类型变量的加法运算，这时编译程序应能报错：x、y 的数据类型不一致。如果允许不同类型变量运算，编译程序将按照转换其中一个结构较简单的变量类型为原则。例如，x 是整型，y 是实型，则先将 x 的值转换为实型数值，再进行浮点运算；当 x 是一个字符型，而 y 是一个整型时，必须先将 x 的字符型转换为整型值，再进行定点加法运算。

最后生成目标代码时，符号表中的内容又是编译程序分配存储地址的依据。根据符号表中关于符号和信息的说明，编译程序可以分别将符号表中的符号名安排在不同的存储区域，如公共区、静态存储区、动态存储区等。对处在同一区域中的符号名，根据它们在语言程序中出现的先后顺序，再确定它们在某区域中所处的具体位置。

6.2 符号表的组织

由于处理对象的作用和作用域可以有多种，因此符号表也有多种组织方式。按照处理对象的特点，符号表的组织方式一般可以分为直接方式和间接方式。

直接组织方式是指在符号表中直接填入源程序中定义的标识符及其相关信息，如图 6.1 所示。其中，名字栏的长度是固定的，结构很简单，因此方便填写和查找。这种方式适合规定标识符长度的程序语言。

然而，并不是所有高级语言都规定标识符定长。如果标识符长度不加限制，上述方式必将按最大长度定位，显然很浪费存储空间。因此，不定长标识符一般用间接方式组织符号表。

间接组织方式是指单独设置一个字符串数组，其中存放所有标识符，在符号表的名字栏中设置两项内容：指针和整数，指针指向标识符在数组中的位置，整数值表示标识符的长度。符号表的间接组织方式如图 6.2 所示。

Name	Information
STU	...
AGE	...
PRI	...

图 6.1　直接组织方式的符号表

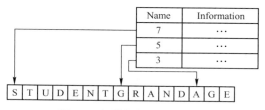

图 6.2　间接组织方式的符号表

另一类组织方式是按标识符的种属，如简单变量、数组、过程等，同一种属的标识符建立一张符号表，这样就有简单变量名表、数组名表、过程名表等。按这种方式，以下程序段

```
SUBROUTINE INSERT(M,N)
10  K=M+1
    M=M+4
    N=K
    RETURN
END
```

经编译前期处理后产生的主要表项有简单变量名表、常数表、入口名表 ENT、标号表等，如图 6.3 所示。

简单变量名表

Name	Information
M	整型，变量，形参
N	整型，变量，形参
K	整型，变量

（a）

常数表

Value
1
4

（b）

入口名表ENT

Name	Information
INSERT	二目子程序，入口地址

（c）

标号表

Label	Information
10	标号10对应的四元式序号

（d）

图 6.3　按标识符种属组织的各种符号表

根据符号表名字栏的组织特点，符号表信息栏的组织方式也可以分为两类：固定信息内容和仅记载信息地址。

如果名字栏中的标识符按种属分类，由于同类标识符具有的基本特征一致，可以将这些信息一一记录在信息栏中。例如，对简单变量名，其信息栏中可以记录以下几点。

❖　类型：整型、实型、布尔型、字符型、指针型等。

❖　长度：所需的存储单元数。

❖　相对数：存储单元的相对地址。

上述简单变量名表相应的信息栏内容如图 6.4 所示。其他按种属分类的符号表信息栏都可以用同类方法处理。

如果符号表中名字不分种属，由于不同种属的标识符特征不一致，它们所需存储的信息也不一致，不容易确定一个固定长度的空间统一安排，这时可以在符号表外另设一组存储空间，在符号表信息栏中附设一个指针，指向表外存储空间的地址。例如，对数组标识符，需要存储有关数组的维数等信息，如果将信息与名字一起全部集中在一张符号表中，由于维数不同，记录该信息的空间不易确定，通常给它们定义一个信息表，称为数组信息表（或内情向量表），表中记录数组的全部信息，同时在符号表的信息栏中设置一个指针，该指针指向内情向量表的入口地址，如图 6.5 所示。当需要查找、填入或更新数组的有关信息时，先在符号表找到数组标识符，再根据信息栏中的指针，访问相应的数组信息表。函数名、过程名等含信息量较多且不容易规范信息长度的标识符可以用类似的方法建立专用信息表，存放那些不宜全部存放在符号表中的信息，同时在符号表中存放信息表的地址信息。

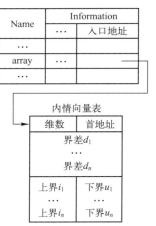

Name	类型	长度	相对数
a	字符串	10	a_1
b	整数	2	b_1
c	布尔变量	1	c_1
…	…	…	…

图 6.4　固定信息栏长度的符号表　　图 6.5　记载数组内情向量的符号表

　　设置符号表信息栏的内容时，还要考虑标识符在源程序中的不同作用域。作用域不同，信息栏的内容也不同。如果高级语言程序具有分程序结构的特点，即具有嵌套性，这时一个标识符的作用域就是包含该标识符说明的最小分程序。在符号表中应能体现哪些标识符可以使用，哪些标识符不能使用。如果高级语言程序由主程序段和若干过程段组成，即呈积木式，不具嵌套性，按照标识符的作用域，变量、数组和函数名的作用范围就是其说明语句所在的程序段。若采用一遍扫描的编译程序，因为逐段生成目标代码，不需保留局部变量名，所以仅记录全局变量名，如外部过程名和公用区名。若是一个多遍扫描的编译程序，每处理完一个程序后，不仅要保存全局变量信息，还要保存局部变量信息，以便编译后续工作时使用。

　　实现符号表的一种简洁而又实用的方法是链式表结构。下面是在 Linux 操作系统环境下开发的一个小型 C 语言编译系统中，按照标识符种属分类的原则，设计并实现的一个符号表结构实例。在这个系统中，所有标识符构成一个标识符链。函数名构成一条链，各函数的局部变量构成一条链，函数参数构成一条链。每个标识符具有两个名字：cName 和 sName。cName 是标识符在源程序中的名字，而 sName 是标识符在目标代码中的名字。cName 可以同名，而 sName 在整个程序中都是唯一的。

　　sName 是在 cName 的基础上加上前缀或后缀得到的。例如，全局变量的 sName 是在其cName 上加上前缀_global，而函数的局部变量的 sName 为"_函数名_cName"。这样既能保证合理的变量的 sName 在整个程序中都是唯一的，又有利于区别变量的作用域。

　　标识符表单元的具体结构如下。

```
typedef struct vartab {
    struct vartab *next;
```

```
    struct vartab  *funcNext;
    struct vartab  *funcPre;
    struct vartab  *paraPre;
    char  cName[MAX_ID_LENGTH+2];
    char  sName[MAX_ID_SNAME_LENGTH];
    int   type;
    CDBUF  *initCode;
    int   other;
} VARTAB;
```

对这些成员变量分别说明如下。

❖ next：指向标识符中的下一个结点。

❖ funcNext：指向函数局部变量链中的下一个结点。

❖ funcPre：指向函数局部变量链中的前一个结点。

❖ paraPre：指向函数参数链中的前一个结点。

❖ cName：标识符在源程序中的名字。

❖ sName：标识符在目标代码中的名字。

❖ type：标识符类型。

❖ initCode：与标识符相关的初始化代码。

❖ other：用来存放其他消息。

与标识符链紧密相关的另一个数据结构是 FUNCTAB，每个函数对应一个 FUNCTAB 结点，所有函数与一个系统自定义的函数_global 一起，共同构成一条函数链。函数链的每个结点都有一个指针 pName，指向函数名在标识符链中对应的结点，通过该结点的 paraPre 指针，我们就可以访问该函数的所有入口参数。同时，函数链的每个结点都有另一个指针 pVar，指向该函数对应的函数局部变量链，而通过该指针，可以访问该函数所有的局部变量。全局变量可以通过全局函数_global 访问，因为系统把所有全局变量都当作全局函数_global 的局部变量处理。FUNCTAB 结构中的另外两个成员 next 和 reType 的作用如下：前者指向函数链中的下一个结点，后者用来记录函数返回值的类型。

FUNCTAB 定义如下。

```
typedef struct functab{
    struct functab  *next;
    VARTAB  *pName;
    VARTAB  *pVar;
    int   reType;
}FUNCTAB;
```

综上所述，整个符号表包括以下数条链。

① 标识符链：每个结点对应一个标识符，所有标识符的结点构成标识符链。每个标识符的 sName 都是唯一的。

② 函数链：每个结点对应一个函数，所有函数的结点和全局函数_global 对应的结点一起构成函数链。

③ 函数参数链：每个函数都有一条函数参数链，参数链的每个结点对应该函数的一个参数；若函数没有参数，则其对应的参数链为空。

④ 函数局部变量链：每个函数都有一条局部变量链，局部变量链的每个结点对应该函数的一个局部变量；若函数没有局部变量，则其对应的局部变量链为空。系统自定义的全局函数 _global 对应的局部变量链即对应该程序的所有全局变量。

6.3　符号表的建立和查找

在编译程序中，符号表是一个主要的数据结构。插入、查找和删除这三种基本操作的效率根据数据结构的不同而变化很大。因此，讨论符号表的建立和查找实质上是对不同结构组织策略的研究和对不同结构效率的分析。

建立符号表可以用不同的数据结构，如线性表、搜索树（二叉搜索树、AVL 树、B 树）、散列表等。

1. 线性表

线性表是一种基本的数据结构，能够提供三种基本操作，并且易于实现。表的大小是线性的，其查找和删除的效率比较稳定，因此这种方式很实用。

线性表中每一项的先后顺序可以按先来先服务的原则排列。如果程序设计语言对说明语句是显式说明，可以根据变量在说明语句中出现的先后，顺序填入符号表的名字及相关信息。若程序语言对说明语句采用隐式方式，则按名字首次被引用的先后顺序填入符号表。查找时，从符号表的第一项开始，直到当前位置，若还没有找到这个名字，则说明该名字不在表中。

若线性表中含有 n 项名字和信息，查找其中一次的平均比较次数为 $n/2$，显然查询效率较低，但由于线性表的结构简单而且节省空间，所以许多编译程序仍采用线性表。

自适应线性表是在原线性表结构的基础上，给每项附设一个指示器。这些指示器把所有的项按"最新最近"访问原则连接成一条链，使得在任何时候，这条链上的第一个元素所指的项就是最新最近被查询过的项，第二个元素所指的项是次新次近被查询过的项，以此类推。每次查表时都按这条链所给的顺序执行，一旦查到，就立刻修改这条链，使得链头总是指向刚刚查到的项。每当填入新项时，也总是让链头指向这个最新项。这种方法改善了查找效率，但是编译程序要多管理一条链。

Name	Information
a	...
b	...
i	...
j	...

图 6.6　按有序方式组织的符号表

2. 二分查找和二叉树

为了提高查表速度，在建立符号表时可以考虑将名字栏按名字的大小顺序排列，符号表中的表项按符号的代码串的值（可以作为一个整数值）从小到大或从大到小排列。图 6.6 表示四个标识符 a、b、i、j 从小到大的顺序排列符号表。

假定表中已有 n 项，要查找某项 k，步骤如下。

（1）将 k 与中项 $\lfloor n/2 \rfloor$ 进行比较，若相等，则查找成功。

（2）若 k 小于中项，则继续在 $1 \sim \lfloor n/2 \rfloor$ 的范围内查找。

（3）若 k 大于中项，则继续在 $\lfloor n/2 \rfloor \sim n$ 的范围内查找。

每次查找后，其查找的范围就减少 1/2，下一次继续查找，若未找到，仍将查找范围一分为二。用这种查找法，每查找一项至多进行 $1 + \log_2 n$ 次比较。这种方法的查找效率虽然有所提高，但对于一个边填写边引用的不定长符号表，每填进一项就引起表中内容重新排序。排序本身也花费了时间和空间。

用二叉树的组织方式可以改进上述方式的不足。二叉树方式是令符号表的每一项为一个结点 P，每个结点有左、右两个分支，分别用指针 $P.Left$、$P.Right$ 表示。符号表名字栏的内容作为结点的值，用 $P.val$ 表示，如图 6.7 所示。组成二叉树的原则是：左分支的任何结点值都大于结点 P 的值，右分支的所有结点的值都小于结点 P 的值。

每当向符号表中填入一项，即在二叉树中增加一个结点。首先，令符号表第一项为根结点 P_0，其左、右指针为 nil。加入新结点 k 时，将 k 与结点 $P_0.val$ 相比较。若 $k > P_0$，则 k 存入 $P_0.Left$；若 $k < P_0$，则 k 存入 $P_0.Right$。若 P_0 的左（或右）不空时，将 $P_0.Left$（或 $P_0.Right$）作为根结点，继续按上述原则查找，直至 k 成为一个新叶结点成功插入。由 4 个标识符 i、b、a、j 组成的二叉树如图 6.8 所示。

$$P.Left.val > P.val > P.Right.val$$

$P.Left$	$P.val$	$P.Right$

图 6.7　二叉树结点　　　　　　　　　　图 6.8　二叉树

在随机的情况下，二叉排序树的平均查找长度为 $1 + 4\log_2 n$。较之二分查找，虽然查找速度略低，但因为有左、右指针能动态生成结构，大大减少了符号排序的时间，并且每查找一项所需比较次数仍和 $\log_2 n$ 成比例，所以二叉树仍不失为一种实用的方法。

3．散列法

散列（Hash）法，又称为杂凑法或哈希法，是上述线性表和二叉树两种方法的折中。散列法的基本思想是：设置一个足够大的空间 M，构造一个散列函数 $H(K_i)$，函数值的取值范围为 $0 \sim M-1$，即 $0 \leqslant H(K_i) \leqslant M-1$（$i = 1,2,3,\cdots,n$），这样查找 K_i 时，$H(K_i)$ 就决定了 K_i 在 M 中的位置。由此可见，构造散列函数是散列法的关键问题。构造散列函数，首先考虑函数值应能均匀地分布在 $0 \sim M-1$ 之间。其次，由于填查符号表的频率较高，函数的计算应简单、高效。构造散列函数的方法较多，如可以设 M 为素数，将 $H(K_i)$ 定义为 K_i / M 的余数。

在符号表中实施散列法时，应将标识符转换为 $0 \sim M-1$ 范围的一个整数，一般遵循以下步骤。

（1）将标识符中的每个字符转换为一个非负整数，可以用编译器内部的转换功能实现。例如，Pascal 的 ord 函数可以将字符转换成整数，得到的通常是其 ASCII 值。

（2）用一定的方法将（1）中得到的整数组合成一个整数。用字符的不同整数值组成一个非负整数，一种简单的方法是约定开头的那个字符值，或将第一个、中间的和最后一个字符值加在一起。有时这样会引起冲突，如标识符 temp1 和 temp2 或 X1temp 和 X2temp 等。因此选择的方法中要包括每个名字中的所有字符。将所有字符的值加起来是当前流行的一种方法。当然这样也有可能冲突，如 tempX 和 Xtemp。解决这些问题显然并不难，可以用数学方法解决。

（3）将结果数调整到 $0 \sim M-1$ 范围内。用上面提到的数学上的取模（mod）函数很容易将一个非负整数调整到 $0 \sim M-1$ 范围内。函数 mod 返回 K_i / M 所得的余数。这个函数在 Pascal 语言中称为 mod，在 C 语言中用%表示。注意，使用时，M 是一个素数。

由于用户定义标识符的随机性，散列函数值在 $0 \sim M-1$ 范围内不一定唯一。若散列函数值不唯一，则意味着标识符在 M 中的存储位置冲突。例如，设 $M=13$，$H(K_i)$ 为 K_i / M 的余数，则 $H(01)=1$，$H(14)=1$，$H(27)=1$，这时发生地址冲突。常常用一个链表（散列）解决地址冲突，如图 6.9 所示。

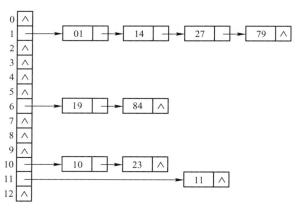

图 6.9　解决散列冲突的链表

设置一个散列表，使所有相同散列值的符号名连接成一条链，如果出现地址冲突，就顺着这条链继续查找。

散列查找法的平均查找长度约为

$$-(1/a)\ln(1-a)$$

其中 $a = n / M$，称为装填因子。上式说明查找频率是装填因子 a 的函数，而不是 n 的函数。

因此，不管表长 n 多大，总可以选择到一个合适的装填因子以便将平均查找长度限定在一定范围内。

本章小结

本章主要介绍了符号表的作用、内容和组织方法，并讨论了对符号表的几种不同建立和查找方法，主要有线性表、二分查找和二叉树查找以及散列法。

符号表是编译程序中的一个主要数据结构，用来存放程序语言中出现的有关标识符的属性信息。符号表有三种操作，即填入、查找和更新，其中查找的操作频率最高，因此精心设计查找方法尤为重要。

查找方法一般因符号表的组织结构而定。线性表和自适应线性表都是较简单的方法，其名字栏的内容按关键字的顺序填写，线性表的平均查找次数为 $n/2$。若名字栏中的标识符是有序排列，则可用二分法查找。二分查找法建表慢，查表快。二叉树查找法是将每一个标识符作为二叉树的一个结点值，按照二叉树的生成原则，动态排列标识符。该方法建表快，查表慢。二分查找和二叉树查找的平均次数与 $\log_2 n$ 成比例。散列查找法的关键是设计一个散列函数，使得能在一个确定的空间 M 中，对每个标识符 K_i，满足

$$0 \leqslant H(K_i) \leqslant M - 1 \ (i = 1, 2, \cdots, n)$$

对散列查找法要设法解决由散列函数值不唯一而引起的"地址冲突"。用散列法组织的符号表，其上的三种操作几乎都能在恒定的时间内完成，因此实用性大，在实践中也最常使用。

符号表的作用和组织方式是本章的重点。读者学习查找方法时注意结合数据结构知识，对几种方法有比较地学习，掌握查找方法的基本思想。

扩展阅读

Knuth、Aho 等人（1973 年）详细讨论了符号表的数据结构和搜索算法。Knuth 等人还讨论了散列的核心技术。McKeeman（1976 年）对符号表组织技术进行了详细讨论。

自测题 6

1. 选择题（从下列各题 4 个备选答案中选出一个或多个正确答案，写在题干中的横线上）

（1）在编译过程中，符号表的主要作用是_____。

A. 帮助错误处理　　　　　　　　　　B. 辅助语法错误检查

C. 辅助上下文语义正确性检查　　　　D. 辅助目标代码生成

（2）符号表的查找一般可以使用_____。

A. 顺序查找　　　　B. 折半查找　　　　C. 杂凑查找　　　　D. 排序查找

2. 判断题（对下列叙述中的说法，正确的在题后括号内打"√"，错误的打"×"）

名字就是标识符，标识符就是名字。　　　　　　　　　　　　　　　　（　　）

习 题 6

6.1　符号表的作用是什么？

6.2　符号表的组织方式有哪几种？

6.3　如何建立和查找符号表？

第 7 章
代码优化

CP

本章学习导读

某些编译程序在中间代码或目标代码生成之后要对生成的代码进行优化。本章主要介绍如下 4 方面的内容：

- ❖ 优化的基本概念
- ❖ 基本块内的局部优化
- ❖ 基于循环的优化
- ❖ 窥孔优化

7.1 优化概述

源语言程序经过词法分析、语法分析、语义分析等编译前期工作，得到了不改变原来程序运行结果且与原来程序功能等价的中间代码。中间代码的质量是否最优（代码质量由目标代码所占空间和执行速度衡量）？与之等价的目标代码是否最优？采用什么技术使代码质量最优？这些都是本章将要讨论的问题。

对一个编译系统来说，每采用一种优化技术，就要考虑诸如实现数据结构的优化对其他优化产生的影响，优化工作本身对编译速度的影响等问题。解决这些问题无疑给编译系统带来额外的开销。因此，要确定采用上述哪些优化技术，具体要根据语言的实际情况而定。通常，采用那些仅增加最少编译复杂度而大大提高代码质量的技术。当然，也不可忽视某些看似简单却对代码的执行速度影响很大的基本方法。

提高代码质量的技术常称为代码优化。根据代码优化是否涉及具体的计算机来划分，代码优化可分为两大类。一类是与机器有关的优化，一般在目标代码上进行，包括寄存器的优化、多处理机的优化、特殊指令的优化等。有时因为这种优化只观察中间代码或目标代码的相邻部分，并对其进行优化，所以又称为窥孔优化。另一类是与机器无关的优化，在中间代码上进行。根据优化对象所涉及的程序范围，分为局部优化、循环优化和全局优化等。

通常为了使优化不依赖于目标机器的特性，主要的优化工作在中间代码上进行。这时的问题是，优化应用于程序的哪些部分？下面举例说明对一段程序的中间代码如何进行优化。

【例 7.1】 设 A、B 分别为两个一维数组，它们的初始地址分别表示为 $\mathrm{addr}(A)$、$\mathrm{addr}(B)$。源程序段是

```
S = 0;
for(i=1; i<=20; i++)
    S = S + A[i]*B[i];
```

若机器按字节编址，按照 5.4 节中关于循环语句的翻译，可以得到一组中间代码。略经整理并用三地址码形式表示在图 7.1 中。在图 7.1 示例的中间代码中，根据程序流向的特点，分为 B_1、B_2 两块。B_1 是循环体外的语句序列，B_2 是可重复执行的循环体语句序列。通过等价变换，将尽量减少循环体中的语句；同时，尽可能减少无实际意义的重复计算与赋值，尽可能降低机器运算的级别，如机器运算加法比运算乘法快。这些优化操作不仅简化了中间代码，还有利于提高代码的执行速度。

1. 删除公共子表达式（删除多余运算）

公共子表达式是指在一个基本程序块内计算结果相同的子表达式。对相同的子表达式只在第一次出现时计算且仅计算一次，其结果暂存入 T_i，在以后重复出现的地方直接引用 T_i，而不必重复计算，这样既节约了空间，又节省了时间。这种优化称为删除公共子表达式，也称为删除多余运算。

图 7.1 所示代码的 B_2 中公共子表达式 $4*i$ 出现在四元式(3)和四元式(6)中，而从四元式(3)到四元式(6)之间没有对子表达式中的变量 i 重新赋值，因此 $T_1 = T_4$，第二个 $4*i$ 也是多余的运算，可以删除，将原四元式(6)改为 $T_4 = T_1$。

```
        ┌──────────────────────┐
   B₁   │ (1) S=0              │
        │ (2) i=1              │
        └──────────────────────┘
        ┌──────────────────────┐
        │ (3) T₁=4*i           │  /*计算A可变部分*/
   B₂   │ (4) T₂=addr(A)-4     │  /*计算A不可变部分*/
        │ (5) T₃=T₂[T₁]        │
        │ (6) T₄=4*i           │  /*计算B可变部分*/
        │ (7) T₅=addr(B)-4     │  /*计算B不可变部分*/
        │ (8) T₆=T₅[T₄]        │
        │ (9) T₇=T₃*T₆         │
        │ (10) S=S+T₇          │
        │ (11) i=i+1           │
        │ (12) if i≤20 goto(3) │
        └──────────────────────┘
        真              假
```

图 7.1　中间代码示例

2. 代码外提

代码外提是指将循环中的不变运算提到循环体前面。处在循环体内的不变运算,不论循环体重复执行多少次,都不影响其计算结果,这样的运算只会浪费代码执行时间。因此将这类运算提到循环体外并不影响程序运行结果,还可加快代码执行速度。

对于图 7.1 的 B_2 的四元式

（4）　$T_2 = \mathrm{addr}(A) - 4$

…

（7）　$T_5 = \mathrm{addr}(B) - 4$

由于 $\mathrm{addr}(A)$、$\mathrm{addr}(B)$ 已知, T_2、T_5 的值不随循环的执行而变化,因此将四元式(4)、四元式(7)提到 B_2 前面,这样得到图 7.2。

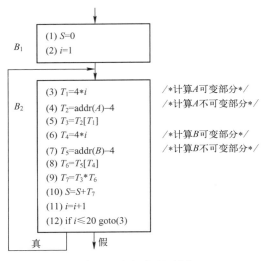

图 7.2　经删除公共子表达式和代码外提后的中间代码

3. 强度削弱

强度削弱是指在不改变运算结果的前提下,将程序中执行时间长的运算替换成执行时间短的运算。对于计算机的二进制算术运算,运算加法一般比运算乘法的速度快。如果能在循环中进行这种变换,其优化效果更是显而易见。因此,推广到一般,对中间代码级的运算应尽可能降低运算级别。

在图 7.2 中,分析四元式(3) $T_1 = 4*i$, i 是循环控制变量,每循环一次, i 增加一个步长值。对本例,每循环一次, i 值加 1。由四元式(3)知, T_1 随 i 的增加而有规律地变化。

$$i = 1 \quad T_1 = 4*i = 4*1$$
$$i = 2 \quad T_1 = 4*i = 4*2$$
$$\cdots$$
$$i = k \quad T_1 = 4*k = 4*k$$

根据以上结果,将四元式(3)改为如下形式。

（3）　$T_1 = 4*i$　　　提到循环外

...

(3') $T_1 = T_1 + 4$　　循环体内

由此得到图 7.3，其中 goto 语句的标号因四元式 (3) 外提而改为 (5)。

4. 变换循环控制条件（删除归纳变量）

for 循环中，控制变量 i 的作用域是本循环体。如果在循环体内存在一个变量（或临时变量）T 与循环控制变量 i 保持线性关系，同时在循环后面不引用 i，而除去 i 又不影响程序结果，则可由 T 取代 i 的控制循环次数的作用。从循环中删除 i，这种方法称为变换循环控制条件，或称为删除归纳变量。

在图 7.3 中，i 与 T_1 保持 $T_1 = 4 * i$ 的线性关系。假设在循环体外不引用 i，则循环控制条件可以改变为 $i \leqslant 20 \Rightarrow T_1 \leqslant 80$。

5. 合并已知量

已知量是指常数或在编译时就能确定其值的变量。合并已知量是指若参加运算的两个对象在编译时都是已知量，则可以在编译时直接计算它们的运算结果，不必等到程序运行时再计算。

在图 7.3 的 B_1 中，四元式 (2) $i = 1$ 后的两个四元式中没有改变 i 值，四元式 (3) $T_1 = 4 * i$ 中参加运算的两个对象都为已知。因此，变换四元式 (3) 为 $T_1 = 4$，如图 7.4 所示。

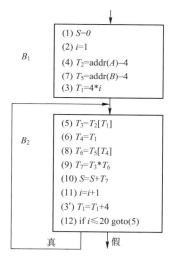

图 7.3　经强度削弱后的中间代码

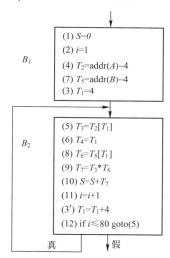

图 7.4　合并已知量、复写传播后的中间代码

6. 复写传播

复写传播是指尽量不引用那些在程序中只传递信息而不改变其值，也不影响其运行结果的变量。在图 7.3 中，T_4 就是这样一种变量。四元式 (6) $T_4 = T_1$ 和四元式 (8) $T_6 = T_5[T_4]$ 中的 T_4 的值没有变化，所以可以在四元式 (8) 中直接引用 T_1。

如果在后继程序中不再使用 T_4，这时 T_4 成为无用的赋值，便于下面删除无用赋值实现优化。经复写传播优化后的代码表示在图 7.4 中。

7. 删除无用赋值

对赋值语句 $X = Y$，若在程序的任何地方都不引用 X，这时该语句执行与否对程序运行结

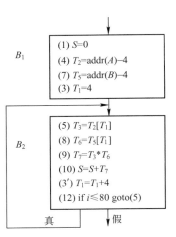

B_1
(1) $S=0$
(4) $T_2=\text{addr}(A)-4$
(7) $T_5=\text{addr}(B)-4$
(3) $T_1=4$

B_2
(5) $T_3=T_2[T_1]$
(8) $T_6=T_5[T_1]$
(9) $T_7=T_3*T_6$
(10) $S=S+T_7$
(3′) $T_1=T_1+4$
(12) if $i\leqslant 80$ goto(5)

真   假

图 7.5　经删除无用赋值后的中间代码

果没有任何作用，这种语句称为无用赋值语句，可以删除。删除无用赋值语句，一是减少了无用的变量，二是使代码更简洁。图 7.4 的四元式 (2)、四元式 (6)、四元式 (11) 都是无用赋值。删除后得到图 7.5 所示的代码序列。

比较图 7.1 与图 7.5，可以发现优化后的代码序列具有以下特点。

❖ 减少了循环体内可执行代码（由 10 条减至 6 条）。

❖ 减少了乘法运算的次数（由 3 次降为 1 次）。

❖ 减少了全程范围内使用的变量，如 i、T_4 等变量。

综上可知，经过一系列优化后，代码的执行效率明显提高。当然，优化工作越多，编译系统的代价就会越大。因此，对某种程序设计语言翻译要实施什么优化要视语言的特点具体分析，力争设计一个最适应本语言特点的优化策略。

7.2　局部优化

局部优化（local）定义为应用于代码的线性部分的优化，也就是代码中没有转入或转出语句。一个最大的线性代码序列称为基本块的优化。在优化前，通常将代码序列按以下定义划分为一个一个的基本块，再在基本块内进行优化。

7.2.1　划分基本块的方法

基本块是指代码序列中一组顺序执行的语句序列，其中只有一个入口、一个出口，并且入口是基本块的第一个语句，出口是基本块的最后一个语句。因此，划分基本块实质上就是要准确定义入口、出口语句。下面给出划分基本块的算法。

1．从四元式序列确定满足以下条件的入口语句

① 四元式序列的第一个语句。

② 有条件转移语句或无条件转移语句能转到的语句。

③ 紧跟在条件转移语句后面的语句。

2．确定满足以下条件的出口语句

① 下一个入口语句的前导语句。

② 转移语句（包括转移语句本身）。

③ 停语句（包括停语句本身）。

3．构造基本块，删除不属于任何基本块的语句

基本块一般可以实行三种优化：合并已知量，删除无用赋值和删除多余运算。合并已知量和删除多余运算相对易于实现。对删除无用赋值，因为无法确定一个变量在基本块外是否被引

用，所以仅局限在一个基本块。

若某变量 A 赋值后，在该值被引用前，对 A 又重新赋值，则此时对 A 的赋值无效。

【例 7.2】 给以下四元式序列划分基本块。

(1) read C (4) $L_1: A = A + B$ (7) goto L_1

(2) $A = 0$ (5) if $B \geqslant C$ goto L_2 (8) $L_2:$ write A

(3) $B = 1$ (6) $B = B + 1$ (9) halt

根据划分基本块的算法可以确定，四元式 (1)、(4)、(6)、(8) 是入口语句，四元式 (3)、(5)、(7)、(9) 是出口语句，因此分为 4 个基本块，得到如图 7.6 所示的程序流图。

7.2.2 基本块的无环路有向图表示

常常使用无环路有向图（Directed Acyclic Graph，DAG）对基本块进行优化。

例如，在图 7.7 所显示的 DAG 中，结点 n_6 是结点 n_9 的祖先，n_9 是 n_6 的后代。

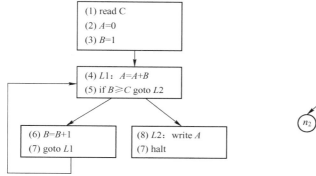
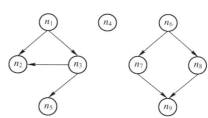

图 7.6　例 7.2 的程序流图　　　　　　图 7.7　无环路有向图

能够用来进行基本块优化的 DAG 是一种其结点带有下述标记或附加信息的 DAG。

① 图的叶结点，即无后继的结点，以一标识符变量名或常数作为标记，表示该结点代表该变量或常数的值。如果叶结点用来表示变量 A 的地址，就用 addr(A) 作为该结点的标记。通常，把叶结点上作为标记的标识符加下标 0，以表示它是该变量的初值。

② 图的内部结点，即有后继的结点，以一个运算符作为标记，表示该结点代表应用该运算符对其直接后继结点所代表的值进行运算的结果。

③ 各结点上可能附加一个或多个标识符，表示这些变量具有该结点所代表的值。

以上形成过程可用来描述计算过程，称为描述计算过程的 DAG，下面简称为 DAG。

基本块由一系列四元式组成。每个四元式都可以用相应的 DAG 结点形式表示。图 7.8 列出了四元式及其相对应的 DAG 结点形式。

利用 DAG 进行基本块优化的基本思想是：首先，按顺序对一个基本块内的所有四元式构造成一个 DAG；然后，按构造结点的次序将 DAG 还原成四元式序列。构造 DAG 的同时已进行了局部优化，那么最后得到的四元式序列已经经过了优化。

习惯上，将图 7.8 的四元式按对应结点的后继结点个数分为 4 类。

❖ 0 型四元式：后继结点为 0，如四元式 (1)。

❖ 1 型四元式：有 1 个后继结点，如四元式 (2)。

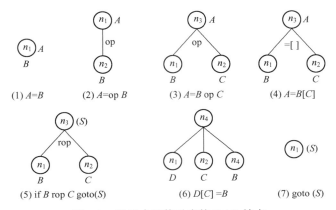

$$(1)\ A=B \qquad (2)\ A=op\ B \qquad (3)\ A=B\ op\ C \qquad (4)\ A=B[C]$$

$$(5)\ if\ B\ rop\ C\ goto(S) \qquad (6)\ D[C]=B \qquad (7)\ goto(S)$$

图 7.8　四元式及其对应的 DAG 结点

❖ 2 型四元式：有 2 个后继结点，如四元式（3）、（4）、（5）。

❖ 3 型四元式：有 3 个后继结点，如四元式（6）。

在下面介绍的由基本块构造 DAG 的算法中，假设每个基本块仅含 0、1、2 型四元式。用大写字母，如 A、B 等，表示四元式中的变量名（或常数），函数 Node(A) 表示 A 在 DAG 中的相应结点，其值可为 n 或无定义，n 表示 DAG 中的一个结点值。

由基本块构造 DAG 的算法如下。设 DAG 为空，对基本块的每个四元式，按顺序执行如下步骤。

（1）若 Node(B) 无定义，则构造一标记为 B 的叶结点并定义为 Node(B)，判断当前四元式：若为 0 型，则记 Node(B) 的值为 n，转（4）；若为 1 型，则转（2）中的①；若为 2 型且 Node(C) 无定义，则构造一个标记为 C 的叶结点并定义为 Node(C)，转（2）中的②。

（2）① 若 Node(B) 是标记为常数的叶结点，则转（2）中的③，否则转（3）；② 若 Node(B) 和 Node(C) 都是标记为常数的叶结点，则转（2）中的③，否则转（3）；③ 合并已知量。

执行 op B（或 B op C），令新常数为 p。若 Node(B)（或 Node(C)）是处理当前四元式时新构造出来的结点，则删除它。若 Node(p) 无定义，则构造一个用 p 进行标记的叶结点 n。置 Node(p)=n，转（4）。

（3）寻找公共子表达式。检查 DAG 中是否有满足如下条件的一个结点：① 其唯一后继为 Node(B) 且标记为 op；② 其唯一左后继为 Node(B)，右后继为 Node(C)，且标记为 op。

若不满足以上一个条件，则构造该结点 n，否则把已有的结点作为它的结点，并设该结点为 n，转（4）。

（4）若 Node(A) 无定义，则把 A 附加在结点 n 上，并令 Node(A)=n，否则 A 为非叶结点时，先把 A 从 Node(A) 结点的附加标识符集中删除（Node(A) 为叶结点时，其标记不删除），把 A 附加到新结点 n 上，并令 Node(A)=n。转处理下一四元式。

【例 7.3】　构造以下基本块的 DAG。

$$(1)\ T_0 = 3.14 \qquad\qquad (6)\ T_3 = 2 * T_0$$

$$(2)\ T_1 = 2 * T_0 \qquad\qquad (7)\ T_4 = R + r$$

$$(3)\ T_2 = R + r \qquad\qquad (8)\ T_5 = T_3 * T_4$$

$$(4)\ A = T_1 * T_2 \qquad\qquad (9)\ T_6 = R - r_2$$

$$(5)\ B = A \qquad\qquad\qquad (10)\ B = T_5 * T_6$$

按照算法顺序处理每个四元式后，构造出 DAG，如图 7.9 所示，其中每个子图分别表示处理完四元式（1）、（2）、…、（10）后形成的 DAG 图。

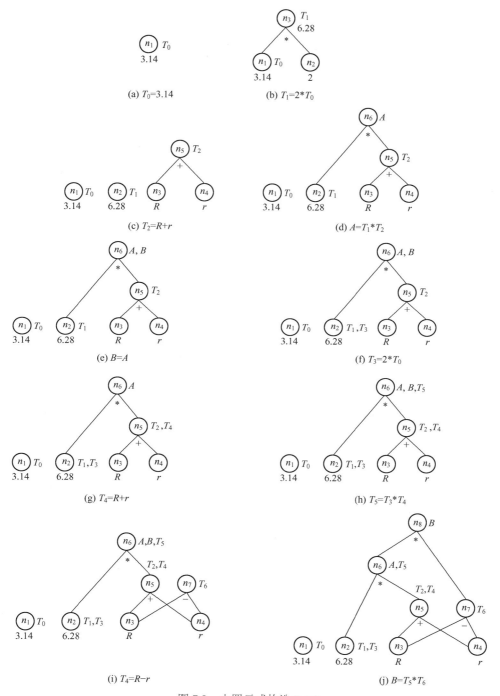

图 7.9　由四元式构造 DAG

观察图 7.9（b），对当前四元式 $T_1 = 2 * T_0$，首先执行算法中的步骤（1），判断 Node(B)无定义，构造一个标记为 2 的叶结点并定义为 Node(2)，当前四元式是 2 型，判断 Node(C)已有定义，此时为 Node(T_0)。转步骤（2）中的②，判断 Node(B)=Node(2)和 Node(C)=Node(T_0)都是标记为常数的叶结点，则执行 B op C。令新结点为 p（=6.28），且 p 无定义，构造结点 Node(p)=Node(6.28)，同时因为 Node(B)=Node(2)是处理当前四元式时新构造出来的结点，则删除 n_2，执行步骤（4）：判断 Node(A)无定义，将 T_1 附加在结点 n_3 上，并令 Node(T_1)=6.28。最后 DAG 生成了 2 个结点 n_1 和 n_3，因结点 n_2 被删除，将 n_3 改为 n_2。图 7.9（b）的形成实际上就是合并已知量的优化过程。

图 7.9（d）中 T_1、T_2 已有定义，仅生成一个新结点 n_6，将 A 附加在其上。

图 7.9（e）中，结点 A 已有定义，直接将 B 附加在其上。

图 7.9（f）的处理过程同图 7.9（b），但在生成 p 时，因 p 已在 DAG 中，即 Node(6.28)，故不用生成新结点，直接将 T_3 附加在结点 6.28 上。

图 7.9（g）的生成过程实质上是进行了删除公共子表达式的优化。因为 DAG 中已有叶结点 R、r，并且执行 op 操作后得到的新结点 T_2 也已在 DAG 中，因此执行步骤（4）时，T_4 无定义。将 T_4 附加在结点 n_5 上。

在图 7.9（i）中，变量 R 和 r 已在 DAG 中有相应的结点，执行操作"–"后，产生的新结点 p 无定义，所以仅生成一个新结点 n_7，并在其上附加标志 T_6。

在图 7.9（j）中，对当前四元式 $B=T_5*T_6$，DAG 中已有结点 T_5 和 T_6，执行算法步骤（4），结点 B 已有定义且不是叶结点，先将原 B 从 DAG 中删除，生成一个新结点 n_8，再将 B 附加在其上，令 Node(B)=n_8。这个处理过程实质上删除了无用赋值 $B=A$。

7.2.3　利用无环路有向图进行基本块的优化处理

利用无环路有向图进行基本块优化处理的基本思想是：按照构造无环路有向图结点的顺序，对每个结点写出其相应的四元式表示。

为什么只要按顺序写出四元式，就已经做了基本块上的优化呢？原来在构造无环路有向图（DAG）的过程中，已经分别按照四元式的类型，完成了如下优化。

（1）合并已知量优化，见图 7.9（b），其中主要处理工作按照算法的步骤（2）完成。

（2）删除公共子表达式，见图 7.9（g）。其主要处理工作按照算法的步骤（3）完成。

（3）删除无用赋值，见图 7.9（j），其主要处理工作按照算法的步骤（4）完成。

下面根据 DAG 结点的构造顺序，按照图 7.9（j），写出相应的四元式。

(1) $T_0=3.14$	(6) $A=6.28*T_2$
(2) $T_1=6.28$	(7) $T_5=A$
(3) $T_2=R+r$	(8) $T_6=R-r$
(4) $T_3=6.28$	(9) $B=A*T_6$
(5) $T_4=T_2$	

设优化后的上述一组四元式序列为 G'，较之优化前的一组四元式 G，不但代码总数减少，而且对 G 中的四元式(2) $T_1=2*T_0$ 和(6) $T_3=2*T_0$，在 G' 中已被优化为 $T_1=6.28$、$T_3=6.28$，这是合并已知量的结果；对 G 中的四元式(5) $B=A$，直至在下一个 B 被赋值时都没有被引用，显然是无用赋值，G' 中已被删除；对 G 中具有公共子表达式的四元式(3) $T_2=R+r$ 和(7) $T_4=R+r$，在 G' 中被优化为直接赋值 $T_4=T_2$，避免了对公共子表达式 $R+r$ 的重复计算。

综上所述，利用 DAG 可以方便地进行基本块内的优化处理。

观察图 7.9(j) 中所有叶结点和内结点以及其上的附加标识符，不难发现，它们的特点如下。

① 在基本块外被定值，并在基本块内被引用的所有标识符，就是 DAG 中相应叶结点上标记的标识符。

② 在基本块内被定值，且该值能在基本块后面被引用的标识符，就是 DAG 各结点上的附加标识符。

这些特点可以引导优化工作进一步深入，尤其是无用赋值的优化，主要表现为如下 3 种情况下的优化。

① 如果 DAG 中某结点上的标识符在该基本块后面不会被引用，就可以不生成对该标识符赋值的中间代码。

② 如果某结点 n_i 上没有任何附加标识符，或者 n_i 上附加的标识符在基本块后面不会被引用，而且 n_i 没有前驱结点，这表明在基本块内和基本块后面都不会引用 n_i 的值，于是可以不生成计算 n_i 结点值的代码。

③ 如果有两条相邻的代码 $A=C$ op D 和 $B=A$，第一条代码计算的 A 值仅在第二条代码中被引用，将 DAG 中相应结点重写成中间代码时，原来的两条代码就可以优化为 $B=C$ op D。

根据上述分析，假设图 7.9(j) 中的临时变量 T_0、T_1、T_3、T_4、T_5、T_6 在基本块后面都不引用，并设 S_1 和 S_2 为存放中间结果的临时变量，按照构造 DAG 结点顺序，可以将图 7.9(j) 对应的四元式序列重写为

$$(1)\ S_1 = R + r$$
$$(2)\ A = 6.28 * S_1$$
$$(3)\ S_2 = R - r$$
$$(4)\ B = A * S_2$$

四元式序列 (1)～(4)，显然比 G' 的代码更为简洁，但是否最优呢？观察如下一组四元式

$$(1)\ S_1 = R - r$$
$$(2)\ S_2 = R + r$$
$$(3)\ A = 6.28 * S_2$$
$$(4)\ B = A * S_1$$

它们没有按照原来代码的顺序出现，是按照其他顺序，即 n_7、n_5、n_6 和 n_3 重写四元式，但要满足其中任意内部结点在其后继结点后被重写，并且转移语句（如果存在）仍然是基本块的最后一个语句。后一组四元式生成的目标代码要好于前一组四元式的目标代码。为了得到最优目标代码，可以不按原 DAG 构造结点顺序重写四元式。如何安排四元式的结点顺序问题将在后面章节讨论。

7.3　循环优化

循环语句是程序设计语言中的一种控制语句，常常用来控制那些需要有规律或反复执行的语句序列。由这一语句序列生成的代码序列也称为循环。因为循环需要反复执行，所以对循环实施优化无疑会显著提高目标代码的执行效率。

实施循环优化包括将循环内的代码外提、强度削弱和删除归纳变量等。实施上述优化首先必须将循环与程序中其他语句区别开,因此需要对程序的控制流进行分析,接着定义循环,最后对其实施优化。本节按照这个过程分别介绍程序流图与循环、循环查找、循环优化。

7.3.1 程序流图与循环

对应一个程序的一组中间语言代码要进行循环优化,必须区别哪些中间代码组成循环,哪些中间代码是程序中其他语句。编译技术常常用程序的控制流程图确定程序中的循环结构。

一个程序的控制流程图(简称为程序流图或流图)G 是一个三元组,$G = (N, n_0, E)$。其中:

N 表示流图的有限结点集,流图中每个结点对应程序中的一个基本块,因此实质上是一个程序的基本块集。

n_0 表示唯一的首结点,流图的首结点是包含程序第一个语句的基本块。

E 表示流图的有向边集。一条有向边定义为:设流图中两个结点 i、j 分别对应程序的两个基本块 i、j,若满足下述条件①或条件②,则从结点 i 有一条有向边引向结点 j,记为 $(i \rightarrow j)$。

① i 是 j 的前驱,j 是 i 的直接后继,并且 i 的出口语句不是无条件转移语句 goto(L) 或停语句。

② i 的出口语句是 goto(L) 或 if…goto(L),并且 L 是 j 的入口语句序号。

【例 7.4】 为以下程序构造一个流图。

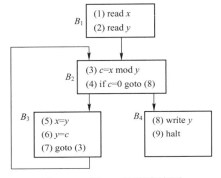

图 7.10 例 7.4 的程序流图

(1) read x	(6) $y = c$
(2) read y	(7) goto (3)
(3) $c = x \bmod y$	(8) write y
(4) if $c = 0$ goto (8)	(9) halt
(5) $x = y$	

先将以上程序划分为 4 个基本块 $B_1 \sim B_4$,再根据流图的定义和程序流向构造有向边,得到程序流图,如图 7.10 所示。

在程序流图中如何确定循环结构呢?分析程序设计语言中循环语句的特点,实现循环语句功能的中间语言代码具有这样的特点:首先,必须是一组可以被重复执行的代码序列 $L_1 \sim L_k$;其次,由于 $L_1 \sim L_k$ 的可重入性,就必须具有一个确定的入口,设为 L_1。L_1 可以是流图的首结点,也可以由循环外某结点(必须是唯一的)转入。

由以上分析可知,在程序流图中,确定为循环结构的一组代码必须满足:① 有且仅有一个入口结点;② 代码序列构成强连通子图,其中任意两个结点之间必有一条通路,而且通路上所有结点都属于该结点序列,若序列只包含一个结点 L_i,则必存在一条有向边 $E_i(L_i \rightarrow L_i)$(如图 7.11 中的结点序列{6})。

在图 7.11 所示的程序流图中,符合以上循环定义的结点序列有 {6}、{4, 5, 6, 7}和{2, 3, 4, 5, 6, 7}。不满足循环条件的代码序列是{2, 4}、{2, 3, 4}、{4, 6, 7}和{4, 5, 7},因为它们虽然是强连通的子图,但其入口结点不唯一。

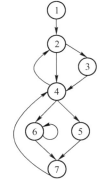

图 7.11 程序流图举例

7.3.2 循环查找

在一个已知的程序流图里,如何确定循环是由哪些结点组成的呢?仔细观察程序流图中各结点的控制关系,根据循环语句的特点和循环的定义不难发现,从循环入口即循环的首结点开始,每个结点都有其后继结点,直至循环的出口结点。同时,从循环的出口结点一定要转向该循环的入口结点,这由循环语句自身的功能决定。因为循环体被执行完后要判断循环条件是否成立,若成立,再重复执行循环体,体现在程序流图中就是循环出口结点至入口结点一定存在一条有向边,由这条有向边的出发结点(循环出口结点)开始往回找前驱结点,直至循环入口结点就是循环。为了区别于其他有向边,称上述有向边为回边,组成这条边的关键结点为必经结点。因此,查找循环的关键就是找回边及其所有与回边有关联的必经结点。

在程序流图中,对任意两个结点 a 和 b,若从流图的首结点出发,到达 a 的任一通路都要经过 b,则称 b 是 a 的必经结点,记为 $b\,\mathrm{DOM}\,a$。流图中结点 a 的所有必经结点的集合称为结点 a 的必经结点集,记为 $D(a)$。

显然,对任意结点 n,都有 $n\,\mathrm{DOM}\,n$,并且循环的入口结点是循环中所有结点的必经结点。若将 DOM 看成流图结点集上定义的一个关系,根据以上定义,它具有以下性质。

❖ 自反性。对流图中任意结点 a,有 $a\,\mathrm{DOM}\,a$。

❖ 传递性。对流图中任意结点 a,b 和 c,若 $a\,\mathrm{DOM}\,b$ 和 $b\,\mathrm{DOM}\,c$,则 $a\,\mathrm{DOM}\,c$。

❖ 反对称性。若 $a\,\mathrm{DOM}\,b$ 和 $b\,\mathrm{DOM}\,a$,则 $a=b$。

由上可见,关系 DOM 是一个偏序关系,因此任何结点 n 的必经结点集是有序集。

例如在图 7.11 中,结点③、⑤、⑥、⑦仅具有自反性,首结点①是所有结点的必经结点,结点②是除结点①以外所有结点的必经结点,结点④是结点④、⑤、⑥、⑦的必经结点。

根据以上定义和 DOM 的性质,求得图 7.11 中各结点的必经结点集 $D(n)$ 为

$$D(1) = \{1\} \qquad D(5) = \{1,2,4,5\}$$
$$D(2) = \{1,2\} \qquad D(6) = \{1,2,4,6\}$$
$$D(3) = \{1,2,3\} \qquad D(7) = \{1,2,4,7\}$$
$$D(4) = \{1,2,4\}$$

分析以上各结点的必经结点集,发现它们都具有以下特点。

① 流图的首结点是图中所有结点的必经结点。

② 循环的首结点是循环中所有结点的必经结点,因此必然出现在组成循环的每个结点的必经结点集中。

③ 每个结点 a 的必经结点集 $D(a) = \{a\} \cup (a$ 的所有前驱结点集的必经结点集的交集),即 $D(a) = \{a\} \cup (\cap a$ 的所有前驱结点集$)$。

例如,结点⑦有两个前驱结点⑤和⑥,则

$$D(7) = \{7\} \cup (D(5) \cap D(6))$$
$$= \{7\} \cup \{1,2,4\} = \{1,2,4,7\}$$

又如,结点⑥有两个前驱结点④和⑥,则

$$D(6) = \{6\} \cup (D(4) \cap D(6)) = \{6,1,2,4\}$$

根据特点③,有如下结论:设 $P_1,P_2,\cdots,P_k$ 是结点 a 的所有前驱且 $b \neq a$,则 $b\,\mathrm{DOM}\,a$ 的充要条件是对所有 P_i($1 \leqslant i \leqslant k$)都有 $b\,\mathrm{DOM}\,P_i$,即 b 是 a 的所有前驱结点的必经结点。

【例 7.5】 计算图 7.11 中各结点的 $D(n)$。

赋初值

$$D(1) = \{1\}$$
$$D(2) = D(3) = D(4) = D(5) = D(6) = D(7)$$
$$= \{1, 2, 3, 4, 5, 6, 7\}$$

对结点②，有两个前驱结点①和④，所以

$$D(2) = \{2\} \cup (D(1) \cap D(4)) = \{2\} \cup \{1\} = \{1, 2\}$$

同理，可得到结点③～⑦的 $D(n)$

$$D(3) = \{3\} \cup D(2) = \{2\} \cup \{1, 2\} = \{1, 2, 3\}$$
$$D(4) = \{4\} \cup (D(2) \cap D(3) \cap D(7)) = \{4\} \cup \{1, 2\} = \{1, 2, 4\}$$
$$D(5) = \{5\} \cup D(4) = \{5\} \cup \{1, 2, 4\} = \{5, 1, 2, 4\}$$
$$D(6) = \{6\} \cup (D(4) \cap D(6)) = \{6\} \cup \{1, 2, 4\} = \{6, 1, 2, 4\}$$
$$D(7) = \{7\} \cup (D(5) \cap D(6)) = \{7\} \cup \{1, 2, 4\} = \{7, 1, 2, 4\}$$

利用由上述算法求得的流图各结点的必经结点集 $D(n)$，可以求出流图中的回边，最后用回边找出循环。

设 $a \to b$ 是流图中的一条有向边，若 b DOM a，则称 $a \to b$ 是流图中的一条回边。

有向边 $a \to b$ 是否都是回边呢？由定义可知，作为回边的有向边，必须满足条件：b 是 a 的必经结点。

图 7.11 中存在有向边①→②，但②不是①的必经结点，所以不是有向边。对有向边有

⑥→⑥ 因为 $D(6) = \{1, 2, 4, 6\}$，所以 6 DOM 6。

⑦→④ 因为 $D(7) = \{1, 2, 4, 7\}$，所以 4 DOM 7。

④→② 因为 $D(4) = \{1, 2, 4\}$，所以 2 DOM 4。

上述 3 条有向边满足回边的条件，所以它们均为回边。

可以验证，流图中其他有向边均不满足回边的定义，所以不是回边。

如何根据回边求循环呢？如果已知有向边 $a \to b$ 是回边，根据循环的定义可知，该循环是由从结点 b 出发的，所有有通路到达结点 a 但该通路不经过 b 的结点组成，并且 b 是该循环的唯一入口结点，有以下两个理由。

1）令上述结点集为 L，则 L 必是强连通的

令 $M = L - \{b, a\}$，由 L 的组成可知，M 中的每个结点 n_i 都可以不经过 b 到达 n_i，又因为 b DOM a，所以必有 b DOM ni。否则，从首结点就可以不经过 b 到达 n_i，从而也可以不经过 b 到达 a，则与 b DOM a 矛盾。

由于有 b DOM n_i，b 必有通路到达 M 中任意结点 n_i，而 M 中的任意结点可以通过 a 到达 b，从而 M 中的任意两个结点之间必有一条通路，因此 L 中任意两个结点之间必有一条通路。

又由 M 中结点的特点可知，b 到 M 中任意结点 n_i 的通路上的所有结点都属于 M，n_i 到 a 的通路上的所有结点也都属于 M，所以 L 中任意两个结点之间的通路上的所有结点都属于 L，即 L 是强连通的。

2）对所有 $n_i \in L$，有 b DOM n_i，即 b 是 L 的一个入口结点，也是 L 的唯一入口结点

设 L 有另一入口结点 $b_1 \in L$，$b_1 \neq b$，首先 b_1 不可能是首结点，因为 b DOM a。设 b_1 不是首结点，且设 b_1 的前驱 b_2 在 L 外，则 b_2 与 a 之间必有一条通路 $b_2 \to b_1 \to \cdots \to a$，且该通路不

经过 b，从而 $b_2 \in M$，这与 $b_2 \in L$ 矛盾，因而不可能存在 b_1，所以 b 是 L 的唯一入口结点。

综上所述，L 是包含回边 $a \to b$ 的循环，L 是强连通的，b 是循环的唯一入口结点。

在图 7.11 的流图中，回边 ⑥→⑥ 组成的循环是 {6}。回边 ⑦→④ 组成的循环是 {4, 5, 6, 7}，其中结点 ⑤、⑥ 是不经过结点 ④ 而有通路到达结点 ⑦ 的结点。回边 ④→② 组成的循环是 {2, 3, 4, 5, 6, 7}。

求由回边 $a \to b$ 组成的循环的基本思想是：首先确定循环的出口 a，判断 a 和 b，若 $a \neq b$，求 a 的所有前驱结点（$\in L$）；若前驱结点不是循环入口，再求前驱的前驱（$\in L$）；直至所求出的前驱都是 a 为止。

例如在图 7.11 中，对回边 ⑦→④ 确定循环出口为 ⑦，求 ⑦ 的前驱 ⑤ 和 ⑥，它们都不是 ④，再分别求 ⑤ 的前驱（=④），⑥ 的前驱（=④），此时算法终止，得到循环 {7, 6, 5, 4}。

7.3.3 循环优化

对循环中的代码，可以实行代码外提、强度削弱和删除归纳变量等优化。

1. 代码外提

代码外提是将循环中的不变运算提到循环前面。**不变运算**是指其运算结果不受循环影响的表达式。

若循环中存在有待外提的不变运算，则实施代码外提优化前，在循环的唯一入口结点 B_1 前建立一个新结点 B_0，称 B_0 为循环的前置结点，B_0 是 B_1 的前驱，B_1 是 B_0 的唯一后继。原来流图中从循环外引向 B_1 的有向边，改为引向 B_0。如图 7.12 所示，循环中外提的代码全部提到 B_0 中。

循环中的不变运算并不是在任何情况下都可以外提的。分析图 7.13 所示的程序流图，有回边 ④→②，因此 $\{B_2, B_3, B_4\}$ 组成循环，B_4 是循环出口结点。在 B_3 中，$i = 2$ 是不变运算。

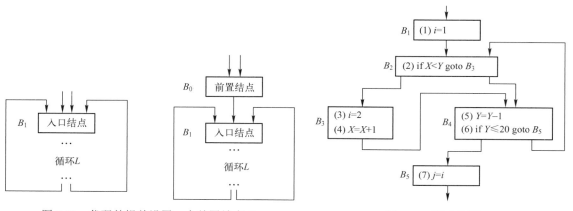

图 7.12 代码外提前设置一个前置结点 B_0 　　图 7.13 程序流图

根据程序的执行顺序，若 $X < Y$ 为真，执行 B_3，这时执行 $i = 2$，若在此前提下转出循环后执行 B5，$j = i = 2$；但是，若 $X < Y$ 为假，不执行 B_3，而是执行 B_4，这时转出循环后 $j = i = 1$。

若将 $i = 2$ 提到循环外，则不论 $X < Y$ 是否成立，最后都有 $j = i = 2$。显然，外提改变了原来程序的运行结果。

为什么不变运算不能随意外提呢？分析程序的控制流可以看到，B_3 不是循环出口结点 B_4

的必经结点，这就是问题的关键所在。因此，当把一个不变运算提到循环的前置结点时，要求该不变运算所在的结点是循环所有出口结点的必经结点。其次，需要分析变量 i 的定值点和引用点，变量 i 的定值点是指变量 i 在该点被赋值或输入值，i 的引用点则指在该点使用了 i。"点"是指某一四元式的位置。若循环中变量 i 的所有引用点只有 B_3 中 i 的定值点能到达，i 在循环中不再有其他定值点，并且出循环后不再引用 i 的值，那么，即使 B_3 不是 B_4 的必经结点，也可以把 $i=2$ 外提到 B_2 中。上述前提决定了外提不影响原来程序的运行结果。

综上所述，当把循环中的不变运算 $A = B$ op C 外提时，要求如下：① 循环中其他地方不再有 A 的定值点；② 循环中 A 的所有引用点都是而且仅仅是这个定值所能到达的。

下面将根据上述讨论给出查找不变运算和代码外提的算法。

查找循环 L 中"不变运算"的算法如下。

（1）依次查看 L 中各基本块的每个四元式，如果它的每个运算对象或为常数，或定值点在 L 外，就将此四元式标记为"不变运算"。

（2）重复（1）直至没有新的四元式被标记为"不变运算"。

（3）依次查看尚未被标记为"不变运算"的四元式，如果它的每个运算对象或为常数，或定值点在 L 外，或只有一个到达定值点且该点上的四元式已标记为"不变运算"，就把被查看的四元式标记为"不变运算"。

下面是代码外提算法。

（1）用上述算法求出循环 L 的所有不变运算。

（2）对步骤（1）求出的每个不变运算。

$$S: A=B \text{ op } C \quad \text{或} A=\text{op } B \quad \text{或} A=B$$

检查是否满足以下条件①或②。

① a. S 所在的结点是 L 的所有出口结点的必经结点。

　 b. A 在 L 中其他地方未再定值。

　 c. L 中所有 A 的引用点只有 S 中的 A 的定值才能到达。

② A 在离开 L 后不再是活跃的，并且条件①的 b 和 c 成立。

注意"A 在离开 L 后不再是活跃的"指，A 在 L 的任何出口结点的后继结点的入口处不是活跃的（从此点后不再被引用）。

（3）按步骤（1）所找出的不变运算的顺序，依次把符合（2）的条件①或②的不变运算 S 提到 L 的前置结点中。但是，如果 S 的运算对象（B 或 C）是在 L 中定值的，那么只有当这些定值四元式都已外提到前置结点中时，才可把 S 也提到前置结点中。

执行算法时应注意：如果把满足（2）中条件②的不变运算 $A=B$ op C 外提到前置结点中，那么执行完 L 后得到的 A 值，可能与不进行外提时所得 A 值不同。但是因为离开循环后不会引用该值，所以不影响程序运行结果。

2．强度削弱与删除归纳变量

强度削弱是指把程序中执行时间较长的运算替换成执行时间较短的运算，如把循环中的乘法运算替换成递归加法运算，不仅如此，强度削弱对加法运算也可实行。

强度削弱一般在下述情况下进行。

① 如果循环中有关于变量 i 的递归赋值 $i = i \pm C$（C 是循环不变量），并且循环中关于变

量 T 的赋值运算可归化为 $T = K * i \pm C_1$（K 和 C_1 都是循环不变量），那么对 T 的赋值运算可以进行强度削弱。

② 进行强度削弱后，循环中可能出现一些新的无用赋值，如果它们在循环出口以后不是活跃变量，就可将其从循环中删除。

③ 循环中下标变量的地址计算是有规律的运算，也很费时，对这类计算进行强度削弱优化后，效果非常明显。

实施强度削弱后，可进行删除归纳变量优化。处理时，首先确定循环中的基本归纳变量和归纳变量以及它们之间的线性关系。

如果循环中对变量 i 只有唯一的形如 $i = i \pm C$ 的赋值，其中 C 为循环不变量，则称 i 为循环中的基本归纳变量。

如果 i 是循环中的一个基本归纳变量，变量 j 在循环中的定值总是可归化为 i 的同一线性函数，即 $j = C_1 * i \pm C_2$，其中 C_1 和 C_2 都是循环不变量，则称 j 是归纳变量，并称 j 与 i 同族。一个基本归纳变量也是一个变量。

一个基本归纳变量 i 除了用于自身的递归定值，往往只在循环中用来计算其他归纳变量以及用来控制循环的进行。这样可用与 i 同族的某归纳变量 j 去替换用于循环控制条件中的基本归纳变量 i。进行这些变换后，基本归纳变量的递归赋值成为无用赋值，可以删去。

一般情况下，删除归纳变量是在强度削弱以后进行的。

下面是强度削弱和删除归纳变量的算法。

（1）利用循环不变运算信息，找出循环中所有基本归纳变量。

（2）找出所有其他归纳变量 A，并找出与已知基本归纳变量 X 同族的线性函数关系 $F_A(X)$。

① 在循环 L 中找出如下形式的四元式：

$$A = B * C, \quad A = C * B, \quad A = B / C$$
$$A = B \pm C, \quad A = C \pm B$$

其中，B 是归纳变量，C 是循环不变量。

② 假设找出的四元式是 $S : A = C * B$，这时：

a. 如果 B 是基本归纳变量，则 X 就是 B，A 与基本归纳变量 B 是同族的归纳变量，且 A 与 B 的函数关系是 $F_A(B) = C * B$。

b. 如果 B 不是基本归纳变量，假设基本归纳变量为 D，B 与 D 同族且它们的函数关系为 $F_B(D)$，那么，若 L 外 B 的定值点不能到达 S 且 L 中 B 的定值点与 S 之间未曾对 D 定值，则 X 就是 D，A 与 D 是同族的归纳变量。A 与 D 的函数关系为

$$F_A(D) = C * B = C * F_B(D)$$

（3）进行强度削弱优化。对（2）中找出的每个归纳变量 A，设 A 与基本归纳变量 B 同族，而且 A 与 B 的函数关系为 $F_A(B) = C_1 * B + C_2$，其中 C_1、C_2 是循环不变量，则执行以下步骤。

① 建立一个新的临时变量 $S_{FA}(B)$。如果两个归纳变量 A 与 A' 同族，并且 A 和 A' 与其同族基本归纳变量 B 的函数关系相同，即

$$F_A(B) = F_{A'}(B)$$

则对这两个归纳变量只建立一个临时变量 $S_{FA}(B)$。

② 在循环前置结点原有的四元式后面，增加 $S_{FA}(B) = C_1 * B$，$S_{FA}(B) = S_{FA}(B) + C_2$。若 $C_2 = 0$，则没有后一个四元式。

③ 把 L 中原来对 A 赋值的四元式改为 $A = S_{FA}(B)$。

④ 在 L 中基本归纳变量 B 的唯一赋值 $B = B \pm E$（E 是循环不变量）后面增加

$$S_{FA}(B) = S_{FA}(B) \pm C_1 * E$$

若 $C_1 \neq 1$ 且 E 是变量名，则上式是以下两个四元式：

$$T = C_1 * E$$
$$S_{FA}(B) = S_{FA}(B) \pm T$$

其中，T 为临时变量。

（4）删除对归纳变量的无用赋值。依次考察第（3）步中每个归纳变量 A，若在 $A = S_{FA}(B)$ 与循环中任何引用 A 的四元式之间没有对 $S_{FA}(B)$ 的赋值，且 A 在循环出口之后不活跃，则删除 $A = S_{FA}(B)$，并把所有引用 A 的地方改为引用 $S_{FA}(B)$。

（5）删除基本归纳变量。如果基本归纳变量 B 在循环出口之后是不活跃的，并且在循环中，除了在其自身的递归赋值中被引用，只在形如 if B rop Y goto Z 中被引用，则：

① 选取一个与 B 同族的归纳变量 M，并设 $F_M(B) = C_1 * B + C_2$。

② 建立一个临时变量 R，并用

$$R = C_1 * Y$$
$$R = R + C_2$$
$$\text{if } F_M(B) \text{ rop } R \text{ goto } Z$$

替换 if B rop Y goto Z。

③ 删除 L 中对 B 递归赋值的四元式。

7.4 窥孔优化

窥孔优化方法是一种简单但有效的改进代码质量的技术，主要通过分析一小段目标指令（称为窥孔），并把这些指令替换为更短和更快的一段指令，来提高代码的质量。

为了得到最大的优化效果，有时需对目标代码进行若干遍的处理，进行窥孔优化后的代码结构有可能给后续的优化提供进一步的处理机会。这也是窥孔优化的显著特点之一。

窥孔是指目标程序中的一个可移动的小窗口，窥孔中的代码可以不相邻。窥孔优化主要包括删除冗余存取指令、删除不可达代码、控制流优化、强度削弱、删除无用操作等处理。

1．删除冗余存取指令

若有两条指令：

```
ST  R₀, A              // (1)
LD  R₀, A              // (2)
```

指令 ST 的功能是把寄存器 R_0 的内容存到 A 单元，指令 LD 的功能是把 A 单元的内容取到寄存器 R_0。

由于指令（1）执行后，能够保证 A 的值在 R_0 中，则指令（2）中 LD 操作是冗余的。如果指令（1）和（2）是连续执行的，这时可以删去指令（2）；如果指令（2）带有标号，即不能保证（1）和（2）的连续性，就不可删除（2）。

2. 删除不可达代码

不可达代码是指程序的控制流不能到达的代码，即在任何情况下都不被执行的代码。删除不可达代码不影响程序的运行结果。一般情况下，若无条件转移代码的后续语句是无标号指令，这时这个无标号指令即为不可达代码。例如：

```
    …
    goto L1
    S 语句序列
L1: …
```

其中，S 语句序列显然在任何情况下都不可能被执行，即为不可达代码，因此可以删去。

3. 删除无用操作

无用操作是指执行后不改变数据结果的操作。例如：

```
    ADD  R, #0
    MUL  R, #0
```

指令 ADD 是使寄存器内容加上常数 0，指令 MUL 是使寄存器内容减去常数 0。这些操作显然是无用操作，可以删除。

4. 控制流优化

若代码结构中出现以下连续转移的情况，则可用相应的语句替换，如下面的几种情况。

第一种情况：

```
    …
    goto L1
    …
L1: goto L2
```

优化为

```
    …
    goto L2
    …
L1: goto L2
```

第二种情况：

```
    …
    goto L2
    …
L1: goto L2
```

优化为（删去 L1 语句）

```
    …
    goto L2
    …
    goto L3
```

第三种情况：

```
    …
    if a<b  goto L1
    …
L1: goto L2
```

优化为
```
          ...
          if a<b  goto L2
          ...
L1: goto L2
```
第四种情况：
```
          goto L1
          ...
L1: if a<b  goto L2
          ...
L3: ...
```
优化为
```
          ...
          if a<b  goto L2
          goto L3
          ...
L3: ...
```

5．强度削弱

强度削弱是指尽量用执行时间短的指令去替换那些执行时间长的指令。例如，对寄存器执行左移的操作比乘法操作（MUL）快，因此可以用左移操作替换乘法操作。

窥孔优化方法不仅可以在目标代码上进行优化，也可以在中间代码上进行优化。反复实施多种窥孔优化方法，会大大提高代码结构的质量，从而提高编译系统的效率。

本章小结

代码优化是提高代码质量的关键技术，实质是对代码进行等价变换，使得变换后的代码运行结果与变换前的代码运行结果相同，但运行速度加快或占用空间少，即执行效率明显提高。

本章介绍了代码优化的分类,注意根据是否涉及具体的机器分为与机器有关优化和与机器无关优化两类，又根据优化范围分为局部优化、循环优化和全局优化等三类。

7.1 节是本章的重点，主要介绍了 7 种优化技术：① 删除公共子表达式（删除多余运算）；② 代码外提；③ 强度削弱；④ 变换循环控制条件（删除归纳变量）；⑤ 合并已知量；⑥ 复写传播；⑦ 删除无用赋值。本节要求达到简单应用层次，即能在一个中间代码序列上实施上述各种优化。

局部优化主要指基本块上的优化。读者要掌握划分基本块的方法，并能用 DAG 图进行基本块的优化处理。

循环优化是本章的难点。学习循环优化必须注意了解和掌握实施循环优化的过程。

（1）分析程序控制流。先画出程序流图 G，再在 G 上确定循环结构。G 的画法和定义循环结构的原则应达到领会的层次。

（2）查找循环。在流图 G 中定义每个结点的必经结点集 $D(n)$，利用 $D(n)$ 求回边，再求回边组成的循环。了解求必经结点集 $D(n)$ 的算法和求由回边组成的循环的算法的基本思想，要能正确地求出必经结点集 $D(n)$、回边、循环等。

（3）实施循环优化。注意设置前置结点，正确实施循环优化，主要包括循环内的代码外提，强度削弱和删除归纳变量等。

扩展阅读

Floyd（1961 年）给出了一个处理算术表达式中公共子表达式的算法。Sethi（1975 年）、Bruno 和 Sethi（1976 年）说明了 DAG 最优代码生成问题是 NP 完全的。Aho 和 Ullman（1972年）研究了基本块的变换问题。Mckeeman（1965 年）等人讨论了窥孔优化问题。

许多优化编译器在文献中都有记载。Ershov（1966 年）讨论了一个早期使用复杂优化技术构造的编译器。Lowry 和 Medlock（1969 年）描述了 FORTRAN 优化编译器的构造方法。Wulf 等人（1975 年）讨论了 Bliss 优化器的设计。Gear（1965 年）介绍了代码外提和归纳变量删除的约束形式等基本循环优化。Allen（1975 年）给出了一份关于程序优化的参考文献列表。Allen、Cocke（1970 年）系统地研究了数据流分析技术。

自测题 7

1. 选择题（从下列各题 4 个备选答案中选出一个或多个正确答案，写在题干中的横线上）

（1）编译程序中安排优化的目的是得到_____的目标代码。

A．结构清晰　　　　　B．较短　　　　　C．高效率　　　　　D．使用存储空间最小

（2）根据所涉及程序的范围，优化可分为_____。

A．局部优化　　　　　B．函数优化　　　　C．全局优化　　　　D．循环优化

（3）局部优化是局限于一个_____范围内的一种优化。

A．循环　　　　　　　B．函数　　　　　　C．基本块　　　　　D．整个程序

（4）所谓基本块是指程序中一个顺序执行的语句序列，其中只有_____。

A．一个子程序　　　　　　　　　　　　　B．一个入口语句和多个出口语句

C．一个出口语句和多个入口语句　　　　　D．一个入口语句和一个出口语句

（5）在编译程序采用优化的方法中，_____等是在程序基本块范围内进行的。

A．删除无用赋值　　　　　　　　　　　　B．删除归纳变量

C．删除多余运算　　　　　　　　　　　　D．合并已知量

（6）循环优化是指对_____中的代码进行优化。

A．循环　　　　　　　B．函数　　　　　　C．基本块　　　　　D．整个程序

（7）在编译程序采用的优化方法中，_____是在循环语句范围内进行的。

A．删除多余运算　　　　　　　　　　　　B．删除归纳变量

C．代码外提　　　　　　　　　　　　　　D．强度削弱

2. 判断题（对下列叙述中的说法，正确的在题后括号内打"√"，错误的打"×"）

（1）优化的编译是指编译速度快的编译程序。　　　　　　　　　　　（　　）

（2）对任何一个编译程序来说，代码优化是不可缺少的一部分。　　（　　）

（3）DAG 是一个可带环路的有向图。　　　　　　　　　　　　　　　（　　）

（4）转移语句是基本块的入口语句。　　　　　　　　　　　　　　　（　　）

（5）紧跟在条件转移语句后面的语句是基本块的入口语句。　　　　（　　）

习　题　7

7.1　什么是代码优化？代码优化通常在什么基础上进行？

7.2　常用的优化技术有哪些？

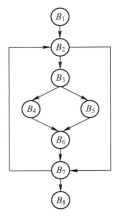

图 7.14　题 7.6 程序流图

7.3　什么是局部优化？如何进行局部优化？

7.4　什么是循环优化？如何进行循环优化？

7.5　试把以下程序段划分为基本块，并画出其程序流图。

```
    int C;
    A = 0;
    B = 1;
L1:A = A + B;
    if B≥C  goto L2;
    B = B + 1;
    goto L1;
L2:print A;
    halt;
```

7.6　试根据图 7.14 中的程序流图，求出流图中各结点的必经结点集 $D(n)$、回边、循环。

第 8 章

运行时的存储组织和管理

CP

本章学习导读

　　编译程序需进行目标程序运行环境的设计和数据空间的分配。本章主要介绍如下 2 方面的内容：

- ❖ 静态存储分配策略
- ❖ 动态存储分配策略（动态存储分配中介绍栈式动态存储分配）

8.1 概述

前面已经研究了对源语言进行静态分析的编译程序的各阶段。这些分析只取决于源语言的特性，与目标语言、目标机器和目标机器的操作系统特性完全无关。

然而我们知道，编译程序的最终目的是将源程序翻译成等价的目标程序，这就要求我们在生成目标代码之前进行目标程序运行环境的设计和数据空间的分配。所谓运行时的环境，是指目标计算机的寄存器和存储器的结构，以及用来管理存储器并保存执行过程所需要的信息。实际上，几乎所有的程序设计语言都使用以下三种类型的存储环境：完全静态环境、基于栈的存储环境及基于堆的存储环境中的一种或几种。

编译程序还必须分配目标程序运行时所需的存储空间，这些空间包括用户定义的各种类型的数据对象所需的存储空间、调用过程所需的连接单元和组织输入、输出所需的缓冲区及保留中间结果和传递参数所需的临时单元。

存储管理的复杂程度取决于源语言本身，具体包括如下几点。

（1）允许的数据类型的多少。

（2）语言中允许的数据项是静态确定或动态确定。

（3）程序决定名字的作用域的规则和结构，包括：① 段结构；② 过程定义不嵌套，只允许过程递归调用；③ 分程序结构，即分程序嵌套和过程定义嵌套。

存储空间通常被划分成：目标代码区、全程/静态数据区、栈区和堆区，如图 8.1 所示。其中，目标代码区用于存放生成的目标代码，它的长度可以在编译时确定，全程、静态数据区域用于存放编译时所能确定占用空间大小的数据，堆、栈用于存放可变数据以及管理过程活动的控制信息。存储空间分配的一个重要单元是过程的活动记录。过程的活动记录是一段连续的存储区，用来存放过程的一次执行所需要的信息。活动记录至少应该包括如图 8.2 所示的几部分。

图 8.1 运行时存储空间的划分

图 8.2 过程活动记录

注意，图 8.2 仅仅表示活动记录的一般组织，其具体细节则依赖于目标机器的体系结构和被编译语言的特性。

本章主要介绍存储空间的使用管理方法，重点讨论栈式动态存储分配的实现。

8.2 静态存储分配

最简单的运行时的环境类型是所有的数据都是静态的。如果在编译时就能确定目标程序运行中所需要的全部数据空间的大小，则编译时就能安排好目标程序的全部数据空间，并能确定每个数据项的单元地址、存储空间，这种分配方法称为静态分配。

FORTRAN 77 采用的是静态存储分配，它的程序是段结构的，整个程序由主程序段和若干子程序段组成。各程序段中定义的名字一般彼此独立，它的每个数据名所需的存储空间大小都是常量，并且不允许递归调用。这样，整个程序所需存储空间的总量在编译时就能完全确定，从而可以采用静态存储分配方式。

在静态环境中，所有变量都是静态分配。因此，每个过程只有一个在执行之前被静态分配的活动记录，可以通过固定的地址直接访问所有的变量。图 8.3 给出了一个 FORTRAN 77 的程序示例。

这个程序由一个主过程和一个附加的过程 LADD 组成，其中包括由 COMMON MAXSIZE 声明的全局变量。忽略存储器中整型值与浮点值之间可能的大小区别，该程序运行时的环境如图 8.4 所示。

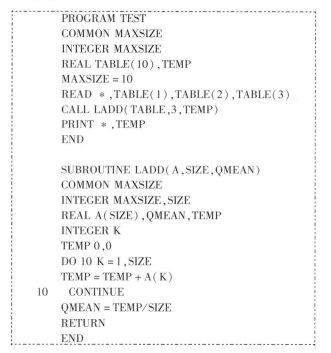

```
        PROGRAM TEST
        COMMON MAXSIZE
        INTEGER MAXSIZE
        REAL TABLE(10),TEMP
        MAXSIZE = 10
        READ *,TABLE(1),TABLE(2),TABLE(3)
        CALL LADD(TABLE,3,TEMP)
        PRINT *,TEMP
        END

        SUBROUTINE LADD(A,SIZE,QMEAN)
        COMMON MAXSIZE
        INTEGER MAXSIZE,SIZE
        REAL A(SIZE),QMEAN,TEMP
        INTEGER K
        TEMP 0,0
        DO 10 K = 1,SIZE
        TEMP = TEMP + A(K)
10      CONTINUE
        QMEAN = TEMP/SIZE
        RETURN
        END
```

图 8.3 FORTRAN 77 程序示例

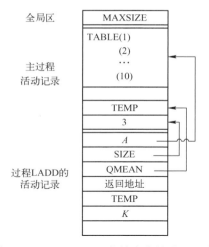

图 8.4 FORTRAN 77 的静态存储分配环境

在图 8.4 中，用箭头表示从主过程中调用时，过程 LADD 的参数 A、SIZE 和 QMEAN 的值。在 FORTRAN 77 中，参数值是隐含的存储调用，所以调用（TABLE、3 和 TEMP）的参数地址就被复制到 LADD 的参数地址中。程序中的数据在运行之前都已经确定好其相对位置。

8.3 栈式存储分配

在允许递归调用且每次调用都要重新分配局部变量的语言中，编译程序不能静态地分配活动记录。对于这种语言应该采用栈式存储分配，其分配策略是将整个存储空间设计成一个栈，每调用一个过程就将它的活动记录压入栈，在栈顶形成过程工作时的数据区，过程结束时再将其活动记录弹出栈。在这种分配方式下，每个过程都可能有若干不同的活动记录，每个活动记录代表了一次不同的调用。

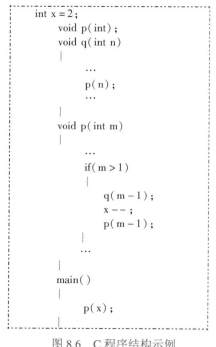

图 8.5　C 语言过程的活动记录

8.3.1　简单栈式存储分配

对于没有分程序结构，过程定义不允许嵌套但允许过程递归调用的语言，可以采用一种简单的栈式存储分配策略。

C 语言就是满足上述特点的一种语言，其过程的活动记录一般采用如图 8.5 所示的结构。过程的每个局部变量或形参在活动记录中的相对地址是确定的，因此可以知道程序运行时，变量和形参在栈上的绝对地址是：

绝对地址 = 活动记录基地址(SP) + 相对地址

考虑如图 8.6 所示的一种简单的 C 程序结构，在执行时，存储空间变化情况如图 8.7 所示。

```
int x = 2;
    void p(int);
    void q(int n)
    {
        ...
        p(n);
        ...
    }
    void p(int m)
    {
        ...
        if(m > 1)
        {
            q(m - 1);
            x -- ;
            p(m - 1);
            ...
        }
    }
    main( )
    {
        p(x);
    }
```

图 8.6　C 程序结构示例

（a）第1次对p进行调用时的环境

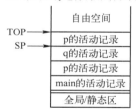

（b）第2次对p进行调用时的环境

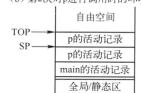

（c）第3次对p进行调用时的环境

图 8.7　简单栈式存储空间变化情况

图 8.7（a）是主函数 main 第一次调用 p 的情况，此时堆栈指针 SP 指向 p 的活动记录的起点，栈顶指针 TOP 指向 p 的活动记录的顶端。

图 8.7（b）是在主函数 p 中调用函数 q，函数 q 再调用函数 p 的情况，此时 SP 和 TOP 分别指向最新活动记录的底端和顶端。

图 8.7（c）是函数 q 执行完毕，函数 p 对自己进行调用的情况。此时，对 p 的第 3 次调用的活动记录覆盖了 q 的活动记录先前占用的区域。由于第 2 次调入的 p 的活动记录含有第 1 次调入的函数 q 的活动记录的 SP，而第 1 次调入的函数 q 的活动记录中含有第 1 次调入的 p 的活动记录的 SP，因此当函数结束之后，栈指针 SP 能返回到正确位置。

注意，在函数中定义的静态变量必须存放在全局区、静态区中，不能在函数的活动记录中分配。

8.3.2 嵌套过程的栈式存储分配

如果在语言中允许过程嵌套定义（如 Pascal 语言），因为没有提供非局部和非全局的引用，所以前面所说的两种存储分配策略都不能使用。这时需要设计一种新的存储分配策略。

现在分析的对象是允许过程嵌套定义的语言，因此会常常用到过程定义的层数，我们始终假定主程序的层数为 0，因此主程序为第 0 层过程。如过程 Q 在层数为 i 的过程 P 内定义，并且 P 是包围 Q 的最小过程，那么 Q 的层数就为 $i+1$。这时我们把 P 称为 Q 的直接外层过程，而 Q 称为 P 的内层过程。

由于过程的定义是嵌套的，一个过程可以引用包围它的任意外层过程所定义的变量，而且过程允许递归调用，因此一个过程在引用非局部变量时必须清楚地知道它的每个外层过程的最新活动记录的位置。跟踪外层活动记录的方法有很多，这里介绍一种常用的办法：通过嵌套层次显示表进行跟踪。

嵌套层次显示表（Display）实质上是一个指针数组，也可以看作是一个小栈，自上向下依次存放着现行层、直接外层直至第 0 层的最新活动记录的基地址，它是在建立过程的活动记录的同时建立起来的。由于过程的层数也可以静态确定，因此每个过程的 Display 表的大小在编译时就可以确定。这样，由一个非局部变量说明所在的静态层数和相对于活动记录的相对地址，就可以得到

绝对地址 = Display[静态层数] + 相对地址

下面给出一个 Pascal 程序段（如图 8.8 所示）在运行时的 Display 表的活动情况如图 8.9 所示。

为了便于组织存取，通常把 Display 表作为活动记录的一部分置于形式单元的上端，如图 8.10 所示。

```
program P;
var a,b:integer;
procedure Q(x:integer)
  var i:integer;
  procedure R(y:integer)
  var c,d:integer;
  begin :
      ...
      if y > 0 then R(y - 1);
      c = d + y;
      ...
  end {R}
  begin
  ...
  if b > 0 then R(b) else Q(b);
  ...
  end {Q}
  procedure S;
  var i,c,d:integer;
  begin
  c: = a + i + d;
  Q(c);
  ...
  end {S}
  begin
  ...
  a: = 0;
  b: = 2;
  s;
  ...
  end {P}
```

图 8.8　Pascal 程序段示例

因为每个过程的形式单元的数目在编译时是知道的，所以 Display 表的相对地址在编译时也能完全确定，现行过程引用的非局部变量的绝对地址就能确定下来了。采用这种方式，当 P_1 调用 P_2 而进入 P_2 后，P_2 如何建立自己的 Display 呢？为了建立自己的 Display，P_2 必须知道自己的直接外层（记为 P_0）的 Display，也就是说，当 P_1 调用 P_2 时必须把 P_0 的 Display 作为链接数据之一传给 P_2。

如果 P_2 是一个真实过程（P_2 不是形式参数），那么 P_0 可能就是 P_1，也可能既是 P_1 的外层又是 P_2 的直接外层（见图 8.11 的两种情况）。不论哪一种情况，只要在进入 P_2 后能够知道 P_1 的 Display，就能知道 P_0 的 Display，从而可直接构造出 P_2 的 Display。

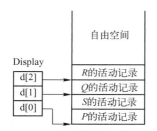

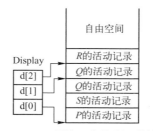

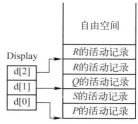

(a) $P \rightarrow S \rightarrow Q$, 再直接调用 R 的情况   (b) $P \rightarrow S \rightarrow Q$, Q 调用 Q 后再调用 R 的情况   (c) $P \rightarrow S \rightarrow Q$, 直接调用 R, R 递归的情况

图 8.9   程序运行时最上层过程 R 的 Display 表的内容

图 8.10   带 Display 的过程活动记录

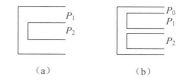

图 8.11   P1 调用 P2 的两种不同的嵌套

事实上,只需从 P_1 的 Display 中自下向上地取出 P_2 的层数数量的单元,再添上进入 P_2 后新建立的 SP 值就构成了 P_2 的 Display。也就是说,在这种情况下,我们只需把 P_1 的 Display 地址作为链接数据之一传递给 P_2,就能建立 P_2 的 Display。

如果 P_2 是形式参数,那么调用 P_2 意味着调用 P_2 当前相应的实在过程,此时的 P_0 是这个实在过程的直接外层,假定 P_0 的 Display 地址可以从形式单元 P_2 所指示的地方获得。

为了能在 P_2 中获得 P_0 的 Display 地址,必须在 P_1 调用 P_2 时设法把 P_1 的 Display 地址作为链接数据之一(全局 Display 地址)传送给 P_2,所以在活动记录中还要加上全局 Display。

注意,0 层过程的 Display 只有一项,就是主程序开始工作时所建立的第一个 SP 值。

8.4   堆式存储分配

如果一种程序语言允许数据对象能够自由地分配和释放,那么由于空间的使用不一定按照"先申请后释放"的原则,栈式存储分配就不适用。对于这种语言通常采用堆式存储分配方法。

堆式存储分配方法的基本思想是:一个程序开始执行时有很大一块存储空间,运行期间如果需要就从里面申请一块存储空间,使用完毕归还。由于存储空间的申请和释放时间不一致,在多次调用后存储空间可能变成如下形式:

其中各区域的长度不一定相等。此时系统必须记录所有的使用情况,尤其是要记录所有的空闲区以备后用。此外,应该尽可能地把相连空闲区汇集成一个比较大的空闲区,以免存储区被分割成为许多难以使用的碎片。这种存储分配方式的管理技术比较复杂,这里仅进行简单介绍。

堆式存储分配最简单的实现方法是按定长进行分配。初始化时将堆存储空间分成若干长度相等的块，按邻块的顺序把这些块连成一个链表。每次申请空间时就从链表最前面的未使用结点开始分配，归还时把结点插入链表，最好保证第一个未使用的结点后没有已分配的块。采用这种方式，编译程序不需要知道分配出去的存储块将存放何种类型的数据，用户可以根据需要使用整个存储块。

定长块管理实现起来比较方便，但是内存的使用效率偏低。堆式存储分配通常按变长块进行。按这种方法，初始化存储区时没有把空间分段，每次申请时都从空闲区分出满足要求的最小块；归还时，如果新归还的块能和现有的空闲块合并，就把它们合成一块。如果有若干空闲块满足需要时，通常采用以下3种分配策略。

- ❖ 首次匹配法：顺序查看空闲块，选取其中第一个满足所需容量要求的空闲块进行分配。若空闲块很大，则按申请的大小进行分割；若空闲块不大，则整块分割出去，以免产生碎片。
- ❖ 最优匹配法：将不小于所申请块且容量最接近于申请块的空闲块分配出去。
- ❖ 最差匹配法：将不小于所申请块且容量最大的空闲块分配出去。

首次匹配法显然耗时最短；最优匹配法看起来比较合理，但是耗时较长，并且可能引起系统把存储区分成许多无法使用的碎片；最差匹配法由于每次都从内存中最大的空闲块开始分配，因此能够使空闲块趋于均匀。无论采用哪种分配策略，当找不到合适的空闲区时，就要调用碎片收集程序，将无法使用的碎片连成一块，以备使用。

8.5 临时变量的存储分配

在产生中间代码时，为了暂存中间结果，编译程序会大量引进临时变量名。临时变量都是简单变量，它们的属性非常简单，因此没有登记到符号表内，只在它们出现的地方加上类型信息即可。

虽然在编译时大量引进临时变量名，但是为了节约存储空间，编译程序并不是对每个名字分配一个不同的存储单元。

一般的分配原则是：若两个临时变量名的作用域不相交，则它们可以分配到同一单元中。一个临时变量名自它第一次被赋值的地方起至它最后一次被引用的地方止，区间的程序所能到达的全体四元式构成了它的作用域。

例如，对于用来暂存表达式中间结果的临时变量名而言，只存在一次赋值和一次引用，并且在赋值和引用之间不存在分权转移。这类临时变量名作用域的确定是非常简单的。

临时变量的存储分配可用一种简单的办法实现：令临时变量名均分配在局部数据区中，若某单元已分配给某些临时变量，则把这些名字的作用域（它们必须是互不相交的）作为单元的分配信息记录下来。每当要对一个新临时变量名进行分配时，首先求出该变量名的作用域，若它的作用域与某个单元所记录的全部作用域均不相交，则把这个单元分配给这个新名，同时把它的作用域也添加到该单元的分配信息之中。若新临时变量的作用域和所有已分配单元的作用域均有冲突，则分配给它一个新的单元，同时把新名的作用域作为此单元的分配信息。

本章小结

编译程序的最终目的是将源程序翻译成与之等价的目标程序。在生成目标代码前，我们必须进行目标程序运行环境的设计和数据空间的分配。

运行时的存储环境一般采用如下三种类型：完全静态环境、基于栈的存储环境和基于堆的存储环境。运行时系统以过程的活动记录为单位分配数据空间。

在完全静态环境中，由于各种数据占用空间的大小都能在程序运行之前确定，因此可以在程序运行前确定其存放的位置。

在基于栈的存储环境中，如果没有过程的嵌套定义，分配时可以将整个存储空间设计成一个栈，每当调用一个过程，就将它的活动记录压入栈，在栈顶形成过程工作时的数据区，过程结束时再将其活动记录弹出栈。这样，在每个过程的活动记录中，记录前一个过程活动记录的 SP 值就可以正常进行分配了。如果过程能够嵌套定义，我们通常采用 Display 表记录每个活动记录的最外层的活动记录的 SP 值，来解决程序中的变量引用问题。

在基于堆的存储环境中，因为用户能够随时分配、回收存储空间，所以需要一个对应的分配策略。常见的分配策略有首次匹配法、最优匹配法和最差匹配法。这三种分配策略各有优缺点，在具体实施时可以酌情采用。

在产生中间代码时，编译程序会引进大量临时变量。为了节省临时变量所使用的存储空间，临时变量的一般存储分配原则是：若两个临时变量名的作用域不相交，则它们可以分配到同一单元中。

扩展阅读

栈在递归函数实现中非常重要。McCarthy（1981 年）从 1958 年开始在实现 LISP 语言项目中，用栈保存递归程序中变量的值，也保存子程序返回地址。"Algol 60 报告"中对块和递归过程的引入，也促进了栈式分配技术的发展。Johnson 和 Ritchie（1981 年）讨论了参数数目可变的调用序列设计。Lampson（1982 年）研究了堆式分配快速实现方法。

自测题 8

1. 选择题（从下列各题 4 个备选答案中选出一个或多个正确答案，写在题干中的横线上）
（1）现有编译技术中目标程序数据空间的分配策略有_____。
A. 静态存储分配策略　　　　　　　　B. 最佳分配策略
C. 动态存储分配策略　　　　　　　　D. 时钟分配策略
（2）在动态存储分配时，可以采用的分配方法有_____。
A. 栈式动态存储分配　　　　　　　　B. 分时动态存储分配
C. 堆式动态存储分配　　　　　　　　D. 最佳动态存储分配
（3）FORTRAN 语言编译中的存储分配策略是_____。

A. 静态存储分配策略　　　　　　　B. 最佳分配策略

C. 动态存储分配策略　　　　　　　D. 时钟分配策略

（4）在编译中，动态存储分配的含义是_____。

A. 在运行阶段对源程序中的量进行存储分配

B. 在编译阶段对源程序中的量进行存储分配

C. 在说明阶段对源程序中的量进行存储分配

D. 以上都不正确

习 题 8

8.1　常见的存储分配策略有哪些？它们分别适用于什么情况？

8.2　为什么 FORTRAN 77 能使用静态存储分配？如何大致确定 FORTRAN 77 中表达式需要的临时变量的数目？

8.3　在过程调用允许自变量的数量是可变的语言中，如何找到第一个自变量？

8.4　Display 的作用是什么？

8.5　有如下程序段：

```
begin
    K:integer;
    function f(n:integer):integer;
    begin
        if n<=0  then f:=1
        else  f:=n*f(n-1);
    end;
    K:=f(10);
end
```

当第二次递归进入 f 后，Display 的内容是什么？当时整个运行栈的内容是什么？

第 9 章
目标代码生成

CP

本章学习导读

编译程序的最后一个阶段是目标代码生成。它通常在语义分析后或者优化后的中间代码上进行，并将中间代码转化为等价的目标代码。本章主要介绍如下 2 方面的内容：

- ❖ 生成目标代码的形式
- ❖ 简单代码生成器的设计和构造方法

9.1 目标代码生成概述

目标代码生成是编译模型的最后一个阶段,通常在语法分析后或者优化后的中间代码上进行,并将中间代码转化为等价的目标代码。

代码生成器的输入包括中间代码和符号表的信息,生成的目标代码一般有如下三种形式。

① 能够立即执行的机器语言代码。它们通常存放在固定的存储区中,编译后可直接执行。

② 待装配的机器语言模块。当需要执行时,由连接装配程序把它们与其他运行子程序连接起来,组合成可执行的机器语言代码。

③ 汇编语言程序,必须通过汇编程序汇编成可执行的机器语言代码。

一个高级设计语言程序的目标代码经常要反复使用,因此代码生成要着重考虑目标代码的质量,即目标代码的长度和执行效率。生成的目标代码越短,访问存储单元的次数越少,它的质量就越高。

具体设计一个代码生成器需要考虑机器体系结构、系统指令格式等方面的问题。由于计算机体系结构和操作系统的多样性,这里不进行具体介绍,仅以一个假想的计算机模型为例,简单讨论代码生成的基本原理。

9.2 假想的计算机模型

要设计一个好的代码生成器,必须熟悉目标机器和它的指令系统。假定计算机有 n 个通用寄存器 $R_0, R_1, \cdots, R_{n-1}$,它们既可以作为累加器也可以作为变址器。机器的指令形式有 4 种类型,如表 9.1 所示。

表 9.1 机器指令形式

类　　型	指令形式	意义（设 op 是二目运算符）
直接地址型	op　R_i, M	(R_i) op $(M) \Rightarrow R_i$
寄存器型	op　R_i, R_j	(R_i) op $(R_j) \Rightarrow R_i$
变址型	op　$R_i, c(R_j)$	(R_i) op $((R_j)+c) \Rightarrow R_i$
间接型	op　$R_i, *M$	(R_i) op $((M)) \Rightarrow R_i$
	op　$R_i, *R_j$	(R_i) op $((R_j)) \Rightarrow R_i$
	op　$R_i, *c(R_j)$	(R_i) op $(((R_j)+c)) \Rightarrow R_i$

若 op 是一目运算符,则 op R_i, M 的意义为 op$(M) \Rightarrow R_i$,其余类型可类推。

以上指令的运算符(操作码)op 包括一般计算机上常见的一些运算符。某些指令的意义说明如表 9.2 所示。

表 9.2 某些指令的意义说明

指　　令	意　　义
LD　R_i, B	把 B 单元的内容取到寄存器 R_i

指　令	意　义
ST　R_i, B	把寄存器 R_i 的内容取到 B 单元
J　X	无条件转向 X 单元
CMP　A, B	把 A 单元和 B 单元的值进行比较，并根据比较情况把机器内部特征寄存器 CT 置成相应状态。CT 占两个二进位，根据 $A<B$、$A=B$ 或 $A>B$，分别置成 0、1 或 2
J<X	如 CT=0，转 X 单元
J≤X	如 CT=0 或 CT=1，转 X 单元
J=X	如 CT=1，转 X 单元
J≠X	如 CT≠1，转 X 单元
J>X	如 CT=2，转 X 单元
J≥X	如 CT=1 或 CT=2，转 X 单元

9.3　简单代码生成器

本节介绍一个把四元式形式的中间代码变换为目标代码的简单代码生成器的实现方法，同时简要介绍一种寄存器的分配算法。

9.3.1　待用信息和活跃信息

在一个基本块内的目标代码中，为了提高寄存器的使用效率，应该把基本块内还要被引用的值尽可能保留在寄存器中，而把基本块内不再被引用的变量所占用的寄存器尽早释放。当由四元式生成相应指令时，每翻译一个四元式，如 $A=B$ op C，就需要知道在基本块中还有哪些四元式要对变量 A、B、C 进行引用。为此需要收集一些待用信息。在一个基本块中，四元式 i 对变量 A 定值，若在 i 后面的四元式 j 要引用 A，而从 i 到 j 中的四元式没有其他对 A 的定值点，则称 j 是四元式 i 中对变量 A 的待用信息，也称 A 是活跃的。若 A 被多处引用，则可构成待用信息链和活跃信息链。

为了取得每个变量在基本块内的待用信息和活跃信息，可从基本块的出口由后向前扫描，对每个变量建立相应的待用信息链和活跃信息链。如果没有进行数据流分析并且临时变量不允许跨基本块引用，就把基本块中的临时变量均看作基本块出口之后的非活跃变量，而把所有的非临时变量均看作基本块出口之后的活跃变量。如果某些临时变量能够跨基本块使用，就把这些临时变量也看成基本块出口之后的活跃变量。

下面介绍计算变量待用信息的方法。假设变量的符号表内有待用信息和活跃信息栏，算法步骤如下。

（1）将基本块中各变量的符号表的待用信息栏置为"非待用"，对活跃信息栏则根据该变量在基本块出口之后是否活跃，将该栏中的信息置为"活跃"或"非活跃"。

（2）从基本块出口到基本块入口由后向前依次处理各四元式。对每个四元式 $i: A = B$ op C，依次执行如下步骤。

① 把符号表中变量 A 的待用信息和活跃信息附加到四元式 i 上。

② 把符号表中变量 A 的待用信息和活跃信息分别置为"非待用"和"非活跃"。

③ 把符号表中变量 B 和 C 的待用信息和活跃信息附加到四元式 i 上。

④ 把符号表中 B 和 C 的待用信息置为 i，活跃信息置为"活跃"。

注意，以上①、②、③、④次序不能颠倒。如果中间代码出现 $A = \text{op } B$ 或者 $A = B$ 形式，以上执行步骤完全相同，只是其中不涉及 C。

【例 9.1】 用 A、B、C、D 表示变量，T、U、V 表示中间变量，有四元式如下。

$$(1)\ T = A - B$$
$$(2)\ U = A - C$$
$$(3)\ V = T + U$$
$$(4)\ D = V + U$$

根据上述算法得到的待用信息链和活跃信息链如表 9.3 所示。表中 F 表示"非待用""非活跃"，L 表示活跃，(1)、(2)、(3)、(4) 表示该四元式。待用信息链和活跃信息链的每列从左到右为每行从后向前扫描一个四元式时相应变量的信息变化情况，空白处为无变化。

表 9.3　例 9.1 算法得到的待用信息链和活跃信息链

变量名	待用信息					活跃信息				
	初值	待用信息链				初值	活跃信息链			
T	F		(3)		F	F		L		F
A	F			(2)	(1)	L			L	L
B	F				(1)	L				L
C	F			(2)		L			L	
U	F	(4)	(3)	F		F	L	L	F	
V	F	(4)	F			F	L	F		
D	F	F				L	F			

待用信息和活跃信息在四元式上的标记如下。

$$(1)\ T^{(3)L} = A^{(2)L} - B^{FL}$$
$$(2)\ U^{(3)L} = A^{FL} - C^{FL}$$
$$(3)\ V^{(4)L} = T^{FF} + U^{(4)L}$$
$$(4)\ D^{FL} = V^{FF} + U^{FF}$$

9.3.2　代码生成算法

为了在代码生成中进行寄存器分配，需要随时掌握各寄存器的使用情况，看它是处于空闲状态还是已分配给某变量或已分配给某几个变量。通常，用一个寄存器描述数组 RVALUE 动态地记录各寄存器的当前状况，用寄存器 R_i 的编号作为它的下标。此外，需要建立一个变量地址描述数组 AVALUE，来记录各变量现行值存放的位置，看它是在某寄存器中还是在某主存单元或者同时存在于寄存器和某主存单元中。对此，可有如下表示。

$\text{RVALUE}[R_i] = \{A\}$　　　　　分配给某变量 A

$\text{RVALUE}[R_i] = \{A, B\}$　　　　分配给变量 A、B

$\text{RVALUE}[R_i] = \{\}$　　　　　未分配

AVALUE[A] = {A}　　　　　　表示 A 的值在内存中

AVALUE[A] = {R_i}　　　　　表示 A 的值在寄存器 R_i 中

AVALUE[A] = {R_i, A}　　　　表示 A 的值既在寄存器 R_i 中又在内存中

有了上述对寄存器和地址的描述，可以给出一个代码生成的算法。

为简单起见，假设基本块中每个中间代码的形式都是 $A = B$ op C，算法对每条四元式 $i : A = B$ op C 依次执行如下操作。

（1）调用函数 GETREG ($i : A = B$ op C)，返回存放 A 值结果的寄存器 R。

（2）通过地址描述数组 AVALUE[B] 和 AVALUE[C] 确定出变量 B 和变量 C 的现行值的存放位置 B' 和 C'。若是存放在寄存器中，则把寄存器取作 B' 和 C'。

（3）若 $B' \neq R$，则生成目标代码：

```
LD   R, B'
op   R, C'
```

否则生成目标代码 op R, C'。若 B' 或 C' 为 R，则删除 AVALUE[B] 或 AVALUE[C] 中的 R。

（4）令 AVALUE[A]={R}，并令 RVALUE[R]={A}，以表示变量 A 的现行值只在 R 中，并且 R 中的值只代表 A 的现行值。

（5）若 B 和 C 的现行值在基本块中不再被引用，也不是基本块出口之后的活跃变量，并且存放在寄存器 R_k 中，则删除 RVALUE[R_k] 中的 B 和 C 以及 AVALUE[B] 中的 R_k。

GETREG 是一个函数，GETREG ($i : A = B$ op C) 用来得到存放 A 的当前值的寄存器 R，其算法如下。

（1）若 B 的现行值在某寄存器 R_i 中，且该寄存器只包含 B 的值，或者 B 和 A 是同一标识符，或 B 在该四元式之后不再被引用，则选取 R_i 为所需寄存器，转（4）。

（2）如有尚未分配的寄存器，则从中选取一个 R_i 为所需寄存器 R，转（4）。

（3）从已分配的寄存器中选取一个 R_i 作为所需的寄存器 R，选取原则为：占用 R_i 的变量的值同时存放在主存中，或者在基本块中在最远的位置，才会引用。这样，对寄存器 R_i 所含的变量和变量在主存中的情况必须先做如下调整。对 RVALUE[R_i] 中的每个变量 M，若 M 不是 A 且 AVALUE[M] 不包含 M，则：

① 生成目标代码 ST　R_i, M。

② 若 M 是 B，则令 AVALUE[M] = {M, R_i}，否则令 AVALUE[M] = {M}。

③ 删除 RVALUE[Ri] 中的 M。

（4）给出 R，返回。

其他形式的四元式也可以仿照以上算法生成其目标代码。

9.3.3　寄存器的分配

由于寄存器数量有限，为了生成更有效的目标代码，必须考虑如何更有效地利用寄存器的问题。简单地说，寄存器的分配可以看成在计算一个表达式时，如何分配寄存器使得计算耗时最少。这样，寄存器分配问题可描述为：有 n 个可用寄存器 $R_1, R_2, \cdots, R_n$，采用何种方法使计算表达式时使用的存取指令最少。

假如不允许排列子表达式，并且每个值都必须先取到某个寄存器后才能使用，那么在对一个表达式进行计算时，表达式的某个变量 A 的值可能处于以下 3 种状态。

① 变量 A 已经在寄存器 R_i 中，此时可直接从寄存器中读取。

② 变量 A 在某存储单元中，但是有可用寄存器。这种情况可以把该变量的值从存储单元调入可用寄存器再进行计算。

③ 变量 A 在某存储单元中，并且没有可用寄存器。

前两种情况没有寄存器使用冲突，可以直接使用寄存器。对于第③种情况，由于寄存器不够用，编译程序必须保留某寄存器的内容，并把变量 A 的值调入该寄存器，等使用完毕恢复所保留的值。要想有效利用寄存器，需要考虑替换哪个寄存器的值可以使整个表达式的计算时间最短。经常使用的一种解决方案是，每次都替换运算序列中下次使用且离现在的位置最远的寄存器的内容。这种方法的好处是显而易见的，但是采用这种方法就必须清楚地知道每个临时变量下一次要在什么地方使用。

9.4 代码生成器的自动生成技术

高级语言编译程序的代码生成部分在编译环节中起着关键性的作用，然而这部分工作烦琐且容易出错，因此我们希望能够自动生成代码生成器。

实现一个代码生成器的自动生成器具有明显的现实意义，但是面临着许多问题，如机器的体系结构不统一、自动生成的代码的质量问题、代码生成器与机器无关优化的接口问题、代码生成速度问题等。

现阶段代码生成器的自动生成器主要采用由形式描述进行驱动的技术，这种技术把目标机的每条指令的形式描述作为输入，将表示计算的中间语言代码与这种描述进行匹配来产生相应的指令。采用这种技术，对于不同的文法产生的分析表可能不同，但是分析器的总控程序和分析模型都是一样的。同样，在代码生成器的自动生成中，虽然不同的机器有不同的指令，但针对所需的效果来匹配特定的指令在本质上是相同的。

形式描述技术的主要优点是：把实现者从选择计算给定构造的代码中解放出来，实现者只需要以形式化描述每条目标指令的精确意义，生成器将自动地查询机器描述，找出完成所需计算的指令或指令串。但是，由于目标机的描述与代码生成算法混在一起，当描述改变时，算法也要有相应的变化。而自动生成器要完成指令的选择等烦琐的工作，产生的目标代码质量很大程度上依赖于设计者的经验和能力。

本章小结

目标代码生成是编译模型的最后一个环节，所完成的功能是将中间代码翻译成对应的目标代码。目标代码的形式有以下三种：机器语言、待装配的机器语言模块和汇编语言。这几种形式都与目标机的指令系统相关，目标机上的指令系统越丰富，代码生成的工作就越容易。

代码生成要着重考虑两个问题：一是如何使生成的目标代码最短；二是如何充分利用计算机的寄存器，减少目标代码中访问存储单元的次数。在实现代码生成的过程中，我们需要用到变量的待用信息和活跃信息，在一个基本块中，可以利用待用信息链和活跃信息链得到待用信息和活跃信息。为了充分利用寄存器，提高目标代码的执行效率，我们还要采用恰当的算法，将存储单元中的信息调入寄存器进行访问。

代码生成是一个烦琐的过程，因此我们希望代码生成器能够自动生成。现阶段代码生成器的自动生成器采用的主要技术是由形式描述进行驱动的技术。

扩展阅读

Waite（1976 年）、Aho（1977 年）、Graham（1980 年）、Ganapathi（1982 年）等人研究讨论了 Bliss 的代码生成技术。Ammann（1977 年）讨论了 Pascal 的代码生成技术。J.Cocke、Ershov（1971 年）提出了一种图染色法寄存器分配技术。

自测题 9

1．选择题（从下列各题 4 个备选答案中选出一个或多个正确答案，写在题干中的横线上）

（1）目标代码生成时应该着重考虑的基本问题是_____。

A．如何使生成的目标代码最短

B．如何使目标程序运行所占用的空间最小

C．如何充分利用计算机寄存器，减少目标代码访问存储单元的次数

D．目标程序运行的速度快

（2）编译程序生成的目标代码通常有 3 种形式，它们是_____。

A．能够立即执行的机器语言代码

B．汇编语言程序

C．待装配的机器语言代码

D．中间语言代码

习 题 9

9.1 目标代码的形式有哪些？

9.2 什么是待用信息？什么是活跃信息？

9.3 寄存器分配要解决什么问题？如何解决？

9.4 假设可用寄存器为 R_0 和 R_1，试对以下四元式序列 G：
$$T_1 = B - C$$
$$T_2 = A * T_1$$

$$T_3 = D + 1$$
$$T_4 = E - F$$
$$T_5 = T_3 * T_4$$
$$W = T_2 / T_5$$

用简单代码生成器生成其目标代码，同时列出寄存器描述和地址描述。

9.5 生成代码生成器的自动生成器需要解决哪些问题？

第 10 章

并行编译技术基本常识

CP

本章学习导读

随着并行技术和并行语言的发展，并行编译技术和将串行程序转换成并行程序的自动并行编译技术也在不断发展，也是计算机领域的一个研究热点。本章主要介绍并行编译技术的基本常识。

10.1 并行编译技术的引入

并行计算机近年来得到了迅速发展，并行计算机的浮点运算速度的峰值性能由 10^8 次/秒提高到了 10^{13} 次/秒，新的目标指向了 10^{15} 次/秒。当今高性能计算机都是并行计算机。并行编译系统是并行计算机系统软件一个十分重要的部分，并行编译技术也是计算机研究领域的一个研究热点和重点，是一个取得了重大进展的研究方向。

20 世纪 70 年代以前，程序运行速度的快慢主要取决于硬件速度的快慢。70 年代初，串行机编译器完成的基本块优化、寄存器分配和指令调度优化等使人们体会到了编译技术对提高程序运行速度的作用。70 年代中期，向量巨型机的出现，以及后来的共享存储器并行机、RISC微处理器、分布存储器并行机的提出，一方面表明了计算机体系结构越来越复杂，另一方面提出了对能充分发挥并行计算机的性能的并行编译系统的迫切需求。并行编译技术的发展说明高性能并行编译系统与高性能体系结构和操作系统等一样，成为高性能计算机系统中不可缺少的一部分。又由于各领域已经积累了大量的串行程序，而高性能机采用并行处理技术，并行程序设计又较为困难，因此具有程序并行化功能的并行化编译系统对于继承现有财富、促进高性能机的应用具有重要意义。

随着并行计算机的发展，并行编译技术也在不断发展、分化。按照针对的目标机的体系结构分类，并行编译技术可以分为向量编译技术和并行编译技术两类。

向量机的向量编译技术和共享存储器并行机的并行编译技术已基本上趋于成熟，分布式存储器并行机的并行编译技术正在受到广泛的关注。其中，共享储存器并行机和分布存储器并行机的并行编译技术有相同的基础，但是侧重点又各不相同。

向量编译技术是使用处理机的向量运算功能来加速一个程序运行的技术，主要包括串行程序向量化技术和向量语言处理技术。

并行编译技术针对并行计算机和并行程序，是一种实现多个处理机同时执行一个程序的技术。不同的并行程序设计技术也要用不同的并行编译技术来支持，可以把并行编译技术分成串行程序并行化技术、并行语言处理技术、并行程序组织技术三方面。并行化的对象可以是子程序、循环和语句块。

并行编译技术的发展促进了人们对并行计算机体系结构和并行程序设计的认识，从而促进了并行计算机体系结构和并行程序设计技术的发展。

10.2 并行编译系统的功能和结构

1. 并行编译系统的功能

并行编译系统的功能是将并行源程序转换为并行目标代码，可以分为以下 2 类。

① 不具有自动并行化功能的系统。这类系统以程序员编写的并行程序为输入，将其编译成并行目标程序。在共享存储器并行机上，这类系统要有栈式存储分配和程序可再入功能。这

类系统又可以分为两个子类：一是只能处理并行编译指导命令或并行运行库子程序调用的系统；二是能处理并行语言的系统。

② 具有自动并行化功能的系统。串行程序自动并行化功能可以由独立于并行编译器的并行化工具来实现，也可以由嵌入在并行编译器之中的作为一遍扫描的并行化过程来实现。

有些并行编译系统既具有串行程序自动并行化的功能，又具有处理并行语言的功能，从而为并行程序设计提供了更有力的支持。

2．并行编译系统的结构

向量编译系统包括向量化工具和向量编译器。并行编译系统包括并行化工具、并行编译器和并行运行库等，其结构如图 10.1 所示。并行化工具是可以独立于并行编译器的，也可以是嵌入在并行编译器之中的。其输入是串行源程序，输出是并行源程序。并行编译器通常包括预处理器、前端、主处理器和后端 4 个部分。预处理器的输入是经过并行化工具改写的或用户自己编写的并行源程序。预处理器根据并行编译指导命令对源程序进行改写，插入适当的并行运行库子程序调用。前端对程序进行词法和语法分析，将程序转换成中间形式。主处理器对中间形式的程序进行处理和优化。后端将中间形式的程序转换成并行目标程序，同时完成面向体系结构或并行机制的优化。后端也可生成源语言加编译指导命令的程序或并行源语言的程序。我们称这样的并行编译器为源到源的并行编译器。一个编译器可以有几个预处理器和前端，分别处理不同的语言或不同并行机制的程序。一个编译器也可以有几个后端，分别针对不同的机器或并行机制。由于采用了这种组织结构，现在的并行编译器可以是多语言、多工作平台、多目标机和多并行机制的。并行运行库子程序在目标文件连接装配时被连接到目标文件中。

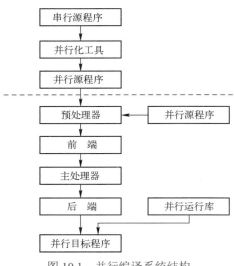

图 10.1　并行编译系统结构

10.3　向量语言编译技术

向量是一组数据的有序集。一维数组、多维数组的一行、一列或按某种方式从数组中挑选出来的一组元素都是向量的特例。向量是向量计算机的操作对象之一，也是向量编译器处理的主要目标。程序中的数组操作都是用向量操作来实现的。向量编译器与串行编译器相似，也是由词法扫描、语法分析、代码优化、寄存器分配和目标代码生成等几部分组成的。但由于向量语言所表述的并行特性和向量处理机所呈现的并行结构，向量编译器需要相应的编译技术予以支持。

1．向量语法处理

向量语法处理与串行编译器对标量的语法处理基本相同，但处理时生成的数据要复杂得多。为此向量编译器构造了数组描述表，数组定义引用表和依赖关系表等专用表格。

1）向量循环的组织

在一条向量操作指令控制下，向量寄存器和向量功能部件以流水线方式产生一组结果。向量寄存器存放或向量功能部件处理的数据个数是由向量长度寄存器的值来确定的。向量长度寄存器的值由用户或编译系统指派，其值为 $0 \sim v_1$。v_1 为该向量计算机的向量长度上限。不同的向量计算机系统的向量长度上限可能不同。

当一次向量计算的长度大于向量计算机的向量长度上限 v_1 时，向量编译器必须在程序代码中自动组织向量操作循环。设向量操作的长度为 N，则向量操作循环的迭代次数为 $\lfloor N / v_1 \rfloor$，每个迭代对向量中的 v_1 个元素进行操作，最后还有一个对 $N - \lfloor N / v_1 \rfloor \times v_1$ 个元素的余段操作。余段操作一般不包含在向量操作循环中，而是放在该循环之前或之后。

在进入向量循环之前，要根据向量长度来计算迭代次数。当向量长度是编译未知量时，则生成动态计算迭代次数的指令。

2）数组参数传递

在串行编译系统中，数组作为实参传递的一般是数组的首地址，对于向量编译系统，数组或数组片段都可以作为实参。在后一种情况下，作为实参的数组片段可能不是一片连续的数组元素，也不一定是从数组的首地址开始的，参数传递的只是数组的首地址、体积、各维的上下界和增量，实际传送的是内情向量表的地址和表长。

3）表达式的并行计算

向量机都具有向量和标量两组功能部件，每组中又有多个功能部件，如何发挥各功能部件的作用，特别是向量和标量部件之间的并行工作，避免忙闲不均是向量编译器应重视的一个问题。为此在处理表达式时，要尽可能降低表达式树的高度，这样在同一级别中出现不同操作的可能性增大，有可能同时使用各功能部件，还有可能减少指令流和数据流的阻塞，保持流水线的畅通。

2．向量结构优化

向量编译器在将中间代码转换为机器的向量指令序列的过程中，要进行结构优化处理。尽管向量结构优化处理大部分是与机器结构相关的，但由于各种向量处理机结构上的相似性，向量结构优化所采用的技术基本上是通用的。

1）向量链接

向量计算机通常有多个向量功能部件，不同的向量功能部件不仅可以并行执行，还可以链接执行。链接指的是将从一个流水线部件得到的结果直接送入另一个功能流水线部件的操作数寄存器。也就是说，中间结果不必送回存储器，一旦前一个流水线产生的第一个结果可用，则后一个链接的流水线就可以启动。

向量链接除了要求指令序列满足基本的链接条件，有些机器还受"链接槽"的限制，也就是必须恰当地安排所需的功能流水线和操作数寄存器，否则上一条指令产生第一个结果数时，下一条指令还不能使用该数，从而导致错过"链接槽"，不能实现向量链接。但有些机器取消了"链接槽"，使得向量优化效率更高。

2）代码序列重排

代码序列重排一方面旨在将基本块中同类向量操作指令组合到一起，使功能部件充分满载执行。因为装满功能流水线的部件，建立新的数据通路是要有额外开销的，所以组合同类向量指令是向量代码优化的一个重要技术。代码序列重排另一方面旨在将标量操作指令散播到向量指令之间，以便使标量操作不占用程序执行的绝对时间，这是向量编译优化技术同传统代码优化技术的一个显著差异。

10.4　共享存储器并行机并行编译技术

共享存储器并行机的并行编译器的主要任务是在传统编译技术的基础上，有效地应用系统的同步通信机制组织程序在具有共享存储器的多个处理机上并行执行。

1. 预编译

20 世纪 80 年代以来，不论是共享存储器并行机还是分布存储器并行机，其并行编译系统都是对串行编译系统进行适当扩充，再加上并行运行库实现的。这一方面是由于系统结构对并行处理的支持只是提供一些基本的同步通信手段，程序并行执行还要靠软件大量控制，直接生成完成这些工作的指令太烦琐，因此选择了生成调用完成相应功能的并行运行库程序的方法。另一方面是由于多数并行语言不是扩充并行语句，而是扩充并行指导命令，把并行指导命令转换成相应的并行运行库调用可以采用预编译技术，在源语言一级完成。这样使得并行语言对串行语言有较好的继承性，也使得并行编译系统对串行编译系统有较好的继承性。

因此，并行编译系统对串行编译系统的主要扩充是增加一个预编译器。预编译阶段将完成主要的并行语言处理工作，包括：并行指导命令的语法语义分析、实现并行指导命令功能的程序改写和并行库调用等。

2. 可再入的目标代码

若使用传统的静态存储分配方式来支持并行任务执行，则只能采用多副本方式，即每个任务复制一个包括指令和数据在内的目标文件副本。但是，这样会占据大量的程序空间，同时使得任务数难以动态变化。目前，共享存储器多处理机的并行编译器均采用了栈式存储分配方式，通过将私有变量分配到栈中实现一个程序副本的可再入。这样一个程序副本可以由多个任务同时调用，每个任务调用时都将获得自己的私有变量空间。

并行编译程序在组织栈式存储分配空间时必须为当前过程的私有变量、临时存储区、过程参数区、寄存器保护区分配空间。

在生成一个过程的可再入目标代码时有三项工作：① 在入口处构造栈空间申请指令序列；② 在过程出口处构造栈空间释放指令序列；③ 在处理外部过程调用时构造将实参放到本过程栈空间的自变量区中的指令序列。

栈空间申请指令序列要完成的主要工作是：形成本过程栈空间，完成哑参数和实参数的结合，将需要保护的寄存器内容压入栈，修改堆栈指针、栈段指针使其指向本过程栈空间，使其后的程序代码在本过程栈空间中执行。栈释放指令序列的主要工作是从寄存器保护区中取出调用者栈的返回地址、程序状态字、栈段指针、堆栈指针等信息回写到对应寄存器中，并按返回地址返回。

本章小结

随着并行计算机的发展，并行程序设计语言逐渐走向成熟，并行编译技术也有了很大发展。

并行编译系统包括并行化工具、并行编译器和并行运行库等，其主要功能是将并行源程序转换为并行目标代码。现在比较成熟的系统是基于向量语言编译技术和共享存储器并行机编译技术的并行编译系统。

向量语言编译技术针对向量计算机，向量编译器的结构与串行编译器相似，但支持向量语言所表述的并行特性和向量计算机所呈现的并行结构。而共享存储器并行机的并行编译器主要是利用系统的同步通信机制组织程序，在具有共享存储器的多个处理机上并行执行。

随着并行程序设计语言的发展和走向成熟，并行编译技术随之成熟起来，它的标准化也取得了一定的进展。然而，客观事物本身内在联系的复杂性，使得并行编译技术的研究还面临着许多问题。但是我们相信，经过艰苦的努力和实践，并行编译技术一定会有更大的发展，一定会走向成熟。

习 题 10

10.1 并行编译系统具有哪些功能？

10.2 试简述并行编译系统的结构。

10.3 向量编译器由哪些部分组成？有哪些向量优化技术？

10.4 简述并行编译系统和串行编译系统的区别与联系。

附录 A
快速领域语言开发工具
Flex、Bison 及 LLVM

CP

在理论课程的学习后，可以通过实验更加牢固地掌握编译相关的知识。一种方法是全手动编程，完成本书附录 C 中的编程实验，加深对编译过程中词法、语法、语义分析的理解。另一种方法是利用本章将要介绍的内容，采用自动生成工具辅助完成相应实验。读者可以根据情况自行选择。

从工程实践的角度出发，在科研或工作中面对某领域的问题时，可能需要快速开发一种新的语言。为了提高其编译器开发的效率，可能需要多个工具软件配合起来使用，直至产生相应语言的可执行代码。

编译需要的语言开发工具参考如下。

❖ 词法分析器的生成器（Lexical Analyzer Generator）：可以使用 Flex 或 Lex 生成编译语言的词法分析器。

❖ 语法分析器的生成器（Parser Generator）：可以使用 Bison 或 Yacc 生成编译语言的语法分析器。

❖ 代码生成器（Code Generator）：可以使用 LLVM 或 GCC 生成由源代码解析得到的机器可读代码。

❖ 调试器（Debugger）：可以使用 GDB 或 LLDB 调试生成的代码，找出并修复错误。

❖ 构建系统（Build System）：可以使用 Make 或 CMake 等构建系统自动化构建过程并管理依赖关系。

以上工具可以一起用于构建小规模语言的完整编译器，具体方法可以根据项目和开发团队的偏好而不同。

快速词法分析器（Fast Lexical Analyzer，简称 Flex）是用于生成词法分析器或扫描器的工具。词法分析器读取输入文本并将其分解为较小的单词标记（Token），然后由语法分析器使用这些标记来构建解析树（Parser Tree）。Flex 生成一个 C/C++程序，可以识别一组指定的正则表达式，并生成处理相应标记的代码。生成的程序本质上是一个有限自动机，在输入文本上执行模式匹配，并基于匹配返回单词标记。

Flex 通常与 Bison 或 Yacc 这样的语法分析器生成器一起联合使用，用来创建编程语言的完整编译器或解释器。

Flex 可以处理具有高吞吐量的大型输入文件，广泛用于开发编程语言的编译器、解释器，以及其他需要高效模式匹配的应用程序。

Bison 能接受上下文无关文法的形式化描述，并生成 C/C++或其他编程语言的语法分析器。Bison 支持左结合和右结合运算符、优先级规则、错误恢复、语义动作，以实现符号表、类型检查或者生成中间语言。

A.1　Flex 简介

Flex 和 Lex 的历史可以追溯到 20 世纪 70 年代，当时计算机科学研究人员在寻找简化编写编译器和解释器的方法。

Lex（Lexical Analyzer Generator）是最早出现的词法处理工具之一，是由 Mike Lesk 和 Eric Schmidt 在美国贝尔实验室开发的，是简化编写词法分析器组件的编译器的工具。Lex 使用简单的语法定义来描述输入文本中要匹配的字符模式的规则，并生成识别这些模式的扫描器的代码。

Flex 是 Vern Paxson 在 20 世纪 80 年代开发的一个免费、开源的 Lex 实现工具，从多方面进行了改进，包括提高性能、给予更好的国际化支持、更灵活的规则语法。Flex 很快成为生成词法扫描器的首选工具，也是最广泛使用的扫描器生成器之一。目前，Flex 最新版本为 2.6.4，本书的例子在该版本下经过了测试。

Flex 和 Lex 对计算机科学领域产生了重要影响，使得研究人员更容易地编写高效和灵活的扫描器。Flex 逐渐成为词法分析领域的实现标准，也是文本处理和编译器生成的重要工具。

一个简单的 Flex 输入文件如下所示，可识别输入文本中的单词 hello 和 world。

示例 scanner-1.1

```
%{
    #include <stdio.h>
%}
%%
hello     printf("Hello, world!\n");
world     printf("Goodbye, world!\n");
.         printf("Unrecognized input: %s\n", yytext);
%%
int main(int argc, char **argv) {
    yylex();
    return 0;
}
```

Flex 的输入文件指定了三个匹配单词的模式：单词 hello 和 world，以及不是空格或换行符的任何其他字符。当 Flex 生成的扫描器在输入文本中遇到这些模式之一时，它会执行关联的操作，本例是打印一条消息到控制台。

要编译和运行此示例，可以在终端中使用以下命令：

```
flex scanner1.l
gcc -o scanner lex.yy.c -lfl
./scanner
```

Flex 的输入文件 scanner1.l 被处理生成一个 C 程序 lex.yy.c，使用 GCC 编译链接产生可执行程序 scanner，运行就可以识别输入的文本了。

为了使用 Flex 实现自动产生词法分析程序，可以按以下步骤进行。

（1）安装 Flex：从官方网站或软件包管理器下载并安装 Flex。

（2）编写 Flex 输入文件：编写正则表达式，以匹配输入文件中的模式；定义规则，以指定如何处理由正则表达式匹配的每个模式。

（3）使用 Flex 编译输入文件：使用 Flex 命令，从 Flex 输入文件生成 C 源文件。

（4）使用 C/C++编译器编译 Flex 的输出：使用 C/C++编译器编译生成的 C 源文件。链接编译后的目标文件创建最终可执行文件：链接编译后的目标文件与任何必要的库，以创建最终可执行文件。

（5）在所需的输入上运行可执行文件：运行产生的可执行程序，根据 Flex 输入文件中的规则，将待分析的源语文本识别为单词。

下面是一个完整的产生识别整数与浮点数的流程，有兴趣的读者可按以下步骤进行尝试。

（1）安装 Flex。Flex 可在多种平台上使用，包括 Linux、macOS 和 Windows。在 Ubuntu 系统上运行 sudo apt-get install flex 命令；其他环境类似，如 CentOS 上运行 sudo yum install flex 命令。

```
$ sudo apt-get install flex
Reading package lists... Done
Building dependency tree
Reading state information... Done
...
...
Setting up flex (2.6.4-6.2) ...
Setting up libfl-dev:amd64 (2.6.4-6.2) ...
Processing triggers for man-db (2.9.1-1) ...
Processing triggers for install-info (6.7.0.dfsg.2-5) ...
```

（2）编写一个 Flex 的输入文件。该文件指定要处理的语言的词法结构。输入文件将包含定义要识别的模式的正则表达式，以及与每个模式匹配时要执行的关联操作。将输入文件保存为文件 scanner2.1，其中定义了一个简单识别整数、浮点数的规则，内容如下。

```
1.      %{
2.          #include <stdio.h>
3.      %}
4.      %%
5.      [0-9]+              { printf("INTEGER: %s\n", yytext); }
6.      [0-9]+"."[0-9]*     { printf("FLOAT: %s\n", yytext); }
7.      [ \t\n]            { /* 制表符和换行符不产生输出 */ }
8.      .*                 { printf("Invalid input: %s\n", yytext);   // 可与.比较 }
9.      %%
10.     int main(int argc, char** argv) {
11.         yylex();
12.         return 0;
13.     }
```

注意其中的第 8 行规则，如果缺少闭包标志 "*"，执行识别时的结果会有所不同。样例中首列的行号是为了便于解释说明每行功能而额外附加的，实际实验中不需要。

（3）利用 Flex 工具产生词法分析的 C 语言程序，运行命令 flex scanner2.1，将产生 lex.yy.c 文件。

（4）编译、链接 lex.yy.c，产生词法分析可执行程序 scanner。

以上两步的命令参考如下。

```
$ flex scanner2.1
$ gcc -o scanner lex.yy.c -lfl
```

（5）运行产生的可执行程序 scanner。为测试方便，先准备一个测试数据文件 input.txt，内容如下。

```
1234
56.78
90
1.234
bad_input
```

然后将 input.txt 作为词法分析程序 scanner 的输入，就能输出对应的识别结果：

```
$ ./scanner < input.txt
INTEGER: 1234
FLOAT: 56.78
INTEGER: 90
FLOAT: 1.234
Invalid input: bad_input
```

注意 input.txt 文件中的第 5 行内容为符号串 bad_input，其识别是由规则文件 example2.l 中第 8 行完成的，如果将 example2.l 中第 8 行规则由 ".*" 修改为 "."，可以发现对应的识别结果是不同的。读者也可以尝试去掉第 8 行，观察对应的结果。另外，在编译链接 lex.yy.c 时使用了参数 "-lfl"，因为在 Flex 中，词法分析程序会调用相应的库函数，这些库函数实现了诸如读取缓冲区字符、文件定位、错误处理等基本操作。参数 "-lfl" 表示连接这个库文件。

上例实际也反映了 Flex 的工作原理，即 Flex 能将用户定义的一组正规式规则转换成高效的词法分析器程序，分析器读入输入文本流，识别出与规则匹配的字符序列，进而这些字符序列构成了单词标记，实现了将输入文本分解成最基本的单元。Flex 的工作过程概括如下。

（1）输入规则：用户定义一组规则，这些规则指定了如何识别输入文本中的模式，并使用正则表达式描述这些模式。

（2）产生单词扫描器（Scanner）：Flex 处理这些输入的规则，并生成用 C 语言编写的扫描程序，其中包含读取输入文本并识别出符合正则表达式模式的单词标记。将扫描程序编译成可执行文件，并在输入文本上运行它。

（3）输入处理：扫描器程序读取输入文本并逐个字符进行处理。在处理输入时，它会尝试按照顺序将输入与每个规则匹配。找到匹配项后，将执行与规则关联的相应操作。

（4）输出：扫描器程序输出的是输入文本构建最基本的单词标记序列。另外，扫描器程序可以将这些标记传递到处理流程的下一阶段，如语法分析器。

（5）Flex 提供的这种快速高效的扫描机制，能生成与用户定义的特定规则集合对应的高度定制的优化代码。另外，通过高级、用户友好的语言（正则表达式），提供了编写和维护规则的便捷方法。

另外，在前面提到的输入正规式规则的处理问题上，正规式对文本中字符模式的描述非常紧凑、灵活，而 Flex 利用编译理论中描述的有穷自动机（Finite Automata），通过从状态到状态的转换，完成对符合用户定义的符号模式的识别。所以，Flex 将正规式与有穷自动机结合而形成了文本处理的有力工具，提供了高效、灵活的产生词法分析器的工具。

A.2 Flex 输入文件的格式

Flex 的输入文件由三部分组成：定义部分、规则部分和用户代码部分。各部分之间用无缩进的 "%%" 分割。例如：

```
definitions              // 定义
%%
rules                    // 规则
%%
user code                // 用户代码
```

1. 定义（definitions）部分

Flex 输入文件的定义部分是为后续规则进行准备的，可以包含一些简单的名称定义。这些名称定义可用于后续的规则部分，使其易于编写和阅读。名称定义采用如下形式：

```
name  definition                    (即：名字  定义)
```

其中，name 部分以字母或者下画线开头，后面加上零个或者多个字母、数字、下画线、连接符组成的串；definition 部分是从紧接着名字的非空白符开始的符号串，一直到该行的行末，用正规表达式编写。某个名字 name 一旦定义后，后面可以通过添加"{ }"的方式{name}直接引用。例如：

```
DIGIT [0-9]
```

定义了名字 DIGIT 及其对应的表示单个数字的正规式定义。后面就可以引用它，完成更复杂的浮点数正规式规则，例如：

```
{DIGIT}+"."{DIGIT}*
```

其中，{DIGIT}代表了 0～9 中任意一个数字；"+"表示正闭包，"."表示小数点；{DIGIT}*表示 0～9 中任意数字可以出现零次或者若干次，即闭包。这三部分连接构成浮点数。这个写法与下面的写法效果是相同的，都表示匹配一个或多个数字，跟一个小数点，后面接零个或多个数字。

```
[0-9]+"."[0-9]*
```

在定义部分，未缩进的注释内容类似于 C 语言，以"/*"标记开头，直到紧邻的"*/"标记结束，注释将被直接复制到输出文件中。

类似地，缩进的内容或者是被"%{"和"%}"标志围住的内容，也被直接复制到输出文件中。当然，"%{"和"%}"标志被去除。这里，"%{"和"%}"作为识别标志，在实验中必须顶格，不能缩进。

另外，"%top{…}"标志也可以定义块，与"%{…%}"定义的块类似，不过"%top"块会被复制到输出文件的开头，可以用来定义某些宏或者头文件。例如，定义头文件 math.h：

```
%top{
    /* 这部分代码会被复制到输出文件的开头 */
    #include <math.h>
}
```

也允许定义多个"%top"块，这些块的内容都会被复制到输出文件中。复制后，相对顺序保持不变。

2. 规则（rules）部分

Flex 输入文件的规则部分是由多条规则组成的，形式如下：

```
pattern  action                     (即：模式  动作)
```

同样，模式 pattern 不能缩进，动作 action 部分必须在同一行。

后面会详细介绍如何编写模式和动作代码。

在规则部分，如果是缩进写的文本或者是用顶格的符号对"%{"和"%}"包围的文本，也会被原封不动复制到输出文件中，"%{"和"%}"会被去掉。这种方法一般用来定义扫描过程的一些局部变量，或者每次进入扫描过程都要执行的代码。注意，这部分代码一定要写在第一条规则之前。否则，被复制到输出文件中时，因为位置不确定，当进一步编译生成词法分析器时，很可能出现编译错误。

3. 用户代码（user code）部分

用户代码部分会被直接复制到文件 lex.yy.c 中。这部分可以放一些与扫描器相关的函数，用来调用扫描器或者被其调用。例如，当输出文件作为一个独立程序运行时，在用户代码部分可以加入 main 函数及其实现。用户代码这部分不是必需的，如果 Flex 的输入文件中没有用户代码部分，那么输入文件中的第二处的"%%"标志也可以省略。

前面 Flex 输入文件 scanner3.1 增加 DIGIT 名字定义后，如下所示。

```
1.      %{
2.      #include <stdio.h>
3.      %}
4.      DIGIT [0-9]
5.      %%
6.      {DIGIT}+            { printf("INTEGER: %s\n", yytext); }
7.      {DIGIT}+"."{DIGIT}* { printf("FLOAT: %s\n", yytext);    }
8.      [ \t\n]            { /* 制表符和换行符不产生输出 */ }
9.      .*                 { printf("Invalid input: %s\n", yytext); }
10.     %%
11.     int main(int argc, char** argv) {
12.         yylex();
13.         return 0;
14.     }
```

可以继续增加注释、全程变量及部分代码，完成统计整数、浮点数、空白符、无效单词的功能。

```
1.      /* 注释: 增加统计整数、浮点数、空白符、无效符号的变量  2023-03 */
2.      %{
3.          int digitNumber=0;
4.          int floatNumber=0;
5.          int whitespaceNumber=0;
6.          int invalidNumber=0;
7.      %}
8.      DIGIT [0-9]
9.      %%
10.     {DIGIT}+              { printf("INTEGER: %s\n", yytext);    digitNumber+=1; }
11.     {DIGIT}+"."{DIGIT}*   { printf("FLOAT: %s\n", yytext);    floatNumber+=1; }
12.     [ \t\n]              { whitespaceNumber+=1; }
13.     .*                   { printf("Invalid: %s\n", yytext);    invalidNumber+=1; }
14.     %%
15.     int main(int argc, char** argv) {
16.         yylex();
17.         printf("Integer Number:%d, Float Number:%d, WhiteSpace Number:%d,
                Invalid Number:%d\n",digitNumber,floatNumber,whitespaceNumber,invalidNumber);
18.         return 0;
19.     }
```

定义部分，第 1 行注释及"%{"与"%}"之间的 3～6 行的内容会被直接复制到 lex.yy.c 中。实验时，读者可以打开该文件找到对应的内容。这部分定义了 digitNumber 等整型变量，初值为 0，用于后续统计各种单词出现的次数。

规则部分，通过"{DIGIT}+"表示整数的匹配模式，当扫描发现符合模式的符号串时，扫描程序执行后面的动作部分，将计数变量增加 1。

用户代码部分，目前只包括一个 main 函数，先调用 Flex 工具生成的函数 yylex，完成扫描工作，然后通过 printf 函数，将最终的各类计数输出。

类似前面的步骤，生成扫描器可执行程序，处理输入文本 input.txt 后，运行结果如下。

```
$ flex scanner3.l
$ gcc -o scanner lex.yy.c -lfl
$ ./scanner <input.txt
INTEGER: 1234
FLOAT: 56.78
INTEGER: 90
FLOAT: 1.234
Invalid input: bad_input
Integer Number:2, Float Number:2, WhiteSpace Number:5, Invalid Number:1
```

输入文本 input.txt 的匹配是如何进行的呢？当运行产生的可执行程序 scanner 时，它分析输入的符号，寻找符合任何规则列出的模式的串。

当匹配到某规则后，对应的符号串被保存到全局符号串指针变量 yytext 中，符号串长度也被存放到全局整型变量 yyleng 中。与匹配模式对应的动作代码也将被执行（详细描述见 A.4）。之后，继续扫描剩余的输入，寻找下一个匹配。

注意，yytext 有两种类型可以选择，一种是字符指针，另一种是字符数组。可以控制 Flex 使用 yytext 的类型，只要在 Flex 源文件的定义部分增加特别的行"%pointer"或者"%array"，若不指明，默认是前者表明指针类型。或者在用 Flex 生成 lex.yy.c 时加参数"-l"，这时 yytext 是被当作数组处理。用指针的优势是扫描速度较快，当匹配非常大的符号串时，不会溢出缓冲区，缺点是对 yytext 内容的修改不方便，此时通过函数 unput 可以消除 yytext 中保存的内容。

用"%array"指令可以修改 yytext 的内容，调用函数 unput 也不会毁坏 yytext 中存放的内容。yytext 数组默认一般足够大，但可以通过在 Flex 源文件的定义部分增加语句"#define YYLMAX …"实现控制。

注意，如果找到多于一个的匹配项，Flex 会取最长匹配符号串；如果找到两个或者更多长度相等的匹配项，会选择 Flex 源文件中排在前面的规则。本例中，浮点数为 56.78，子串 56 也符合整数的规则，但按最长匹配时，子串 56 与后续的符号就形成了浮点数。

如果没有找到任何匹配，默认认为下一个输入中的单个符号是匹配的，并将之复制到标准输出中，所以在实验中会出现所有没被匹配的符号都被原样输出的情况。

例如，如果 Flex 源程序只包含一行，即"%%"，那么产生的扫描器将把输入文件逐个符号复制到输出文件中。

A.3　Flex 中正规表达式的约定

Flex 在规则部分中的 pattern 模式部分，使用的是正规式的扩展集合，如表 A.1 所示。

表 A.1　Flex 中规则匹配模式部分采用的扩展正规式约定

Patterns（模式）	如何匹配、例子及说明	备 注
x	匹配单个符号 x	
.	匹配任意符号（字节），除了换行符	
[xyz]	匹配一个符号集合中某个元素。本例是匹配集合中符号 x、y、z 中的某一个符号	符号集合中一般的正规式符号都失去特殊意义，但转义符号"\"、集合运算符号"-"和"]"、集合首部的"^"除外
[abj-oZ]	匹配一个包含范围的符号集合。本例匹配 a、b、字母 j 到 o、Z 中的某一个符号	
[^A-Z]	否定符号集合，匹配任何不在集合中的符号；本例中匹配除大写字母 A 到 Z 之外的其他符号	集合中不含换行符\n 时，否定后会匹配新行；[^]*在输入文件中没有"时，能匹配整个文件
[^A-Z\n]	一个否定符号集合。本例匹配任何除大写字母及换行符之外的符号	
r*	闭包，匹配零个或者多个 r，r 表示任意正规式	
r+	正闭包，匹配一个或者多个 r	
r?	可选项，匹配零个或者一个 r	
r{2,5}	匹配 2～5 个 r	
r{2,}	匹配 2 个或者更多个 r	
r{4}	匹配恰好 4 个 r	
{name}	使用前面 definition 定义部分某个名字 name 的定义	
"[xyz]\"foo"	"表示匹配引号内符号按字面进行。本例匹配符号串[xyz]"foo	"包含的部分中的[、]按普通字符进行
\X	如果 X 是 a、b、f、n、r、t、v 中的符号，按标准 C 语言规定的对应转义符号匹配，其他则按 X 字面进行匹配	\n 按换行符匹配；*按符号*进行匹配，这里"*"不表示闭包
\0	NUL 字符（ASCII 编码 0）	
\123	匹配八进制符号，如八进制 123	
\x2a	匹配十六进制符号，如十六进制 2a	
(r)	匹配正规式 r；"( )"用于覆盖优先级	
rs	连接运算，匹配正规式 r 及后面跟随的正规式 s	
r|s	或运算，匹配正规式 r 或者 s	
r/s	匹配正规式 r，当其后跟着 s 时进行匹配。属于尾部上下文规则	规则中只能用一次"/"或者"$"，表示尾部上下文匹配，在"( )"内不能表示尾部上下文
^r	匹配正规式 r，当其位于一行首部时	符号"^"必须出现在规则开头，否则按普通符号处理
r$	匹配正规式 r，当其位于一行尾部时，等效表达 r\n。属于尾部上下文规则	符号"$"必须在一行结束，否则按普通符号处理
<s>r	匹配正规式 r，该规则在扫描器处于条件 s 状态下才生效，如 <STRING>[a-z]*{}	当处于 STRING 条件开启时，规则[a-z]*生效。条件名字实际上是一些整数值，通过 BEGIN 指令切换状态
<<EOF>>	匹配文件结束符。例如，<<EOF>>{ yyin= fopen("demo.txt","r");}作为单独模式使用，后续动作一般是将 yyin 指向新文件，或者返回	

　　表中，正规式是按优先级从高到低排列的。"*"优先级最高，连接运算其次，最后是或运算符"|"。例如，big|apple*与(big)|(appl(e*))等价。如果需要表示一个 big 符号串或者零到多个 apple 符号串，则用 big|(apple)*；而匹配零到多个 big 或者 apple，则用(big|apple)*。

A.4　Flex 动作部分的编写

Flex 每条规则的模式（pattern）有对应的动作部分（action），用 C 语言编写。规则的模式部分以第一个非转义的空白符结束，后面的就是动作部分。

❖ 如果动作部分内容为空，那么模式匹配后，相应的符号串就被直接丢弃。

❖ 如果动作代码跨多行，就需要用符号"{"和"}"标出对应动作代码。

❖ 如果动作代码的位置仅使用"|"标志，就表示该动作代码与下一条规则的动作相同。

语法分析过程中常会调用词法分析器来获取下一个单词。所以，这里的动作代码可以包含 return 返回语句，使函数 yylex 向调用者返回单词的种别码，而单词自身的值通过宏 yylval 传递。可以将 yylval 理解为指向单词语义值指针，单词具体类型由语法分析定义，如 int 类型或者 char*类型。另外，每次 yylex 函数被调用时，会接着上次的位置不断处理单词，直到执行了 return 语句或者遇到文件结束标志。

关于返回的单词信息的编码约定，可以使用头文件的方式，后面介绍的 Bison 工具能自动生成单词编码的头文件。Flex 可以通过"%option bison-bridge"产生与 Bison 兼容的 yylex 函数。例如，语法规则中若定义了单词 INTEGER，则相应 Flex 源码部分内容可能如下：

```
1.      %{
2.          #include "parser.tab.h"              /* 由 Bison 产生该头文件 */
3.      %}
4.      DIGIT [0-9]
5.      %%
6.      {DIGIT}+  { yylval->num = atoi(yytext);    return INTEGER;}
```

其中的第 6 行是将数字串 yytext 转换成整数后，存入宏扩展变量 yylval，并按头文件 parser.tab.h 中约定的单词种别类型值 INTEGER 返回。

对应的语法分析规则文件 parser.y 的部分代码如下：

```
1.      %{
2.          ...
3.      %}
4.      %union{
5.          int  num;
6.          char *str;
7.      }
8.      %token <num> INTEGER
9.      %token <str> STRING
10.     ...
```

其中，第 4～7 行定义了两种单词的类型，分别是整型 num 和符号指针 str；第 8 行定义了单词 INTEGER，其类型为整型，值可以通过 num 存放。

通过 Bison 工具运行命令 bison -d parser.y，能自动产生相应的 parser.tab.h 头文件，供上面 Flex 输入文件的第 2 行#include 使用。

A.5 Bison 简介

Bison 是语法分析器生成器（Parser Generator），向上兼容 YACC 工具，能将上下文无关文法（context-free）转换成确定的 LR(1)分析算法或者广义的 LR 分析算法，从而实现语法分析。目前最新的 Bison 版本编号为 3.8.2，更新后的分发许可允许其生成的语法分析器也能用于非免费的程序中。

在 Ubuntu 系统上，通过运行命令 apt-get install bison，安装 Bison，再运行命令 bison version，可以查看安装后的版本信息。例如：

```
$ sudo apt-get install bison
Reading package lists... Done
...
update-alternatives: using /usr/bin/bison.yacc to provide /usr/bin/yacc (yacc) in auto mode
Processing triggers for man-db (2.9.1-1) ...
$ bison --version
bison (GNU Bison) 3.5.1
...
This is free software; see the source for copying conditions.  There is NO
warranty; not even for MERCHANTABILITY or FITNESS FOR A PARTICULAR PURPOSE.
```

实验中 Bison 输入文件主要的任务是产生与被分析的语言源程序对应的抽象语法树。为了完成该任务，需要了解 Bison 工具使用的基本方法。

运行 Bison 工具时，传递给 Bison 一个文法的描述文件作为其输入，而产生的输出内容中最重要的部分是一个 C 语言源码，其中实现了文法描述的语言的语法分析器。这里的 C 语言源码被称为语法分析器实现文件。实现文件中有一个定义为 yyparse 的函数，就是语法分析函数。另外，需要词法分析函数以及错误处理函数，供 yyparse 调用，可运行的 C 程序还需要相应的 main 函数。实现文件中所有变量都用 yy 或者 YY 开头，包括接口函数，如词法分析函数 yylex、错误打印函数 yyerror、语法分析函数 yyparse。所以在编写 Bison 语法文件时，除了需要使用的由 Bison 定义的变量，用户自己定义的变量名应尽量避免使用 yy 或者 YY 开头。

用 Bison 来实现设计的语言时，从文法文件到能工作的编译器或者解释器，需要完成以下内容。

- ❖ 以 Bison 能识别的方式，编写一个语言的文法；为每个文法规则，编写当其被识别时需要执行的语义动作代码。动作代码就是 C 语言的语句。
- ❖ 编写一个识别语言单词的词法分析程序，向语法分析器传递单词信息。可以用手工编写，也可以用 Flex 等工具生成。
- ❖ 编写一个流程控制程序，调用 Bison 产生的语法分析器。
- ❖ 编写一个错误处理流程。

从源码到可执行程序，可以采用以下步骤。

（1）运行 Bison 工具，处理文法文件并产生语法分析器的代码。

（2）编译前面输出的代码及其他需要的源代码，产生目标文件。

（3）链接目标文件，以产生最终可以执行的程序。

A.6 Bison 输入文件的格式

Bison 能接收采用上下文无关文法描述的语法规则作为其输入文件，处理后，输出对应的 C 语言编写的语法识别程序。这个流程与前面介绍的 Flex 非常类似。

Bison 输入文件用 .y 结尾，其中语法规则的文法部分是用巴科斯 – 诺尔范式（Backus-Naur Form，BNF）描述。

A.6.1 Bison 语法的大致结构

Bison 输入文件也由三部分组成：定义部分、规则部分和辅助程序部分。各部分都采用不缩进的 "%%" 进行分割，其格式如下。

```
%{                                  // 定义部分
    Prologue                        // 序幕代码
%}
Bison declarations                  // Bison 声明
%%
Grammar rules                       // 规则部分
%%
Epilogue                            // 辅助程序部分
```

定义部分和辅助程序部分都可以为空；当没有辅助程序部分时，第 2 个 "%%" 可以省略，但是第 1 个 "%%" 是必需的。

序幕代码（prologue）的内容与 Flex 类似，也用 "%{" 和 "%}" 标志包围，会被复制到语法分析器的 C 语言源码中。例如在后面的实验中，这部分写入了 YYLTYPE 的定义内容，以实现位置信息的记录。

序幕代码定义后面规则中用到的类型和变量，声明词法分析函数 yylex、错误打印函数 yyerror、其他全程变量，也可以用预处理命令定义宏，或者用#include 引入包含这些内容的头文件。

Bison 声明用来声明终结符、非终结符的名字，也可以包括符号的优先级和不同符号的语义值的类型。

规则部分定义形成每个非终结符的相应部分。

辅助程序部分可以包含任何需要使用的代码，一般包括序幕代码声明了的函数对应的实现定义。一个比较简单的输入文件可以将程序剩余的内容都放在这部分。

另外，Bison 的多行注释用 "/*" 和 "*/" 包围，单行注释用 "//" 标记，处理时会跳过这些注释。

A.6.2 逆波兰式计算器的例子

Bison 手册附带了一个双精度逆波兰式计算器的例子，文件名为 rpcalc.y。

其定义部分如下。

```
/* 逆波兰式计算器 */
%{
```

```
        #include <stdio.h>
        #include <math.h>
        int yylex (void);
        void yyerror (char const *);
    %}
    %define api.value.type {double}
    %token NUM
```

定义部分中的#include 对应的两行用来包含相应的头文件，提供标准输入/输出函数、数学运算函数的相关信息。

后面是 yylex 和 yyerror 函数声明，C 语言要求函数使用前需先声明。对应函数定义可以放在末尾的辅助程序部分。

最后是 Bison 声明，定义了变量类型和终结符名称信息。

其中，%define 指令定义了变量 api.value.type，用 C 语言的数据类型来描述单词和语法成分。如果不显式定义，那么默认类型是整型 int；上面已经指定了 {double}，则单词和表达式相应值都是双精度浮点数类型 double。C 语言中可以用 YYSTYPE 引用 api.value.type 的值。

如果终结符不是单个字符，就必须声明。上例中，所有运算都是单个字符，只有数字串需要用终结符 NUM 表示，所以通过指令%token NUM 声明。

该例子的语法规则和语法动作部分如下。

```
1.      %%    /* 语法规则及相应动作 */
2.      input:
3.          %empty
4.          | input line
5.      ;
6.      line:
7.          '\n'
8.          | exp '\n'{ printf ("%.10g\n", $1); }
9.      ;
10.     exp:
11.         NUM
12.         | exp exp '+' { $$ = $1 + $2; }
13.         | exp exp '-' { $$ = $1 - $2; }
14.         | exp exp '*' { $$ = $1 * $2; }
15.         | exp exp '/' { $$ = $1 / $2; }
16.         | exp exp '^' { $$ = pow ($1, $2); }        /* 幂运算 */
17.         | exp 'n' { $$ = -$1; }                      /* 一元运算，取反 */
18.     ;
19.     %%
```

逆波兰式计算器语言使用了 3 个非终结符，即 exp（表达式）、line（行）、input（全部输入）。非终结符与其规则之间用 ":" 隔开，若同一个非终结符有多条候选规则，则用 "|" 连接下一条候选规则，最后用 ";" 表示规则结束。

语言的语义由动作代码来决定。动作代码在规则右边，是用 "{ }" 包围的 C 语言代码。规则右边成分被识别出来后，会执行对应的动作代码。

当用 C 语言编写动作代码时，Bison 提供了在规则间传递语义值的方法。在每个动作中，用伪变量$$表示规则左侧被规约成的非终结符的语义值。而规则右侧的语法成分的语义值用

$1、$2、…依次引用。实际上，语义动作的主要任务之一，就是完成对$$的赋值。

上例中的第 2～5 行描述了一个合法的 input 是空串或者由一个 input 和一个 line 构成。这里 input 规则用了左递归。第一个候选式为空，说明 input 可以与空符号串匹配，测试计算器时，运行程序并直接按 Ctrl+D 组合键也是合法的。空规则写在候选式的最前面，并用可选的指令%empty 表示，还可以直接用注释/*empty*/标出空规则。第二个候选式 input line 表示 input 后面如果还有一个 line，可以继续读入，形成 input。左递归形成了循环，又因为第一个候选式是空，循环相当于可以进行零次或者多次。

语法分析函数 yyparse 将不停处理输入文件，直到遇到语法错误或者词法分析程序反馈后续没有输入单词符号时才结束。

第 6～9 行第一个候选式为'/n'，表示识别出单个换行符，后面没有动作代码，说明空行可以被识别并被略过。第二个候选式 exp '/n'是一个表达式 exp 跟一个换行符。这条候选式有语义动作，非终结符 exp 的语义值是$1，因为它位于候选式的第一个符号。语义动作将打印出表达式 exp 的语义值。这个语义动作有点小问题，即没有为$$赋值，后果就是 line 的语义值没有被初始化。如果其他语义动作使用 line 的语义值，就会引起错误。本例直接引用 exp 的语义值$1就能完成打印计算结果，不需要使用 line 的语义值。

第 10～18 行非终结符 exp 有多条候选式规则，每条都是一类表达式。第一条是最简单的表达式，只包含数字。第二条处理加法逆波兰式，是两个表达式后面跟一个加号，第三条是减法，以此类推。这里用"|"将所有规则连起来表示 exp，也可以将每个候选式单独写一条规则。

规则中用$1 表示候选式中的第一个 exp 的语义值，类似$2 表示第二个，第三个元素的"+"没有相应需要的语义值。如果这里的"+"也有语义值，就用$3 表示。另外，第 10～11 行规则实际上对应了默认的语义动作{$$=$1;}。

当 yyparse 识别出一个求和的表达式时，就会使用第 12 行的规则，并将两个子表达式语义值 $1、$2 相加，结果赋给规则左边的 exp，表示整个表达式的值。

不用每条规则都加语义动作，当规则没有语义动作部分时，Bison 会将$1 赋值给$$。

实际上，Bison 可以接受候选式写成一行的方式，可以随意修改空白符。但例中的格式更推荐使用，因为这种格式便于阅读。

逆波兰式计算器的词法分析，将跳过空格和缩进，当读入浮点数时会返回单词种类 NUM，读入其他单个字符时，将字符作为种类返回。

Bison 规则中的单词在语法分析阶段，需要用 C 语言加工出种类的数字编码。第 11 行的 NUM 作为 C 语言枚举整型将被函数 yylex 通过 return 语句返回，'+'等单字符视作整数值返回。

单词若需要语义值，则可以通过全程变量 yylval 存放和传递，Bison 语法分析器从其中取用。而 yylval 的 C 语言数据类型是 YYSTYPE，已在前面通过指令%define api.value.type {double}完成了定义。

Bison 以非正值作为输入文件结束，例中通过单词种类 YYEOF 表示文件结束。

逆波兰式计算器的词法分析可以用手工代码：

```
#include <ctype.h>
#include <stdlib.h>
int yylex (void) {
    int c = getchar();
    while (c == ' ' || c == '\t')              /* 跳过空白符号 */
```

```
        c = getchar();
    if (c == '.' || isdigit(c)) {                    /* 处理浮点数 */
        ungetc(c, stdin);
        if (scanf("%lf", &yylval) != 1)
            abort();
        return NUM;
    }
    else if (c == EOF)                               /* 返回文件结束标志 */
        return YYEOF;
    else                                             /* 返回单个字符 */
        return c;
}
```

为了让语法分析器运行起来，还需要在 main 函数中调用 yyparse 函数：

```
int main (void) {
    return yyparse();
}
```

另外，当 yyparse 函数发现语法错误时，会调用错误打印函数 yyerror，打印错误信息，参考如下。

```
#include <stdio.h>
void yyerror (char const *s) {                       /* 错误打印函数，会被 yyparse 调用 */
    fprintf(stderr, "%s\n", s);
}
```

本例比较简单，所以可以将所有的内容放到一个语法文件中，如将 yylex、yyerror、main 的定义放到最后，属于辅助程序。而比较大的项目可以用多个文件存放，用 make 工具组装。

所有代码都在语法文件中后，运行如下命令，将其转换成语法分析器的实现代码。

```
$ bison rpcalc.y                               /* 将语法文件转化成语法分析器实现文件 */
$ ls
rpcalc.tab.c rpcalc.y
$ gcc -o rpcalc rpcalc.tab.c -lm               /* 用 GCC 编译分析器实现文件 */
$ ls
rpcalc  rpcalc.tab.c  rpcalc.y
$ ./rpcalc                                     /* 运行可执行程序，测试逆波兰式计算器 */
5 6 +
11
5 6 + 1 2 3 *+-
4
5 6 + 1 2 3* + - n                             /* 注意一元取反运算 n */
-4
1 3 / 4 n +
-3.666666667
2 10 ^                                         /* 幂运算 */
1024
^D                                             /* 组合键 CTRL+D 表示输入结束 */
$
```

本例语法文件为 rpcalc.y（Reverse Polish Calculator，逆波兰式计算器）。Bison 会产生语法分析器文件，以 .tab.c 结尾，前面加上语法文件名的前缀，如 rpcalc.tab.c。该文件包含了 yyparse 的实现代码，而辅助程序中 yylex、yyerror、main 函数的代码被原样复制到其中。

接下来，可以修改 rpcalc 的规则文件，从而完成中缀式计算器 calc，其中会涉及符号优先级的问题。语法文件名为 calc.y，语法部分如下，yylex、yyerror、main 函数与前面相同。

```
1.      /* Infix notation calculator. */
2.      %{
3.          #include <stdio.h>
4.          #include <math.h>
5.          int yylex(void);
6.          void yyerror(char const *);
7.      %}
8.      %define api.value.type { double }
9.      %token NUM
10.     %left '-' '+'
11.     %left '*' '/'
12.     %precedence NEG              /* negation--unary minus */
13.     %right '^'                   /* exponentiation */
14.     %%                           /* Grammar rules and actions follow. */
15.     input: %empty| input line;
16.     line: '\n'| exp '\n' { printf("%.10g\n", $1); };
17.     exp:
18.         NUM
19.         | exp '+' exp { $$ = $1 + $3; }
20.         | exp '-' exp { $$ = $1 - $3; }
21.         | exp '*' exp { $$ = $1 * $3; }
22.         | exp '/' exp { $$ = $1 / $3; }
23.         | '-' exp %prec NEG {$$=-$2;}
24.         | exp '^' exp { $$ = pow ($1, $3); }   /* Exponentiation */
25.         | '(' exp ')' { $$ = $2; }             /* Unary minus */
26.         ;
27.         %%
```

其中，第 9 行用%token NUM 声明了单词类别名称 NUM，但不指明结合律或者优先级。第 10 行用指令%left '-' '+'声明了单词类别'-'和'+'，并且表示结合律为左结合。类似地，右结合可用指令%right 表示。操作的优先级按声明时所在行的位置决定，行号值大的（页面更下方）优先级更高。例子中，第 13 行的幂运算'^'优先级最高，其次是 NEG，再次是*、/，以此类推。一元减号 NEG 没有结合律，只涉及优先级，用指令%precedence NEG 声明。引入优先级和结合律可以简单地处理语法分析中的冲突。

另外，第 23 行中的指令%prec 表示候选式'-' exp 与 NEG 具有相同的优先级。

对应的可执行程序运行结果如下。

```
$ ./calc
22+13
35
-18+9--8
-1
-2 ^2
-4
```

当输入文本不符合语言文法时，yyparse 会调用 yyerror 打印错误，并向上返回，导致计算器程序退出运行。

Bison 包含了一个保留字 error，可以用到语法规则中。可以将前面例子规则中的第 16 行 line 规则进行扩充，增加一个候选式 error '\n'，如下。

```
line:
  '\n'
  | exp  '\n' { printf ("%.10g\n", $1); }
  | error '\n' { yyerrok; }
  ;
```

增加的规则实际上能完成语法的简单错误恢复。当不能从输入文本中解析出表达式时，第三个候选式能匹配该错误，从而继续进行语法分析。函数 yyerror 仍会被调用，以打印错误信息，动作中的 yyerrok 是 Bison 定义的宏，表示错误恢复完成。

如果需要在错误信息中显示中缀计算式的具体位置，提高错误信息的准确性，可以用 Bison 中提供的位置信息结构：first_line、first_column、last_line 和 last_column，行列号从 1 开始。例如，为 exp 候选式中的除法增加除零的判断，并报告出错的行列号：

```
exp:
  NUM
  | ...
  ...
  | exp '/' exp {  if ($3)
                     $$ = $1/$3;
                   else {
                     $$ = 1;
                     fprintf(stderr, "%d.%d-%d.%d: division by zero", @3.first_line,
                         @3.first_colum, @3.last_line, @3.last_colum);
                   }
                }
  | ...
```

其中，为了访问候选式中第 n 个语法单元的位置信息，需要使用伪变量@n。另外，@$赋值是自动完成的，会被设置为从第 1 个语法单元行列号开始，到最后一个单元的行列号结束。该计算也可以手动编码完成。

每个单词位置信息的处理，都可以在词法分析函数中完成，然后通过 Bison 提供的 yylloc 变量传递结果。该变量对应的默认类型是结构 YYLTYPE，包含前面用到的 first_line 等四个变量。手动在 yylex 函数中实现位置计算的代码如下，注意需要对 yylloc 提前进行赋初值。

```
int yylex (void) {
    int  c;
    while ((c = getchar()) == ' ' || c == '\t')
        ++yylloc.last_column;
    yylloc.first_line = yylloc.last_line;
    yylloc.first_column = yylloc.last_column;
    if (isdigit (c)) {
        yylval = c-'0';
        ++yylloc.last_column;
        while (isdigit(c=getchar())) {
            ++yylloc.last_column;
            yylval = yylval*10+c-'0';
        }
```

```
                ungetc(c, stdin);
                return NUM;
        }
        if (c == EOF)
            return YYEOF;
        if (c == '\n') {
            ++yylloc.last_line;
            yylloc.last_column = 0;
        }
        else
            ++yylloc.last_column;
        return c;
    }
```

修改后的词法分析在返回某个单词种类时，同时完成了语义变量 yylval 及位置变量 yylloc 的赋值，这样在语法分析器中就可以通过相应的伪变量使用这些信息。main 函数对 yylloc 赋初值，参考如下。

```
int main (void) {
    yylloc.first_line = yylloc.last_line = 1;
    yylloc.first_column = yylloc.last_column = 0;
    return yyparse ();
}
```

位置信息计算不属于语法考虑的范围，一般在词法分析中进行，每个符号读入后，都需要更新相应的信息。

另外，上面的计算器例子经过修改，还可以实现更为复杂的计算功能，如调用数学函数 sin、cos 等。可以模仿前面文法，引入新的运算符号完成这个任务，或者换一种更灵活的方式，引入函数调用的文法，如 function_name (argument)。需要一个简单的符号表，保存变量的语义值和函数指针，在函数调用时，查询出相应的函数及参数的值。运行效果如下。

```
$mfcalc
pi = 3.141592653589
=>3.1415926536
sin (pi)
=>0.0000000000
alpha=beta1=2.3
=>2.3000000000
alpha
=>2.3000000000
ln(alpha)
=>0.8329091229
```

文法参考如下，完整代码可查阅 Bison3.8.2 中提供的例子（examples/c/mfcalc）：

examples/c/mfcalc

```
1.    %define api.value.type union        /* YYSTYPE 类型包括如下 */
2.    %token <double>  NUM                /* 双精度浮点型数字 */
3.    %token <symrec*> VAR FUN            /* 符号表指针：变量/函数 */
4.    %nterm <double> exp
5.    ...
6.    exp:
```

```
7.         NUM
8.         | VAR { $$ = $1->value.var; }
9.         | VAR '=' exp { $$ = $3;    $1->value.var = $3; }
10.        | FUN '(' exp ')' { $$ = $1->value.fun ($3); }
11.    ...
```

A.6.3　Bison 文法的符号

Bison 文法中的符号包括终结符与非终结符。一个终结符就代表某一类相同单词的集合，Bison 语法规则中的终结符在内部用数字进行编码表示，即 yylex 函数返回的单词种别码。非终结符表示一个符号组合，非终结符用于文法中，用小写便于区分。文法符号包括字母、下画线、非开头数字、短横、斜线等。

终结符在文法中描述有三种方法。

① 命名终结符类别。在 Bison 声明部分，用%token 指令描述，终结符的名字用 C 语言中的标识符定义，默认用全大写，便于识别。

② 单符号终结符。用其 C 语言中的符号常量形式描述，直接写在文法中即可；如前面逆波兰式的例子文法中，用单引号对描述的'+'就表示一个单符号标识符。如果在使用过程中，不需要处理其对应的语义值、优先级、结合性问题，就不需要声明。

③ 文本符号串终结符。用 C 语言符号串常量的方式描述；例如，用“""”描述的"<="就是一个符号串单词。这类终结符如果不涉及语义值、优先级、结合性，也不需要声明。可以给这类终结符起一个名字，类似别称，用%token 指令声明。如果没有声明，词法分析程序识别终结符后，需要从 yytname 表中取出单词编码。这种类型的终结符在 Yacc 中不支持。

C 语言中的转义符号在 Bison 中都可以使用，但不能在文本串中用空字符。另外，标准 C 中的三字符组合在 Bison 符号串中没有特别含义，包括反斜线换行。一个文本符号串终结符必须要包含两个或者更多符号；如果只有一个符号的单词，需要用前面的单符号终结符。

如果 yylex 函数在另外的文件中定义，其中需要用到单词的种别等信息，则需要在运行 Bison 时用 "-d" 参数，以产生单词类型定义到单独头的文件*.tab.h 中，从而将其包含到对应源码中。

符号 error 默认种别码是 256，是用于错误恢复的保留终结符，一般在错误处理规则中使用，不用作其他用途。

A.6.4　Bison 文法的规则

Bison 的文法规则是一组规则的列表。

规则的一般形式如下。

> 结果:组件 …;

其中，结果是该规则描述的非终结符，组件是各种组成规则的终结符和非终结符。

例如，下面由两个非终结符 exp 和一个终结符'+'组合成更大的 exp。

> exp: exp '+' exp;

规则中的空格是为了分割符号，可以增加额外的空格。

动作代码分散在规则右边，用来处理规则的语义。动作代码可以写为

{C 语言的语句序列}

"{ }"包围的 C 语言序列没有特别的限制。Bison 不检查代码的正确性；仅直接复制代码到语法分析器的实现代码中，再用编译器检查。

同一个非终结符作为结果部分可以有多条规则，可以分开写，或者用"|"连起来写，但连起来写的规则仍会被视作不同规则。例如：

```
结果:
    规则 1 的组件...
    |规则 2 的组件...
    ...
    ;
```

如果规则右边的部分（成分）为空，称为空规则，说明结果非终结符可以匹配空符号串。例如下面的例子，包含两条规则，定义了一个可选的";"。

```
Semicolon.opt:|";";
```

也可以用%empty 指令表示空规则。例如：

```
Semicolon.opt:
    %empty
    |";"
    ;
```

但%empty 指令在 Yacc 中不被支持，可以用注释/* empty */代替。

```
Semicolon.opt:
    /* empty */
    |";"
    ;
```

当一条规则的结果非终结符出现在规则的右部时，该规则称为递归规则。Bison 文法几乎都需要递归规则。Bison 中需要尽量使用左递归规则，因为它可以解析任意长度的元素序列，同时只需要有限的栈空间。而右递归规则的文法需要将所有元素都移进栈中，才能首次使用规则规约，右递归规则会消耗较多的栈空间，大小与分析元素个数相同。

A.6.5　Bison 定义语言的语义

Bison 中文法规则部分定义了语言的语法，而语义则通过各种单词和非终结符语义值的计算决定，通过匹配规则时的动作代码完成语义处理。前面例子中，计算器能算出正确结果是因为每个参与运算的表达式的语义值是正确的，然后识别到某个算式时进行需要的计算（如 x+y 是将相对应的值相加），最后得到正确的运算结果。

1.语义值的数据类型

如果语义值的类型都是整数，那么 Bison 默认采用 int 类型。如果需要其他的类型，可以用指令%define 完成，如需要双精度浮点型 double 时，通过定义变量 api.value.type 完成。

```
%define api.value.type {double}
// 或者
// %define api.value.type {struct semantic_value_type}
```

也可以用 C 语言定义宏 YYSTYPE 来代替：

```
%{
    #define YYSTYPE double
```

```
%}
```

很多情况需要为不同的终结符和非终结符定义不同的数据类型,如数字常量需要使用类型 int 或者 long,而符号串常量使用类型 char*,标识符需要用指向符号表的指针。这时需要一个联合类型来满足需求,具体的实现方法很多,如可以用%union 指令、%define 指令或者 C 语言代码片段#define;还可以由 Bison 自动计算出联合类型。采用%union 指令的例子如下:

```
%union{
    int  ival;
    double  dval;
}
%token <ival> age
%token <dval> rank
...
```

在这种情况下,语法分析器仍以 YYSTYPE 作为语义值的数据类型,但此时的语义值变成了一个联合。

指令%union 为语义值声明了所有可能的数据类型的集合。%union 后面的"{ }"中包含的内容与 C 语言中 union 的内容相同。如下。

```
%union {
    double  val;
    symrec  *tptr;
}
```

上面定义了两个可选用的数据类型,包括 double 和 symrec *类型,相应类型的名字为 val 和 tptr;这两个名字可以用在指令%token、%nterm、%type 中说明终结符和非终结符的数据类型。注意,"}"结束后不需要";"。

与%union 相同的功能,也可以通过自定义联合类型 YYSTYPE 来进行。可以将以下内容放入一个头文件 parser.h。

```
union  YYSTYPE {
    double val;
    symrec *tptr;
}
```

接着在文法中用下面的内容代替%union 指令。

```
%{
    #include "parser.h"
%}
%define api.value.type {union YYSTYPE}
%nterm <val> expr
%token <tptr> ID
```

另外,可以用结构 struct 代替联合 union。在结构体中可以包含指针,从而完成更复杂的语义信息存取。

2. 语义动作

语义动作是伴随一条语法规则,用"{ }"包围的 C 语言代码,每次该规则被识别时就执行一次。多数动作的任务都是通过单词或者小一些的语法成分的语义值,计算新生成的更大语法成分的语义值。

语义动作可以放在规则的任何位置,并在该位置被执行。多数规则只有一个动作,放在规则末尾。如果语义动作放在规则中间，一般是为了完成特殊的目的。

动作代码中通过$n 按顺序使用规则中成分的语义值，表示第 n 个成分。例如：

```
exp:
    ...
    | exp '+' exp { $$ = $1 + $3; }
```

规则规约形成的非终结符的语义值用$$代表。另外，Bison 可以用名字引用语义值，格式为
$name 或者$[name]。Bison 会将这些用法翻译为相应的类型并复制到输出的语法分析器实现文
件中，$$会被翻译成可以赋值的左值。

名字引用的语义值语法格式如下：

```
exp[result]:
    ...
    | exp[left] '+' exp[right] { $result = $left + $right; }
```

另外，注意在 Bison 文法中的"|"表示规则分割，动作代码只对应一条规则，与前面 Flex
工具有差异。例如下面的例子，实际是两条规则，动作代码只会在符号 b 匹配时执行。

```
a-or-b: 'a'|'b' { a_or_b_found = 1; };
```

当规则没有动作代码时，Bison 提供默认的$$=$1 作为动作，但要求两者数据类型匹配。
而空规则没有默认动作，必须单独给出。$n 中的 n 可以为 0 或者负数，会指向栈中在当前规
则匹配前的符号，但这样使用有一定的风险。

3．动作中语义值的数据类型

如果选择了所有语义值都是唯一的数据类型，那么$$和$n 都会是该类型。

如果用%union 指令定义了不同数据类型，就需要为每个终结符和非终结符指明具体用哪
个类型，这样当用$$或$n 时，数据类型就由指向的文法符号决定。例如，前面的$1、$3 指向
了 exp，则它们都使用非终结符 exp 对应的数据类型，若用$2，则使用终结符'+'的数据类型。

A.6.6 Bison 的错误恢复

如果发生语法错误就马上终止分析程序，实际上是不太合适的，编译器应该能继续处理剩
余的输入文件并检查其中的错误；如计算器应该能跳过错误，继续接收下一个表达式。

如果简单地按行结束符同步，而忽视所有已经分析过的语法成分，可能也不太合适。如函
数中遇到语法错误，将错误点之后的内容当作源程序开头来处理。

Bison 利用特殊的终结符 error 来构造规则，实现错误恢复功能。这个终结符用于错误恢
复。语法分析器在发现语法错误时会产生一个 error 终结符；如果在当前的上下文中有识别该
终结符的规则，语法分析就能继续进行。例如：

```
stmts:
    %empty
    |stmts '\n'
    |stmts exp '\n'
    |stmts error '\n'                    // 规则 4
```

其中第 4 条规则 stmts error '\n'的意思是，任何 stmts 后跟一个错误单词，再接一个换行符，整
体是被允许的 stmts。

如果语法错误发生在 exp 内部,会如何呢？错误恢复规则如果严格解析,应该按一个 stmts、

一个 error 和一个换行来解析。如果错误在 exp 中,在识别 stmts 后,可能有部分单词已经识别并入栈,还有部分单词在下一个换行前会被读入,所以第 4 条规则不是普通的规则。

但 Bison 可以强制满足这条规则,通过从输入中去除部分内容及对应语义。Bison 需要从栈中丢弃掉一些状态和对象,直到回到某个状态能接收单词 error,相当于丢掉已经处理的子表达式,回到最后一个完整的 stmts。这时,就能接收单词 error 移进。接着,如果下一个单词不能被规则接受,就丢弃并继续读入新单词,直到遇到下一个换行符,从而满足第 4 条规则。

错误处理规则的编写与错误恢复策略有关,如前面规则 4 中,遇到错误就简单跳过当前输入行或者当前语句。或者利用成对的分隔符,避免未配对的分隔符再次报错。例如:

```
primary:
    '('expr')'
    |'('error')'
    ...
;
```

错误恢复策略是对输入的猜测。如果猜测不正确,可能引出其他语法错误。如在 stmt 中插入不合适的 ";",按前面的错误恢复规则处理后,因为该 ";" 后的文本也不是合法的 stmt,从而继续引发语法错误。

为了防止类似情形出现大量错误信息,语法分析器会在第一个错误后的短时间内暂停输出其他语法错误信息;需要等到从输入中连续将三个单词移进后,才恢复。

错误处理规则也可以有对应的动作代码,如可以用宏 yyerrok 立刻恢复错误信息输出;注意不需要参数,直接写 yyerrok 是合法的 C 语句。

错误之后,前一次从输入中读取的单词会再次被分析。如果需要跳过该单词,可以用宏 yyclearin 清除,在错误规则的动作代码中用语句 yyclearin 即可。

A.6.7 Bison 调试语法分析器

Bison 使用中常见的问题是文法中的冲突。为了解决冲突,需要理解其产生的原因,可以通过选项自动产生冲突的样例查看。另外,可能还需要理解使用的自动机的结构。

例如,下面的 if-then-else 语句文法会产生冲突。

```
if_stmt:
    "if" expr "then" stmt
    |"if" expr "then" stmt "else" stmt
;
```

使用 Bison 处理时会产生移进/规约冲突的警告信息。目前版本的 Bison 可以用选项 -Wcex/-Wcounterexamples,能产生冲突的样例,帮助理解冲突。例如:

```
$ bison -Wcex else.y
else.y: warning: 1 shift/reduce conflict [-Wconflicts-sr]
else.y: warning: shift/reduce conflict on token "else" [-Wcounterexamples]
  Example: "if" expr "then" "if" expr "then" stmt • "else" stmt
  Shift derivation
    if_stmt
    ↳ 3: "if" expr "then" stmt
                      ↳ 2: if_stmt
                          ↳ 4: "if" expr "then" stmt • "else" stmt
```

```
Reduce derivation
  if_stmt
  ↳ 4: "if" expr "then" stmt                              "else" stmt
                  ↳ 2: if_stmt
                      ↳ 3: "if" expr "then" stmt •
```

上例显示了同一个表达式有两个不同的推导。

另外，可以通过选项--report 或者--verbose 产生可视化的状态文件，文件后缀为.output。例如，calc.y 文件代码如下。

```
%union {
    int  ival;
    const char  *sval;
}
%token <ival> NUM
%nterm <ival> exp
%token <sval> STR
%nterm <sval> useless
%left '+' '-'
%left '*'
%%
exp:
    exp '+' exp
    |exp '-' exp
    |exp '*' exp
    |exp '/' exp
    |NUM
;
useless: STR;
%%
```

使用 Bison 产生 calc.output，可以看到所有的符号、规则、状态和冲突信息。例如：

```
$cat calc.output
Nonterminals useless in grammar              // 文法中无用的非终结符
    useless


Terminals unused in grammar                  // 文法中无用的终结符
    STR


Rules useless in grammar                     // 文法中无用的规则
    6 useless: STR

                                             // 列出文法中存在冲突的状态及类型
State 8 conflicts: 1 shift/reduce
State 9 conflicts: 1 shift/reduce
State 10 conflicts: 1 shift/reduce
State 11 conflicts: 4 shift/reduce


Grammar                                      // 使用的拓展文法
```

```
0 $accept: exp $end

1 exp: exp '+' exp

2    | exp '-' exp

3    | exp '*' exp

4    | exp '/' exp

5    | NUM
```

Terminals, with rules where they appear   // 终结符出现的位置
```
    $end (0) 0
    '*' (42) 3
    '+' (43) 1
    '-' (45) 2
    '/' (47) 4
    error (256)
    NUM <ival> (258) 5
    STR <sval> (259)
```

Nonterminals, with rules where they appear   // 非终结符出现的位置
```
    $accept (9)
        on left: 0
    exp <ival> (10)
        on left: 1 2 3 4 5
        on right: 0 1 2 3 4
```

State 0   // 状态 0 最初自动机的状态
```
    0 $accept: • exp $end                          // 点表示当前识别单词所处的位置

    NUM  shift, and go to state 1                  // 读入单词 NUM，移进并转状态 1
    exp  go to state 2                             // 若之前刚发生规约得到 exp，则转状态 2
```

State 1   // 状态 1
```
    5 exp: NUM •                                   // 当前栈中第 5 条规则已完整
```

//不论当前读入单词，都用规则 5 规约，产生 exp。若是从 0 状态转来的，则规约后回到 0 状态，接着转状态 2
```
    $default  reduce using rule 5 (exp)
    ...
```

calc.output 中包含冲突状态。例如，状态 8：
```
State 8

    1 exp: exp • '+' exp

    1    | exp '+' exp •

    2    | exp • '-' exp

    3    | exp • '*' exp

    4    | exp • '/' exp


    '*'  shift, and go to state 6
    '/'  shift, and go to state 7
```

```
    '/'       [reduce using rule 1 (exp)]
    $default  reduce using rule 1 (exp)
```

在状态 8 中，当读入单词为'/'时，可以移进并转到状态 7，也可以用规则 1 规约。冲突说明文法可能有二义性，或者缺少信息进行正确的选择。本例在遇到 NUM+NUM/NUM 时，因为没有定义'/'的优先级，所以可以理解为 NUM+(NUM/NUM)或者（NUM+NUM）/NUM；前者对应移进动作，后者对应规约动作。

Bison 中在确定分析器中只能取一种动作，会直接选择禁用规约动作。被丢弃的动作用方括号表示。

前面的例子中，NUM+NUM/NUM 有二义性，而 NUM+NUM*NUM 没有二义性，因为文法中定义了相应终结符的优先级和结合性。利用选项--report=solved，会显示冲突解决的信息；利用选项--report=lookahead，会显示合法读入单词的信息。另外，利用选项-graph，可以产生后缀为 .gv 的图形报告。

例如，文法 rr.y 内容如下。

```
%%
exp: a ";" | b ".";
a: "0";
b: "0";
```

产生的状态转换图如下。

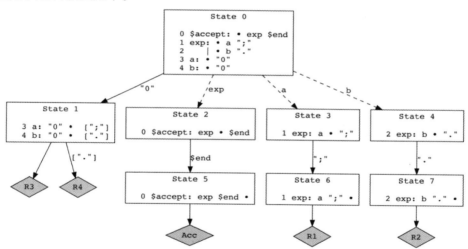

图形方式与文本方式内容非常相似，稍加对比后很容易理解图的含义。

部分文法冲突可以通过指定优先级的方式解决。

可以通过%left、%right、%nonassoc 或者%precedence 指令声明单词并指明其优先级和结合性。优先级的效果，一方面说明了终结符的优先等级，另一方面可以通过规则最后的终结符优先级指定规则的优先级。

发生冲突时，可以通过比较规则与当前读入单词的优先级决定处理动作。若读入单词的优先级更高，则移进；若规则优先级更高，则进行规约；若两者优先级相同，则根据结合性决定。

并不是所有规则和终结符都有优先级，此时默认采用的动作是移进。

Bison 中常用的变量如表 A.2 所示。

表 A.2　Bison 中常用的变量

部分指令	含义/用途
yyparse	语法分析函数；调用该函数开始语法分析
yylval	外部变量，yylex 存放单词的语义值
yyerrok	宏定义，语法错误后马上恢复正常模式
yyerror	用户定义错误打印函数，语法分析器遇到错误会调用
yylex	用户定义的词法分析函数
yylloc	外部变量，yylex 存放单词的行列位置信息
yydebug	外部整数变量，默认为 0，设置为非 0 时，分析器产生输入符号和分析动作信息
YYSTYPE	定义语义值类型
%empty	定义规则右边为空
error	单词用于错误恢复，规则中匹配错误而不中断分析
%union	定义语义值可以使用的不同数据类型集合
%token	定义终结符（单词类别名），不指定优先级和结合性
%right	定义终结符（单词类别名），指定右结合
%left	定义终结符（单词类别名），指定左结合
%nonassoc	定义终结符（单词类别名），指定不能进行结合
%prec	定义规则优先级
%precedence	定义终结符优先级、不定义结合性
%nterm	定义非终结符并指定语义值类型
%type	定义非终结符语义值类型
%start	定义文法开始的非终结符
%verbose	将分析状态和读入单词动作写入输出文件
%define	定义变量及值

A.7　Bison 和 Flex 联合使用

Bison 部分的例子是通过手工编写 yylex 函数完成了词法分析，也可以直接调用 Flex 工具自动生成的 yylex 函数。

仍以前面中缀表达式的计算器为例，可以联合使用 Flex 和 Bison 来实现。先编写语法分析部分的 Bison 源文件，再利用 Flex 生成词法分析器，返回对应的单词种别码，包括 NUM、EOL、LP、RP、ADD、SUB、MUL、DIV、EXPO。

Bison 源文件如下，并将其保存到 calc.y 文件中。

```
$ cat calc.y
%{
    #include <math.h>
    #include <stdio.h>
    int yylex();
    void yyerror(char const *s);
%}

%define api.value.type {double}
```

```
%token NUM EOL LP RP        /* 声明单词变量，对应数字, '\n', '(', ')' */
%left SUB ADD               /* 声明'-' '+'对应的单词变量同时指定左结合、优先级 */
%left MUL DIV               /* 声明'*' '/'对应的单词变量同时指定左结合、优先级 */
%precedence NEG             /* 用于指定规则 SUB exp 的优先级 */
%right EXPO                 /* 声明'^'对应的单词变量同时指定右结合、优先级高于上面的终结符 */

%%
input:
    %empty
    |input line
;
line:
    EOL
    | exp EOL {printf("=%.10g\n",$1);}
;
exp:
    NUM
    |exp ADD exp { $$=$1+$3; }
    |exp SUB exp { $$=$1-$3; }
    |exp MUL exp { $$ = $1 * $3; }
    |exp DIV exp { $$ = $1 / $3; }
    |SUB exp %prec NEG { $$ = -$2; }
    |exp EXPO exp { $$ = pow($1,$3); }
    |LP exp RP { $$ = $2; }
    |error {}
;
%%
int main(int argc, char **argv) {
    yyparse();
    return 0;
}
void yyerror(char const *s) {
    fprintf(stderr, "%s\n", s);
}
```

运行命令 bison -d calc.y，会产生语法分析器源文件 calc.tab.c 与词法分析需要的头文件 calc.tab.h。

Flex 源程序文件为 mylex.l，内容如下。

```
$ cat mylex.l
%{
    #include "calc.tab.h"
%}
%option noyywrap
NUMSYM [0-9]+
%%
{NUMSYM} {yylval=atof(yytext); return NUM;}
"\n" return EOL;
"(" return LP;
")" return RP;
"+" return ADD;
```

```
"-" return SUB;
"*" return MUL;
"/" return DIV;
"^" return EXPO;
%%
```

运行命令 flex mylex.l，产生词法分析器源文件 lex.yy.c。

最后编译并连接需要的库，得到可执行程序 calc：

```
$ bison -d calc.y
$ flex mylex.l
$ gcc -o calc calc.tab.c lex.yy.c -lfl -lm
$ ls
calc calc.tab.c calc.tab.h calc.y lex.yy.c mylex.l
$ ./calc
22+13
=35
-18+9--8
=-1
-2^2
=-4
```

在完成词法分析、语法成分识别及简单语义值计算后，如果需要产生中间代码或目标代码，就可能需要进一步完善语义动作代码，增加其他功能，如产生抽象语法树等。

A.8　LLVM 框架

当通过 Bison 工具完成语法成分的识别后，需要将对应的语法成分用抽象语法树 AST 存储，之后，对语法树进行遍历，根据语言的语义，将其翻译成中间代码。这部分工作可以借助 LLVM 框架提供的 API 接口完成。

基于 LLVM 框架的编译器，前端负责解析和诊断输入代码中的错误，并将语义转换为 LLVM IR 中间代码。IR 代码可以进行优化，将其发送到代码生成器中生成机器码。AST 建立的具体过程，可以参考 LLVM 官网给出的语言实例 Kaleidoscope，后面重点介绍利用 LLVM 框架完成中间代码生成。

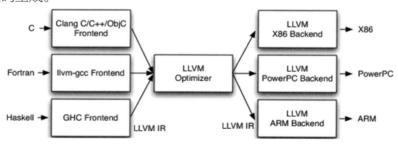

A.8.1　LLVM 的中间代码表示

LLVM 设计中最重要的是 LLVM 中间表示（Intermediate Representation，IR），在编译器中

用来表示代码的形式。LLVM IR 的设计目的是承担在编译器的优化部分的中层分析和转换。它的设计有许多特定的目标，包括支持轻量级运行时优化、过程间的优化、全局程序分析和积极的重构转换等。重要的是，它本身具有良好的语义。

LLVM IR 使用基于**静态单一赋值**（Static Single Value，SSA）的表达方式，具备类型安全、底层、灵活和强大的表达高层语言的能力。

LLVM 代码有三种形式：内存中编译器 IR、磁盘中字节码（适合快速被 JIT 编译器装载）、易于阅读的汇编语言代码。这三种形式是等价的。

IR 中包含类型信息。通过类型信息，LLVM 可以方便地完成优化任务，例如：通过指针分析，可以确定 C 语言程序中某个自动变量除当前函数外未被使用，从而可以将内存位置提升为一个简单的 SSA 值。

LLVM 的文档中主要包括以下几方面：高层结构（High Level Structure）、类型系统（Type System）、常量（Constants）、其他值、元数据、指令手册（Instruction Reference）等。

下面以简单的 C 代码 inc.c 为例，与其 LLVM IR 代码 inc.ll 进行对比。可以利用 clang 工具，通过命令 clang -emit-llvm -S inc.c 得到 IR 代码 inc.ll，使用 lli 直接运行。

```
$ cat inc.c
#include <stdio.h>
int main(){
    int  a = 1;
    a = a+2;
    if(a>0)
        a = a+'0';
    putchar(a);
    return 0;
}
$clang -emit-llvm -S inc.c
$lli inc.ll
$3
$cat inc.ll
; ModuleID = 'inc.c'
source_filename = "inc.c"
target datalayout = "e-m:e-p270:32:32-p271:32:32-p272:64:64-i64:64-f80:128-n8:16:32:64-S128"
target triple = "x86_64-unknown-linux-gnu"

; Function Attrs: noinline nounwind optnone uwtable
define dso_local i32 @main() #0 {              // 定义函数 main，同一链接单元内解析符号
    %1 = alloca i32, align 4                    // 定义 i32 型变量，按 4 字节对齐，返回变量指针
    %2 = alloca i32, align 4                    // 定义 i32 型变量，按 4 字节对齐
    store i32 0, i32* %1, align 4               // 将 i32 型 0 赋予变量%1 所指的地址
    store i32 1, i32* %2, align 4               // 将 i32 型 1 赋予变量%2 所指的地址
    %3 = load i32, i32* %2, align 4             // 读取变量%2 存入%3
    %4 = add nsw i32 %3, 2                       // %4=%3+2
    store i32 %4, i32* %2, align 4              // %2=%4
    %5 = load i32, i32* %2, align 4
    %6 = icmp sgt i32 %5, 0                      // 条件语句的判断部分，判断结果存入%6 中
    br i1 %6, label %7, label %10               // 条件转移，根据%6，真出口 7，假出口 10
```

```
7:                                    ; preds = %0
    %8 = load i32, i32* %2, align 4
    %9 = add nsw i32 %8, 48
    store i32 %9, i32* %2, align 4
    br label %10                      // 无条件转编号 10 的代码

10:                                   ; preds = %7, %0
    %11 = load i32, i32* %2, align 4
    %12 = call i32 @putchar(i32 %11)  // 调用函数 putchar，参数 i32 类型
    ret i32 0                         // main 函数返回 i32 型的 0
}

declare dso_local i32 @putchar(i32) #1     // 函数 putchar 的声明

attributes #0 = { noinline nounwind optnone uwtable "correctly-rounded-……math"="false"
                "use-soft-float"="false" }
attributes #1 = { "correctly-rounded-divide-sqrt-fp-math"="false" …
                "use-soft-float"="false" }

!llvm.module.flags = !{!0}
!llvm.ident = !{!1}

!0 = !{i32 1, !"wchar_size", i32 4}
!1 = !{!"clang version 10.0.1 "}
```

由上例可知，IR 代码的开始部分包括模块名称、源文件名称、目标架构相关信息，后面是 main 函数对应的 IR 指令。

相关指令的分类说明如下。

1．内存操作指令（Memory Access Operations）

内存操作指令包括 alloca、load、store 指令。

使用指令 alloca 为变量申请空间。例如，为变量%1 申请空间：
```
%1 = alloca i32, align 4
```
使用指令 store 将值写入内存。例如，将变量%4 的值写入变量%2：
```
store i32 %4, i32* %2, align 4
```
使用指令 load 将变量在使用前加载到临时变量中，例如，读取变量%2，并加载到变量%3 中。注意，如后面再次使用变量%2，仍需再次完成加载到新的临时变量中。
```
%3 = load i32, i32* %2, align 4
```
将整型变量%x 乘 8，简单写法为：
```
%result = mul i32 %X, 8
```
通过强度削弱后为：
```
%result = shl i32 %X, 3
```
或者用指令序列完成为：
```
%0 = add i32 %X, %X            ; yields i32:%0，产生类型为 i32 的变量%0
%1 = add i32 %0, %0            ; yields i32:%1，产生类型为 i32 的变量%1
%result = add i32 %1, %1
```
上面实现%x 乘 8 的写法，说明了 LLVM 中的以下词法特性。

① 注释用";"开头，直到行结束。

② 无命名的临时变量会在计算结果没有赋值给命名变量时产生。

③ 无命名的临时变量按数字顺序编号（在每个函数中从 0 开始递增）；基本块和无命名函数参数也一起编号。

④ 指令行的末尾注释说明了产生的类型和值的命名。

2．常量（Constants）

LLVM 常量包括简单常量（布尔常量、整型常量等）、复杂常量（结构常量、数组常量等）。

前面 IR 代码例子中，可以看到常量 i32 1、i32 3。浮点常量等内容可以参考官方给出的 Constants 说明。

3．变量（Identifiers）

LLVM 变量包括两种基本类型：全局变量和局部变量。

全局变量 Global-Variables(functions, global variables)用@开头。

局部变量 Local(register names, types)用%开头。

命名的变量，如

```
%foo @DivisionByZero
```

未命名的变量，如

```
%12, @2, %44
```

语言的保留关键字与高级语言类似。操作码的保留字，如 add、bitcast、ret 等；基本类型的保留字，如 void、i32 等。这些保留字因为没有用前缀%或@开头，所以不会与变量名冲突。

变量的命名规则与高级语言基本类似，用正规式表示为[%@][-a-zA-Z$._][-a-zA-Z$._0-9]*；另外，在使用时需要符合 SSA 的策略。

代码%1 = alloca i32 表示：申请了一个类型为 i32 的无名字变量%1。

变量类型包括 int、float、double 等。例如，i32 表示长度为 32 位的 int 类型整数。

4．二元运算（Binary Operations）

为了完成程序中的数学计算，可以使用二元运算。运算要求两个操作数的类型相同，执行运算后，产生一个结果值，其类型与操作数的相同。加、减、乘、除等计算都有指令与之对应，并且不同类型的变量进行运算时，有相应的指令。例如，%5 = add i32 %3, %4，表示类型都是 i32 的变量%3、%4 相加，得到的结果保存到相同类型的变量%5 中。如果 add 后加上了关键字 nsw（no signed wrap），那么当运算产生有符号溢出时，会将运算结果标记为错误值（poison value），从而为后续代码优化提供便利。

浮点数的加法对应的指令为 fadd。

乘法运算与加法类似，对应的指令为 mul、fmul。除法指令有无符号除法 udiv 和有符号除法 sdiv，对应的浮点数除法为 fdiv。

其他二元计算基本与汇编类似。

5．函数 Functions

在前面的例子中，C 语言中函数 main 定义对应的 IR 代码为 define dso_local i32 @main() #0 {…}，其中的 dso_local 和#0 为函数的描述和修饰字段，#0 进一步通过后面的 attributes #0

进行相应说明。函数定义的方式与高级语言接近，函数名命名规则与全局变量类似，也以@开始。语句 return 0 对应的 IR 指令为 ret i32 0。

6．函数调用 Call-instruction

函数调用指令，格式为

```
call 返回类型 @id(参数)
```

在前面的例子中，调用函数 putchar 对应的代码为

```
%13 = call i32 @putchar(i32 %12)
```

7．分支指令 Brach-instructions

在 C 语言中，分支结构主要包括 if-else、switch、while、函数调用等，用来完成程序控制流的跳转。实验时，为了完成 if 语句的翻译，除了前面介绍的简单计算，还需使用分支语句。在 LLVM IR 中，用终结指令（terminator-instructions）实现控制流转移，包括 ret、br、switch、indirectbr、invoke 等。例如，前例中的 C 语言片段

```
if(a>0){
    a = a+'0';
}
```

与之对应的 IR 代码为

```
%7 = icmp sgt i32 %6, 0
br i1 %7, label %8, label %11
```

其中，通过 icmp 指令先进行比较，再根据比较的结果，利用 br 指令实现跳转。

icmp 与汇编中的 cmp 指令类似。icmp 指令的返回值为 i1 类型，sgt 表示 signed greater than，它的标志位相关细节可参考官方文档中的 icmp Instruction。

br 指令包括条件转移和无条件转移两种。上面的例子是条件转移：根据%7 的值，为 1 则转标号 8，为 0 则转标号 11。而无条件转移，如 br label %8，直接转标号 8。label 为一个代码位置的标签，可以参考 br Instruction 了解细节。

如果需要实现 while 语句的循环控制，也可以通过 icmp 和 br 指令进行。

A.8.2　LLVM 的接口函数

为了能产生语言的中间代码，输出正确的 LLVM IR，需要了解 LLVM 框架提供的功能，掌握相应的接口函数，另外代码优化、分析工作可以使用框架提供的函数完成。

下面简单介绍 LLVM 提供的相关接口函数（Application Programming Interface，**API**）。

首先，需要在初始化函数 InitializeModuleAndPassManager 中，为 LLVM 的全局变量构建对象实例，这些实例将用于后续的中间代码生成。主要对象实例包括以下几点。

① theContext：上下文对象，生成 IR 中的上下文内容。

② theModule：模块对象，包含其他 IR 容器，以及 IR 代码及环境、架构相关的所有内容。

③ builder：IR 代码的构造器，协助产生 LLVM 指令。

④ theFPM：LLVM 代码优化的管理器，通过 add 方法增加优化和代码分析的模块 Pass，初始化后需要调用其 run 方法进行优化。

LLVM 初始化部分及函数 InitializeModuleAndPassManager 的代码如下。

```
1.        using namespace llvm;
2.        std::unique_ptr<LLVMContext> theContext;                    // 上下文对象
3.        std::unique_ptr<Module> theModule;                          // 模块对象，包含所有其他 IR 对象的容器
4.        std::unique_ptr<IRBuilder<>> builder;                       // 构造器对象，协助产生 LLVM 指令
5.        std::map<std::string, AllocaInst *> namedValues;            // 命名变量
6.        std::unique_ptr<legacy::FunctionPassManager> theFPM;        // 优化管理器
7.        void InitializeModuleAndPassManager() {                     // 初始化模块和遍管理器
8.            theContext = std::make_unique<LLVMContext>();           // 打开一个上下文
9.            theModule = std::make_unique<Module>("test", *theContext);          // 打开模块
10.           // 创建模块对应的构造器对象 Create a new builder for the module.
11.           builder = std::make_unique<IRBuilder<>>(*theContext);
12.           // 创建遍管理器对象 Create a new pass manager attached to it.
13.           theFPM = std::make_unique<legacy::FunctionPassManager>(theModule. get());
14.           // 内存操作提升为寄存器 Promote allocas to registers.
15.           theFPM->add(createPromoteMemoryToRegisterPass());
16.           // 简单窥孔优化 simple "peephole" optimizations and bit-twiddling optzns.
17.           theFPM->add(createInstructionCombiningPass());
18.           // 重关联表达式 Reassociate expressions.
19.           theFPM->add(createReassociatePass());
20.           // 消除公共子表达式 Eliminate Common SubExpressions
21.           // 控制流程图简化 Simplify the control flow graph
22.           theFPM->add(createGVNPass());
23.           theFPM->add(createCFGSimplificationPass());
24.           theFPM->doInitialization();
25.       }
```

借助 LLVM 的 API，可以逐条生成 IR 指令。实验中需要使用的 API 及说明参考如下。

```
1.        AllocaInst * CreateAlloca(Type *Ty, Value *ArraySize = nullptr, const Twine &Name = "")
2.        // 产生一条内存指令 alloca（属于指令产生）(Instruction creation, Memory); 用于声明变量; llvm/IRBuilder.h
3.        StoreInst * CreateStore(Value *Val, Value *Ptr, bool isVolatile = false)
4.        // 类似产生内存指令 store，将 Val 的值赋给 Ptr 指向的变量
5.        LoadInst * CreateLoad(Type *Ty, Value *Ptr, bool isVolatile, const Twine &Name = "")
6.        // 产生指令内存指令 load，取变量 Ptr 的值
7.        CallInst * CreateCall(FunctionType *FTy, Value *Callee, ArrayRef <Value *> Args = std::nullopt,
                              const Twine &Name = "", MDNode * FPMathTag = nullptr)
8.        // 产生函数调用指令（属于基本块结束指令）; 可重载，无参数可用 CreateCall(calleeF)
9.        Value * CreateICmpEQ(Value *LHS, Value *RHS, const Twine &Name = "")
10.       // 产生比较指令
11.       BranchInst * CreateCondBr(Value *Cond, BasicBlock *True, BasicBlock *False,
                              MDNode *BranchWeights = nullptr, MDNode *Unpredictable = nullptr)
12.       // 产生条件指令（属于基本块结束指令），'br Cond,TrueDest,FalseDest'
13.       void SetInsertPoint(BasicBlock *TheBB)
14.       // 生成器配置方法（Builder configuration），指定产生的指令被添加到基本块的末尾
15.       BasicBlock * GetInsertBlock() const
16.       // 属于生成器配置方法（Builder configuration），获取当前操作的基本块指针;
17.       IntegerType * getInt32Ty()
18.       // 属于类型创建方法（Type creation），获得 32 位整数的类型
19.       Constant * ConstantInt::get(Type *Ty, const APInt& V)
20.       // 属于杂项创建方法（Miscellaneous creation methods），可重载，常用于获取常量值
21.       static BasicBlock * llvm::BasicBlock::Create(LLVMContext & Context, const Twine & Name = "",
```

```
                                    Function * Parent = nullptr, BasicBlock * InsertBefore = nullptr)
22.        // 属于基本块对象的创建方法, 创建一个名字为 Name 的基本块。BasicBlock.h
```

另外, 可以查阅官方文档来理解 API 的分类和含义。

A.8.3 LLVM 接口函数的使用举例

1. 常量

```
        Value *const_1 = ConstantInt::get(*theContext, APInt(32, 1, true));
```

创建 int 类型常量 1。其中, 除了上下文指针 theContext, 还需要指定该常量对应的宽度为 32, 并通过 true 设置为有符号类型。

2. 变量

```
        AllocaInst *alloca_a = builder->CreateAlloca(Type::getInt32Ty(*theContext), nullptr, "a");
```

创建变量时, 需要使用构造器 builder, 传入类型为 Type::getInt32Ty(*theContext)。其中, nullptr 表示参数 ArraySize 为空, "a"表示助记词。

3. 表达式计算

表达式计算之前, 需要先加载变量, 再计算、存储。

① 加载: 使用创建加载变量的指令 CreateLoad, 传入类型、变量地址和助记词。

② 加法计算: 使用创建运算符的指令 CreateAdd, 传入两个操作数和助记符。

③ 存储: 使用创建存储的指令 CreateStore, 传入需要存储的值和存储地址。

```
1.         // 计算 a+b
2.         // 产生 load 指令, 取出 a、b
3.         Value *load_a = builder->CreateLoad(alloca_a->getAllocatedType(), alloca_a, "a");
4.         Value *load_b = builder->CreateLoad(alloca_b->getAllocatedType(), alloca_b, "b");
5.         // 产生加法指令, 计算结果存入临时变量
6.         Value *a_add_b = builder->CreateAdd(load_a, load_b, "add");
7.         // 将结果存入 a 变量
8.         builder->CreateStore(a_add_b, alloca_a);
```

4. 函数

函数包括函数实现、函数调用两部分。

函数实现部分的中间代码, 需要先设置返回值类型、参数类型来创建函数。

```
1.         Type *retType = Type::getInt32Ty(*theContext);              // 设置返回值类型
2.         std::vector<Type *> argsTypes;                              // 准备设置参数类型
3.         // 获取函数类型 ft。该函数返回值类型为 retType; 参数为空, 则不用设置 argsTypes 具体类型; 参数个数
              不可变, 则为 false
4.         FunctionType *ft = FunctionType::get(retType, argsTypes, false);
5.         // 创建函数 f, 其函数类型为 ft, 链接方式为外部, 函数名为"inc", 待插入的模块为当前模块
6.         Function *f = Function::Create(ft, Function::ExternalLinkage, "inc", theModule.get());
```

另外, 函数入口为第一个基本块, 要在函数开始时创建, 如果函数有返回值, 需要使用 builder->CreateRet 创建返回指令。

5.分支结构

分支结构中，有两个关键指令 CreateCondBr 和 CreateBr。前者根据比较结果 condVal 跳转，后者为无条件跳转。可以根据具体的语义逻辑，设置在合适的情况跳转，从而实现 if、while 等结构。

```
1.        // 创建比较结果 condVal
2.        Value *condVal = builder->CreateICmpNE(compare_a_0,
                                    Constant:: getNullValue(compare_a_0->getType()), "cond");
3.        // 创建条件为真和假应跳转的两个基本块
4.        BasicBlock *thenb = BasicBlock::Create(*theContext, "then", f);
5.        BasicBlock *ifcontb = BasicBlock::Create(*theContext, "ifcont");
6.        // 创建条件跳转指令，根据 condVal 跳转，真为 thenb，否则为 ifcontb
7.        builder->CreateCondBr(condVal, thenb, ifcontb);
8.        builder->SetInsertPoint(thenb);              // 进入 thenb 基本块
9.        builder->CreateBr(ifcontb);                  // 创建无条件转移指令，转向基本块 ifcontb
10.       f->getBasicBlockList().push_back(ifcontb);   // 将基本块 ifcontb 插入函数中
```

利用上面的接口函数，在中间代码的生成实验中，根据语言的语法规则，可以完成语法结构对应的语义分析，构造并生成 LLVM IR 中间代码。之后，在分析器的 main 函数中，先调用函数 InitializeModuleAndPassManager，完成 LLVM 框架的初始化工作；再调用不同语法成分对应的中间代码生成函数；最后，将中间代码输出到文件中。

直接在 main 函数中完成简单的条件语句、函数调用语句的中间代码生成如下。

```
1.    int main(int argc, char *argv[]) {
2.        InitializeModuleAndPassManager();
3.        // 输出函数
4.        std::vector<Type *> putArgs;
5.        putArgs.push_back(Type::getInt32Ty(*theContext));
6.        FunctionType *putType = FunctionType::get(builder->getInt32Ty(), putArgs, false);
7.        Function *putFunc = Function::Create(putType, Function::ExternalLinkage,
                                    "putchar", theModule.get());
8.        // 输入函数
9.        std::vector<Type *> getArgs;
10.       FunctionType *getType = FunctionType::get(builder->getInt32Ty(), getArgs, false);
11.       Function *getFunc = Function::Create(getType, Function::ExternalLinkage,
                                    "getchar", theModule.get());
12.       // 根据输入的单字符，判断，若是'a'，则输出'Y'，否则输出'N'
13.       // 设置返回类型
14.       // ***************begin***************
15.       Type *retType = Type::getInt32Ty(*theContext);
16.       std::vector<Type *> argsTypes;                  // 参数类型
17.       std::vector<std::string> argNames;              // 参数名
18.       FunctionType *ft = FunctionType::get(retType, argsTypes, false);    // 类型
19.       Function *f = Function::Create(ft, Function::ExternalLinkage, "main",
                                    theModule.get());     // 创建函数
20.       unsigned idx = 0;
21.       for (auto &arg : f->args()) {
22.           arg.setName(argNames[idx++]);               // 处理函数 f 的参数
23.       }
24.       // 创建第一个基本块，函数入口
```

```
25.        BasicBlock *bb = BasicBlock::Create(*theContext, "entry", f);
26.        builder->SetInsertPoint(bb);
27.        AllocaInst *alloca_a = builder->CreateAlloca(Type::getInt32Ty (*theContext),
                                                       nullptr, "a");        // 创建变量 a
28.        Value *const_0 = ConstantInt::get(*theContext, APInt(32, 0, true)); // 常量 0
29.        builder->CreateStore(const_0, alloca_a);                           // 初始化 a
30.        Function *calleeF = theModule->getFunction("getchar");
31.        std::vector<Value *> argsV;                                         // 处理参数
32.        Value *callgetchar = builder->CreateCall(calleeF, argsV, "callgetchar");
33.        builder->CreateStore(callgetchar, alloca_a);
34.        // if 结构
35.        Value *load_a2 = builder->CreateLoad(alloca_a->getAllocatedType(), alloca_a, "a");
                                                                              // 加载变量 a
36.        Value *const_a = ConstantInt::get(*theContext, APInt(32, 'a', true)); // 得到常量 'a'
37.        Value *compare_a_a = builder->CreateICmpEQ(load_a2, const_a, "comp");
38.        // 创建条件为真和假应跳转的两个基本块
39.        BasicBlock *thenb = BasicBlock::Create(*theContext, "then", f);
40.        BasicBlock *elseb = BasicBlock::Create(*theContext, "else");
41.        BasicBlock *ifcontb = BasicBlock::Create(*theContext, "ifcont");
42.        builder->CreateCondBr(compare_a_a, thenb, elseb);      // 创建条件转移指令
43.        builder->SetInsertPoint(thenb);                        // 进入 thenb 基本块，增加块内指令
44.        Value *const_Y = ConstantInt::get(*theContext, APInt(32, 'Y', true));
45.        argsV.clear();                                         // 准备参数
46.        argsV.push_back(const_Y);
47.        Function *calleeP = theModule->getFunction("putchar");
48.        builder->CreateCall(calleeP, argsV, "callputchar");    // 产生函数调用指令
49.        builder->CreateBr(ifcontb);                            // 无条件转移到基本块 ifcontb
50.        f->getBasicBlockList().push_back(elseb);               // 创建 elseb 基本块，插入函数
51.        builder->SetInsertPoint(elseb);                        // 进入基本块 elseb
52.        Value *const_N = ConstantInt::get(*theContext, APInt(32, 'N', true));
53.        argsV.clear();                                         // 准备参数
54.        argsV.push_back(const_N);
55.        builder->CreateCall(calleeP, argsV, "callputchar");    // 产生函数调用指令
56.        builder->CreateBr(ifcontb);                            // 无条件转移到基本块 ifcontb
57.        f->getBasicBlockList().push_back(ifcontb);             // 创建 ifcontb 插入函数 f
58.        builder->SetInsertPoint(ifcontb);                      // 进入基本块 infcontb
59.        // ****************end****************
60.        builder->CreateRet(const_0);                           // 设置返回值
61.        verifyFunction(*f);                                    // 检查函数 f 指令是否合法
62.        // theFPM->run(*f);                                    // 在函数上运行优化器
63.        theModule->print(outs(), nullptr);                     // 输出指令到文件
64.        return 0;
65.    }
```

语义分析可以根据语法树对应节点，设计中间代码生成函数。

例如，可以声明抽象的语法树节点类 Node，其语法分析函数为 parse，其中间代码生成函数为 codegen，虚函数的实现由派生的具体语法节点类完成。

```
1.    class Node {
2.    public:
3.      int line;
```

```
4.        std::string getNodeName() { return "node"; }
5.        virtual ~Node() {}
6.        virtual int parse() { return 0; }
7.        virtual int handle() { return 0; }
8.        virtual Value *codegen();
9.    };
```

例如，实现表达式的中间代码翻译时，对应类为 NExpression，派生自上面的节点类 Node；进一步，整型常量类为 NInteger，派生自表达式类 NExpression。

```
1.    /* 表达式类 */
2.    class NExpression : public Node {
3.     public:
4.        std::string name;
5.        std::string getNodeName() { return "Exp"; }
6.        virtual int parse() { return 0; }
7.        virtual int handle() { return 0; }
8.        virtual Value *codegen();
9.    };
10.   class NInteger : public NExpression {
11.    public:
12.       int value;
13.       NInteger(int value) : value(value) {}
14.       int parse();
15.       int handle() { return 0; }
16.       Value *codegen();
17.   };
```

另外，需要完成相应的语法分析和中间代码生成函数。

NInteger 的中间代码生成函数 codegen 可以参考如下代码实现。

```
Value *NInteger::codegen() {
    return ConstantInt::get(*theContext, APInt(32, value, true));
}
```

类似地，标识符也是表达式，对应的声明及 codegen 函数参考代码如下。

```
1.    class NIdentifier : public NExpression {
2.     public:
3.        NIdentifier(const std::string &name) { this->name = name; }
4.        int parse();
5.        Value *codegen();
6.    };
7.    Value *NIdentifier::codegen() {
8.        // 检查符号表中变量 name 是否已定义
9.        AllocaInst *A = namedValues[name];
10.       if (!A) {                                        // 未定义
11.       for (auto item = theModule->global_begin();
12.           item != theModule->global_end();++item) {
13.               GlobalVariable *gv = &*item;
14.               if (gv->getName() == name) {             // 检查全局变量中的变量 name 是否存在
15.                   return builder->CreateLoad(gv);      // 再入函数并返回
16.               }
17.           }
```

```
18.           printSemanticError(1, line, "Undefined variable " + name);
19.           return LogErrorV("Unknown variable name");          // 未定义则报错并返回
20.      }
21.      // 若已定义，则增加装载变量的中间代码
22.      return builder->CreateLoad(A->getAllocatedType(), A, name.c_str());
23.  }
```

其他语法成分可以根据具体语言的语义，进行类似翻译。

最后，在 main 函数中调用语法树根节点对应的中间代码生成函数 codegen，进而根据子节点成员类型，再调用相应类的 codegen 函数，将所有 LLVM 指令写入 theModule 对象保存，最后调用 print 函数，输出到文件中。

```
...
InitializeModuleAndPassManager();
if(p->codegen()) {
    theModule->print(outs(), nullptr);
}
...
```

A.8.4　LLVM 与 ANTLR 的联合使用

ANTLR（Another Tool for Language Recognition）是另一个语法分析器生成器，目前最新版是 ANTLR4。它使用语法文件定义要解析的语言或文件格式，然后生成一组类或函数构成的语法分析器。与 Flex 和 Bison 相似，ANTLR 可以简化构建语法分析器的过程，并能生成多种语言的代码，如 Java、C#、Python 和 JavaScript。ANTLR 还提供一些其他特性，可以使其适用于更复杂的语法分析任务。

❖ 支持语法和语义分离，语法规则可以独立于语义处理定义，这使得语法的修改和语义的修改可以分开进行。
❖ 支持语法规则优化，可以自动生成语法规则的缩减版，提高解析效率。
❖ 支持语法规则的模块化定义，使语法规则可以分成多个文件进行管理，更加易于维护。
❖ 支持语法规则的自动诊断，可以检测语法规则中的问题，并给出提示，提高语法规则的编写效率。

在使用 ANTLR4 生成语法树时，也需要定义语法文件。下面是一个简单的语法文件，定义了简单的算术表达式语言。

```
grammar Arithmetic;
expr: term ((PLUS|MINUS) term)*;
term: factor ((MUL|DIV) factor)*;
factor: INTEGER | LPAREN expr RPAREN;
INTEGER: [0-9]+;
PLUS: '+';
MINUS: '-';
MUL: '*';
DIV: '/';
LPAREN: '(';
RPAREN: ')';
WS: [ \t\r\n]+ -> skip;
```

然后，使用 ANTLR4 的编译器对语法文件进行编译，生成语法分析器。

语法分析器会自动构建语法树。本例中，语法树的根节点是 expr，包含一个或多个 term 节点，每个 term 节点包含了一个或多个 factor 节点，每个 factor 节点包含了一个 INTEGER 或 expr 节点。

用户可以通过遍历语法树来获取语法树上的信息，并进行语义分析和代码生成等操作。

针对上面的例子，写一个简单的输入样例 2+3*4，画出语法树，如下所示。

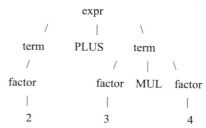

在这个语法树中，根节点是 expr，包含两个 term 节点，用 PLUS 连接起来。第一个 term 节点包含一个 factor 节点，值为 2；第二个 term 节点包含两个 factor 节点，值分别为 3 和 4，并且用 MUL 连接。

根据需求，可以设计和添加更多的语法规则，并画出相应的语法树。

在使用 ANTLR4 结合 C++ 和 LLVM 时，读者需要对 C++ 和 LLVM 有一定的了解，并需要根据需求进行调整和完善。

为了识别具体的输入样例，产生 LLVM IR 内容，可以将 ANTLR4 与 LLVM 结合使用。使用 ANTLR4 识别输入样例、遍历语法树并生成 LLVM IR 的过程如下。

```cpp
#include <iostream>
#include <string>
#include "ToyLexer.h"
#include "ToyParser.h"
#include "ToyVisitor.h"
int main(int argc, char** argv) {
    std::string input = "int main() { return 2 + 3 * 4; }";
    antlr4::ANTLRInputStream inputStream(input);
    ToyLexer lexer(&inputStream);
    antlr4::CommonTokenStream tokens(&lexer);
    ToyParser parser(&tokens);
    // 产生语法树
    antlr4::tree::ParseTree* tree = parser.program();
    llvm::LLVMContext context;
    // 创建 LLVM 上下文和模块对象
    std::unique_ptr<llvm::Module> module = std::make_unique<llvm::Module>("toy", context);
    llvm::IRBuilder<> builder(context);                    // 创建 IR 生成器对象
    // 创建语法树和 IR 生成器的一个访问者
    ToyVisitor visitor(module.get(), &builder);
    visitor.visit(tree);
    module->print(llvm::outs(), nullptr);                  // 打印产生的中间代码
    return 0;
}
```

在这个例子中，先使用 ANTLR4 生成的词法和语法分析器，将输入样例，转换成语法树。然后创建 LLVM 的上下文 context、模块 module 和 IR 生成器 builder。接着创建一个 ToyVisitor，继承了 ANTLR4 生成的 BaseVisitor，并在 visit 函数中实现了对语法树的遍历和处理。调用 visit 函数遍历语法树，在函数中使用 builder 生成 LLVM IR。例如，visitProgram 函数用于遍历程序中的所有语句，visitVariableDeclaration 函数创建新变量并将其添加到符号表中，visitExpression 函数处理不同类型的表达式。最后，调用 print 打印出生成的 LLVM IR。

这只是一个简化的示例。实际上，编写完整编译器需要很多代码来处理各种语言特性，如函数定义和调用、控制语句、类型检查等。

同时，本例假定文法规则文件 Toy.g4 已经被编译成了对应的 C++类文件，并且已经包含在项目中。

```cpp
// ToyLexer.h
#include <antlr4-runtime.h>
class ToyLexer : public antlr4::Lexer {
  public:
    ToyLexer(antlr4::CharStream* input);
    ...
};
// ToyParser.h
#include <antlr4-runtime.h>
class ToyParser : public antlr4::Parser {
  public:
    ToyParser(antlr4::TokenStream* input);
    ...
};
// ToyVisitor.h
#include <antlr4-runtime.h>
#include <llvm/IR/IRBuilder.h>
#include <llvm/IR/Module.h>
class ToyVisitor : public ToyBaseVisitor {
  public:
    ToyVisitor(llvm::Module* module, llvm::IRBuilder<>* builder);
    ...
};
// ToyVisitor.cpp
ToyVisitor::ToyVisitor(llvm::Module* module, llvm::IRBuilder<>* builder) :
                                   module_(module), builder_(builder) {}
...
antlrcpp::Any ToyVisitor::visitProgram(ToyParser::ProgramContext* ctx) {
    ...
    // Traverse the statements
    for (auto statement : ctx->statement()) {
        visit(statement);
    }
    ...
}
antlrcpp::Any ToyVisitor::visitVariableDeclaration(ToyParser::VariableDeclarationContext* ctx) {
    ...
```

```
    // 创建变量
    auto variable = builder_->createAlloca(type);
    ...
}

antlrcpp::Any ToyVisitor::visitExpression(ToyParser::ExpressionContext* ctx) {
    ...
    // 处理不同类型的表达式
    if (ctx->ID()) {
        // 处理单变量表达式
        ...
    }
    else if (ctx->INT()) {
        // 处理整型表达式
        ...
    }
    else if (ctx->functionCall()) {
        // 处理函数调用
        ...
    }
}
```

为了编译和运行这个例子，需要使用 ANTLR4 生成语法树对应的 C++类文件，可以使用如下命令：

```
antlr4 -Dlanguage=Cpp -o output Toy.g4
```

接着，需要在项目中包含这些生成的 C++类文件和 LLVM 库文件，并使用 C++编译器编译这些文件，生成可执行文件。

最后，运行如下代码。

```
$g++ -std=c++14 -I output -I path/to/llvm/include -L path/to/llvm/lib -lLLVM
 ToyVisitor.cpp Toy.cpp -o toy-compiler-llvm
./toy-compiler-llvm
```

另外，需要其他配合的文件才能正常工作，如定义语法规则的文件 Toy.g4、词法分析器的实现文件 ToyLexer.cpp、语法分析器的 ToyParser.cpp，以及包含 antlr4 运行时的库文件。

本例的实现细节，如语法规则、遍历语法树的 visitor 函数实现、生成 IR 的函数，都没有展开给出，需要自行实现；编译命令的实际路径需要根据环境进行调整。

附录 B
编译原理
在达梦数据库中的应用

CP

编译技术除了在编译程序中使用，也被广泛用于数据库系统中。下面以国产达梦数据库为例，进行简单介绍。

武汉达梦数据库股份有限公司成立于 2000 年，是国内领先的数据库产品开发服务商和国内数据库基础软件产业发展的关键推动者。该公司已掌握数据管理与数据分析领域的核心前沿技术，拥有主要产品全部核心源代码的自主知识产权。达梦数据库也使用了编译技术，实现对结构化查询语言（Structured Query Language，SQL）的支持。

在数据库执行一条 SQL 语句时，先通过词法、语法分析，再经优化和最优执行计划构造，然后执行下推计算，最后才能得到用户想要的数据信息。

1．SQL 语句的词法分析

SQL 语句的词法分析主要是读取 SQL 代码，从左到右扫描文本，把文本拆成单词，然后把它们按照预定的规则（关键字识别器、标识符识别器、常量识别器、操作符识别器）合并成单词 Token。Token 用二元组来表示，type 为单词种类，value 为属性值。SQL 中的任意关键词可以当作种类为 identifier 的单词，表名、列名、函数名等可以认为是单词。同时，移除空白符、注释等。最后，整个代码将被存入单词列表。

2．SQL 语句的语法分析

SQL 语句的语法分析的职责就是明确一个 SQL 语句的语法结构，并用语法树存放。Token 序列数组会经过语法分析器，根据 SQL 语法，进一步识别出各类短语，输出 AST 语法树，同时验证语法结构的正确性。SQL 语法中若存在错误，则需要抛出错误信息。

SQL 解析本质上就是把 SQL 字符串解析成 AST。

3．SQL 语句的 AST 抽象语法树

AST 是语法解析的结果，也可以看成对 SQL 语句的一种直观的中间描述。

例如，对于语句

```
SELECT id, name, age  FROM user  WHERE id=1; [1]
```

用 AST 工具处理后的内容说明如下。

该 SQL 语句程序从起始符 program 开始，可以包含语法成分 select_stmt，其中又包含 SELECT 从句、FROM 从句、WHERE 从句。其中，SELECT 从句由 SELECT 关键字、COLUMNS 列表组成，FROM 从句由 FROM 关键字、表达式（由标识符 TABLE 名构成）组成，而 WHERE 从句由 WHERE 关键字、表达式（由二元运算组成，左部是列名称 id 作为标识符，右部是整型常量 1）组成。SQL 语法允许 COLUMNS 列表由一个或多个 COLUMN 项组成（如 id、name、age）。一个合法的 SQL 程序，除了 select_stmt，也可以由多个其他语句组成。例如：

```
{
    "type":"SELECT",
    "DISTINCT":false,
    "COLUMNS":[
        {
            "type":"COLUMN",
```

---

[1] SQL 语句在系统中不区分大小写，这里只是为了突出关键字，所以关键字采用大写形式。

```
                "expr":{
                    "type":"identifier",
                    "value":"id"
                },
                "alias":null
            },
            {
                "type":"COLUMN",
                "expr":{
                    "type":"identifier",
                    "value":"name"
                },
                "alias":null
            },
            {
                "type":"COLUMN",
                "expr":{
                    "type":"identifier",
                    "value":"age"
                },
                "alias":null
            }
        ],
        "FROM":{
            "type":"TABLE",
            "expr":{
                "type":"identifier",
                "value":"user"
            }
        },
        "WHERE":{
            "type":"binary_expr",
            "operator":"=",
            "left":{
                "type":"identifier",
                "value":"id"
            },
            "right":{
                "type":"number",
                "value":1
            }
        }
    }
}
```

任何一条 SQL 都可以用一棵 AST 语法树来表达，有的实现方案中也将 token 相关的信息（如位置等）记录在 AST 语法树中。

4．优化和执行器

在数据库中，SQL 语句被解析为语法树后，再将语法树转换为逻辑计划，这个过程可以进行优化。语法树转为逻辑计划时，各算子存在先后顺序。所以，在将 SQL 语句转换为逻辑计划时，需要按照一定的顺序进行转换。

以 SELECT 语句为例，顺序为：FROM → WHERE → GROUP BY → HAVING → SELECT → DISTINCT → UNION → ORDER BY → LIMIT。

例如，有一个名为 student 的表，包含 id、name 和 age 三个字段。现在要查询"age 大于 20 岁的学生的姓名和年龄，并按照年龄从小到大排序"。FROM 子句中的表需要先进行连接，WHERE 子句的条件需要过滤，GROUP BY 子句需要进行分组，HAVING 子句需要在分组后再进行过滤，然后按照 ORDER BY 子句的要求进行排序，最后返回 LIMIT 限制的结果集。

```
SELECT  name, age
FROM  student
WHERE  age > 20
ORDER BY  age ASC;
```

将该 SQL 语句转换为逻辑计划时，需要按照以下步骤进行处理。

首先，将 FROM 子句的 student 表添加到逻辑计划中。

其次，将 WHERE 子句的 age > 20 条件添加到逻辑计划中，并将其与 student 表进行连接操作。

然后，将 SELECT 子句的 name 和 age 字段添加到逻辑计划中，并对结果进行投影操作。

最后，按照 age ASC 进行排序，并将排序后的结果集返回。

所以，按照 FROM → WHERE → SELECT → ORDER BY 的顺序，可以将该 SQL 语句转换为逻辑计划，以便进行查询操作。

如果对逻辑计划进行优化，就需要更细的粒度。因为数据库执行一条语句有多种方式，为了选择最优的执行方式，需要设计查询优化器。

查询优化器在用户提交 SQL 查询时，通过分析、优化查询执行计划，提高查询效率。

查询优化器的处理过程主要如下。

（1）语法分析：查询优化器需要对用户提交的 SQL 语句进行语法分析，检查语法错误，并将 SQL 语句转换为一棵语法树。

（2）语义分析：语法分析后，查询优化器需要对语法树进行语义分析，以确定 SQL 语句的意图，包括数据表的访问顺序、过滤条件、连接方式、投影等，生成逻辑查询计划（Logical Query Plan）。

（3）查询重写：在逻辑查询计划生成后，查询优化器会对其进行查询重写，以寻找更优的查询计划。查询重写可能包括谓词下推、关联合并、子查询优化等。

（4）查询优化：在查询重写后，查询优化器会进行查询优化，以产生一个最优的查询执行计划（Query Execution Plan）。查询优化主要包括基于代价估算的查询计划选择、基于统计信息的查询重写和重排序等。

（5）执行计划选择：在确定最优的执行计划后，查询优化器会将其转换为物理查询计划（Physical Query Plan），并发送给执行器（Execution Engine）执行。

（6）执行计划缓存：为了避免重复查询优化操作，查询优化器通常会将查询执行计划缓存起来，以便下次相同的查询能够直接使用已经优化好的执行计划，提高查询执行效率。

下面对查询优化器中的查询重写、估算代价、执行计划选择过程进行说明。

1）查询重写

查询重写是指对 SQL 查询语句进行一系列的变换和优化，以生成一个更优的查询执行计划。查询重写的过程主要包括如下。

① 谓词下推（Predicate Pushdown）。谓词下推是指将查询条件（谓词）移动到尽可能靠近数据源的地方进行过滤。在查询优化过程中，可以通过谓词下推将过滤条件从查询计划的后面移动到查询计划的前面，减少查询的数据量和计算量。

② 子查询优化。子查询是指在主查询中嵌套的一个或多个查询，子查询的计算代价通常比主查询高。查询重写可以通过优化子查询将其转换为更高效的查询计划，从而减少查询的计算成本。

③ 关联合并（Join Reorder）。关联合并是指将关联查询的多个表按照某种方式重新组合，以获得更高效的查询计划。在关联查询中，不同的表之间可能有多种关联方式，查询重写可以通过重新组合表的关联方式得到更优的查询执行计划。

④ 去重合并（Distinct Merge）。在某些查询中，需要对查询结果进行去重操作。查询重写可以通过合并多个去重操作得到更高效的查询计划，避免重复计算。

⑤ 消除冗余子查询（Subquery Unnesting）。冗余子查询是指在 SQL 语句中存在的没有实际用处的子查询。查询重写可以通过消除冗余子查询简化 SQL 语句，从而提高查询的效率。

⑥ 合并常量表达式（Constant Folding）。常量表达式是指由常量值和运算符组成的表达式。查询重写可以通过合并常量表达式，将多个常量表达式转换为一个常量值，以减少查询的计算成本。

2）估算代价

代价是指执行查询所需要的资源和时间开销，如 CPU 时间、磁盘 IO 操作次数、内存消耗等。因此，为了选择最优的查询执行计划，查询优化器需要对每个可能的查询执行计划估算代价，从而选择代价最小的执行计划。

查询执行计划的代价估算可以分为两个步骤：选择合适的访问方法和计算所需资源的代价。访问方法是指选择如何访问数据，如全表扫描、索引扫描、聚合操作等。不同的访问方法会产生不同的代价，因此选择合适的访问方法对于查询性能优化至关重要。计算代价是指对所选访问方法进行代价估算，如 I/O 操作次数、CPU 开销、内存消耗等。

为了准确估算查询执行计划的代价，查询优化器需要收集和维护数据库的统计信息，包括表的数据分布、索引的数据分布和数据变化情况等。这些统计信息可以帮助优化器更准确地估算查询执行计划的代价。

代价估算的衡量指标可以包括以下几方面。

❖ 访问磁盘次数：估算需要访问多少磁盘块，包括读取索引块和数据块。
❖ CPU 开销：估算需要进行多少次 CPU 计算，包括解析语法树、执行查询计划等。
❖ 内存消耗：估算查询过程中需要使用多少内存空间，包括缓存块、排序区等。
❖ 网络传输：估算数据传输过程中的网络带宽消耗，包括从磁盘读取数据、发送数据到客户端等。

例如，有一个包含 100 万条记录的订单表，其中有一个名为 order_id 的主键索引和一个名为 customer_id 的非唯一索引。现在需要查询 customer_id 为 1000 的所有订单记录，可以使用如下 SQL 语句。

```
SELECT order_id, order_amount, order_time
    FROM order_table
    WHERE customer_id = 1000
    ORDER BY order_time DESC
    LIMIT 10;
```

在这个查询中，优化器可能有以下两种访问路径供选择。

① 使用 customer_id 索引进行索引扫描，再使用 order_time 索引进行排序，最后取前 10 条记录。

② 使用 customer_id 索引进行索引扫描，再对结果集进行全局排序，最后取前 10 条记录。

为了选择最优的访问路径，优化器需要估算每个访问路径的代价。假设索引扫描需要访问 100 个块，每个块需要读取 1 页数据（假设 1 页=4 KB），需要排序的数据为 100 条订单。前者的排序代价与订单数量成正比，按 100×4 KB 估算，而全局排序需要使用 100 MB 内存空间。那么，第一种访问路径的代价为

$$\text{Cost} = 100 \times 4\,\text{KB} + 100 \times 4\,\text{KB} = 800\,\text{MB}$$

第二种访问路径的代价为

$$\text{Cost} = 100 \times 4\,\text{KB} + 100\,\text{MB} = 100.4\,\text{MB}$$

因此，优化器会选择第一种访问路径作为查询执行计划。这样，在最短的时间内就可以得到 customer_id 为 1000 的前 10 条订单记录，提高了查询效率和响应速度。

如果没有统计信息，优化器就会依据过滤条件的类型来设置对应的选择率。

假设有一个包含 100 万条记录的用户表，其中有一个名为 age 的列，它的值在 1～100 之间。现在需要查询年龄大于 50 的用户记录，可以使用如下 SQL 语句：

```
SELECT COUNT(*) FROM user_table WHERE age > 50;
```

在这个查询中，如果数据库中没有关于 age 列的统计信息，那么优化器需要根据过滤条件的类型来设置选择率。如果知道 age 列的取值范围是 1～100，而过滤条件是 age>50，也就是说，符合条件的记录占所有记录的一半，那么优化器可以设置选择率为 50%，表示符合条件的记录数量大约是总记录数的一半。

另外，在关系型数据库中，连接操作是非常常见的操作，可以用来合并两个或多个表中的数据，得到一个更大的结果集。连接操作的代价比较高，因为需要对多个表进行读取、排序、合并等操作，所以优化连接操作的代价是关系型数据库优化的一个重要方面，需要综合考虑各种操作的代价。

3）执行计划选择

执行计划选择是查询优化的最后一步，也是最重要的一步。优化器需要选择最优的执行计划，以便在最短的时间内得到查询结果。

① 候选执行计划生成。优化器通过代数化简和重写等技术，生成多个可行的执行计划，每个执行计划对应一种查询方式。执行计划通常采用树形结构表示，每个节点表示一个操作，如表扫描、索引扫描、排序、聚合等。

② 代价估算。优化器根据查询语句、执行计划和统计信息等，估算每个执行计划的代价，包括 CPU 代价、I/O 代价、网络代价等。

③ 执行计划选择。优化器根据代价模型，从候选执行计划中选择代价最小的执行计划作为最终的执行计划。选择最优的执行计划可以有效地提高查询的执行效率。

生成计划指计划生成器对给定的查询按照连接方式、连接顺序、访问路径生成不同的执行计划，选择代价最小的一个计划作为最终的执行计划。

连接顺序指不同连接项的处理顺序。连接项可以是基表、视图或者是一个中间结果集。例如，表 t_1、t_2、t_3 的连接顺序是先访问 t_1，再访问 t_2，然后连接 t_1 与 t_2 生成结果集 r_1，最后连接 t_3 与 r_1。一个查询语句可能的计划数量是与 FROM 语句中连接项的数量成正比的，随着连接项数量的增加而增加。

执行计划是 SQL 语句的执行方式，由查询优化器为语句设计执行方式，交给执行器去执行。在 SQL 命令行使用 EXPLAIN 可以打印出语句的执行计划。例如，执行以下 SQL 语句：

```
SELECT A.C1+1, B.D2  FROM T1 A, T2 B  WHERE A.C1 = B.D1;
```

执行计划如下：

```
#nset2: [0, 16, 9]
#prjt2: [0, 16, 9]; exp_num(2), is_atom(false)
#nestLoopIndexJoin2: [0, 16, 9]
#cscn2: [0, 4, 5]; index33555535(B)
#ssek2: [0, 4, 0]; scan_type(asc), idx_T1_C1(A), scan_range[T2.D1,T2.D1]
```

执行计划看起来也类似一棵树，控制流从上向下传递，数据流从下向上传递。这个执行计划包含了查询优化器估算的操作符代价、处理的记录行数和每行记录的字节数等信息。在这个执行计划中，nestLoopIndexJoin2 是父节点，cscn2 和 ssek2 是它的左右子节点。

通过国产达梦数据库中查阅语言的实现、优化等内容的介绍，读者可以发现，数据库的关键技术与编译原理的关系十分紧密。这说明编译技术和方法的应用场景确实非常广泛，并且对国产软件的发展起到非常重要的推动作用。

附录 C
编译原理实验

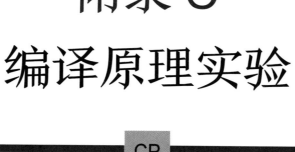

CP

在此用 C 语言对一个简单语言的子集编制一个一遍扫描的编译程序，以加深对编译原理的理解，掌握编译程序的实现方法和技术。

C.1　词法分析

C.1.1　实验目的

设计、编制并调试一个词法分析程序，加深对词法分析原理的理解。

C.1.2　实验要求

1．待分析的简单语言的词法

① 关键字：begin，if，then，while，do，end。所有的关键字都是小写。

② 运算符和界符：:=，+，-，*，/，<，<=，<>，>，>=，=，;，( )，#。

③ 其他单词是标识符（ID）和整型常数（NUM），通过以下正规式定义。

```
ID = letter(letter|digit)*
NUM = digit digit*
```

④ 空格由空白、制表符和换行符组成。空格一般用来分隔 ID、NUM、运算符、界符和关键字，词法分析阶段通常被忽略。

2．各种单词符号对应的种别码

各种单词符号对应的种别码见表 C.1。

表 C.1　各种单词符号对应的种别码

单词符号	种别码	单词符号	种别码	单词符号	种别码	单词符号	种别码
begin	1	:	17	letter (letter | digit)*	10	>=	24
if	2	:=	18	digit digit*	11	=	25
then	3	<	20	+	13	;	26
while	4	<>	21	-	14	(	27
do	5	<=	22	*	15	)	28
end	6	>	23	/	16	#	0

3．词法分析程序的功能

输入：所给文法的源程序字符串。

输出：二元组(syn, token)或(syn, sum)构成的序列。

其中，syn 为单词种别码；token 为存放的单词自身字符串；sum 为整型常数。

例如，对源程序

```
Begin
    x:=9;
    if  x>0  then  x := 2*x+1/3;
END #
```

的源文件，经词法分析后输出如下序列。

(1, begin)

(10, 'x')

(18, :=)

(11, 9)

(26, ;)

(2, if)

...

C.1.3　词法分析程序的算法思想

算法的基本任务是从字符串表示的源程序中识别出具有独立意义的单词符号，其基本思想是根据扫描到单词符号的第一个字种类，拼出相应的单词符号。

1．主程序流程图

词法分析主程序流程图如图 C.1 所示，其中初值包括如下两方面。

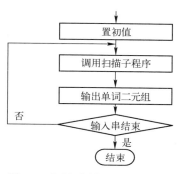

图 C.1　词法分析主程序流程图

① 关键字表的初值。关键字作为特殊标识符处理，把它们预先安排在一张表格中（称为关键字表），当扫描程序识别出标识符时，查关键字表。若能查到匹配的单词，则该单词为关键字，否则为一般标识符。关键字表为一个字符串数组，其描述如下。

```
char *rwtab[6] = {"begin", "if", "then", "while", "do", "end"};
```

② 程序中需要用到的主要变量为 syn、token 和 sum。

2．扫描子程序的算法思想

首先设置 3 个变量：① token 用来存放构成单词符号的字符串；② sum 用来存放整型单词；③ syn 用来存放单词符号的种别码。扫描子程序的流程图如图 C.2 所示。

C.1.4　词法分析程序的 C 语言程序框架

本实验的词法分析程序的 C 语言程序框架示例如下。

```
/* 需要的库和全局变量、函数及主程序 */
#include <stdio.h>                    /* 包含库所用的某些宏和变量 */
#include <stdlib.h>                   /* 包含库 */
#include <string.h>                   /* 包含字符串处理库 */
#define KEY_WORD_END "waiting for your expanding"    /* 定义关键字结束标志 */

typedef struct{                       /* 单词二元组的结构，可以根据需要继续扩充 */
    int typenum;
    char *word;
} WORD;
char input[255];                      /* 输入换缓冲区 */
char token[255] = "";                 /* 单词缓冲区 */
```

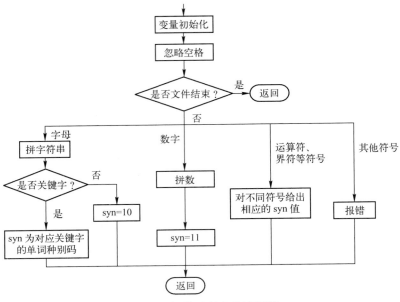

图 C.2　扫描子程序的流程图

```
int p_input;                                          /* 输入换缓冲区指针 */
int p_token;                                          /* 单词缓冲区指针 */

char ch;                                              /* 当前读入字符 */
/* 可扩充的关键字数组 */
char* rwtab[] = {"begin", "if", "then", "while", "do", "end", _KEY_WORD_END};
WORD* scaner();                                       /* 词法扫描函数，获得一个单词 */

void main() {
    int over = 1;
    WORD* oneword = new WORD;
    printf("Enter Your words(end with #): ");
    scanf("%[^#]s", input);         /* 读入源程序字符串到缓冲区，以#结束，允许多行输入 */
    p_input = 0;
    printf("Your words:\n%s\n", input);
    while(over < 1000 && over != -1){              /* 对源程序进行分析，直至结束符# */
        oneword=scaner();                          /* 获得一个新单词 */
        if(oneword->typenum < 1000)
            /* 打印种别码和单词自身的值 */
            printf("(%d, %s)", oneword->typenum, oneword->word);
        over = oneword->typenum;
    }
    printf("\npress # to exit: ");                  /* 按#退出程序 */
    scanf("%[^#]s", input);
}
/* 需要用到的自编函数参考实现，从输入缓冲区读取一个字符到 ch 中 */
char m_getch() {
    ch = input[p_input];
    p_input = p_input+1;
    return (ch);
}
```

```c
/* 去掉空白符号 */
void getbc() {
    while(ch==' ' || ch == 10) {
        ch = input[p_input];
        p_input = p_input+1;
    }
}
/* 拼接单词 */
void concat() {
    token[p_token] = ch;
    p_token = p_token+1;
    token[p_token] = '\0';
}
/* 判断是否字母 */
int letter(){
    if(ch >= 'a' && ch <= 'z' || ch >= 'A' && ch< = 'Z')
        return 1;
    else
        return 0;
}
/* 判断是否数字 */
int digit() {
    if(ch >= '0' && ch <= '9')
        return 1;
    else return 0;
}
/* 检索关键字表格 */
int reserve() {
    int i = 0;
    while(strcmp(rwtab[i], _KEY_WORD_END)) {
        if(!strcmp(rwtab[i], token)) {
            return i+1;
        }
        i = i+1;
    }
    return 10;
}
/* 回退一个字符 */
void retract() {
    p_input = p_input-1;
}
/* 数字转换成二进制，请读者自己补全 */
char* dtb(){
    return NULL;
}
```

词法扫描程序如下。

```c
WORD* scaner() {
    WORD* myword = new WORD;
    myword->typenum = 10;
```

```
myword->word = "";
p_token=0;
m_getch();
getbc();
if(letter()) {
    while(letter() || digit()) {
        concat();
        m_getch();
    }
    retract();
    myword->typenum = reserve();
    myword->word = token;
    return(myword);
}
else if(digit()) {
    while(digit()) {
        concat();
        m_getch();
    }
    retract();
    myword->typenum = 20;
    myword->word = token;
    return(myword);
}
else switch(ch) {
    case '=':   m_getch();
                if (ch == '=') {
                    myword->typenum = 39;
                    myword->word = "==";
                    return(myword);
                }
                retract();
                myword->typenum = 21;
                myword->word = "=";
                return(myword);
                break;
    case '+':   myword->typenum = 22;
                myword->word = "+";
                return(myword);
                break;
    case '-':   myword->typenum = 23;
                myword->word = "-";
                return(myword);
                break;
    case '*':   myword->typenum = 24;
                myword->word = "*";
                return(myword);
                break;
    case '/':   myword->typenum = 25;
```

```
                    myword->word = "/";
                    return(myword);
                    break;
case '(':           myword->typenum = 26;
                    myword->word = "(";
                    return(myword);
                    break;
case ')':           myword->typenum = 27;
                    myword->word = ")";
                    return(myword);
                    break;
case '[':           myword->typenum = 28;
                    myword->word = "[";
                    return(myword);
                    break;
case ']':           myword->typenum = 29;
                    myword->word = "]";
                    return(myword);
                    break;
case '{':           myword->typenum = 30;
                    myword->word = "{";
                    return(myword);
                    break;
case '}':           myword->typenum = 31;
                    myword->word = "}";
                    return(myword);
                    break;
case ',':           myword->typenum = 32;
                    myword->word = ",";
                    return(myword);
                    break;
case ':':           myword->typenum = 33;
                    myword->word = ":";
                    return(myword);
                    break;
case ';':           myword->typenum = 34;
                    myword->word = ";";
                    return(myword);
                    break;
case '>':           m_getch();
                    if (ch== '=') {
                        myword->typenum = 37;
                        myword->word = ">=";
                        return(myword);
                    }
                    retract();
                    myword->typenum = 35;
                    myword->word = ">";
                    return(myword);
```

```
                break;
    case '<':   m_getch();
                if (ch== '=') {
                    myword->typenum = 38;
                    myword->word = "<=";
                    return(myword);
                }
                retract();
                myword->typenum = 36;
                myword->word = "<";
                return(myword);
                break;
    case '!':   m_getch();
                if (ch=='='){
                    myword->typenum = 40;
                    myword->word = "!=";
                    return(myword);
                }
                retract();
                myword->typenum = -1;
                myword->word = "ERROR";
                return(myword);
                break;
    case '\0':  myword->typenum = 1000;
                myword->word = "OVER";
                return(myword);
                break;
    default:    myword->typenum = -1;
                myword->word = "ERROR";
                return(myword);
    }
}
```

C.2　语法分析

C.2.1　实验目的

编制一个递归下降分析程序，实现对词法分析程序所提供的单词序列的语法检查和结构分析。

C.2.2　实验要求

利用 C 语言编制递归下降分析程序，并对简单语言进行语法分析。

1．待分析的简单语言的语法

用扩充的 BNF 表示如下。

(1) 〈程序〉::=begin 〈语句串〉 end

(2) 〈语句串〉::= 〈语句〉{; 〈语句〉}

(3) 〈语句〉::= 〈赋值语句〉

(4) 〈赋值语句〉::=ID:=〈表达式〉

(5) 〈表达式〉::= 〈项〉{+〈项〉|-〈项〉}

(6) 〈项〉::= 〈因子〉{*〈因子〉|/〈因子〉}

(7) 〈因子〉::= ID| NUM | (〈表达式〉)

2．实验要求说明

输入单词串，以"#"结束，若是文法正确的句子，则输出成功信息，打印"success"，否则打印"error"。例如：

输入

```
begin  a:=9;  x:=2*3;  b:=a+x  end  #
```

输出

```
success
```

输入

```
x:=a+b*c  end  #
```

输出

```
error
```

C.2.3　语法分析程序的算法思想

语法分析主程序的流程图如图 C.3 所示。递归下降分析程序的流程图如图 C.4 所示。语句串分析程序的流程图如图 C.5 所示。

statement 语句分析函数的流程图如图 C.6～图 C.9 所示。

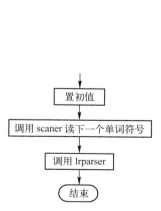

图 C.3　语法分析主程序的流程图

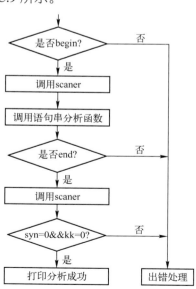

图 C.4　递归下降分析程序的流程图

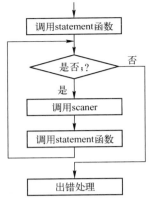

图 C.5 语句串分析程序的流程图

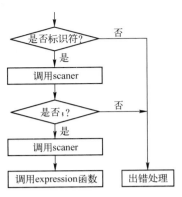

图 C.6 statement 语句分析函数的流程图（一）

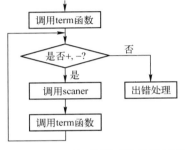

图 C.7 statement 语句分析函数的流程图（二）

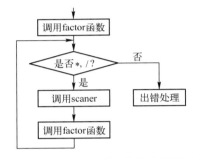

图 C.8 statement 语句分析函数的流程图（三）

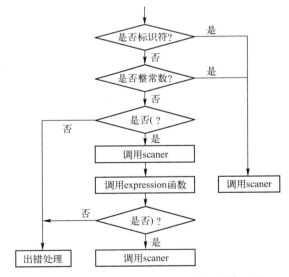

图 C.9 statement 语句分析函数的流程图（四）

C.2.4 语法分析程序的 C 语言程序框架

本实验的语法分析程序的 C 语言程序框架示例如下。

```
lrparser() {
    if (syn = 1) {
```

```
            读下一个单词符号;
            调用 yucu 函数;
            if (syn = 6) {
                读下一个单词符号;
                if (syn=0 && (kk == 0))
                    输出("success");
            }
            else {
                if (kk != 1) {
                    输出'缺 end'错误;
                    kk=1;
                }
                else {
                    输出'begin'错误;
                    kk = 1;
                }
            }
        }
    return;
}


yucu() {
    调用 statement();
    while (syn = 26) {
        读下一个单词符号;
        调用 statement 函数;
    }
    return;
}


statement() {
    if (syn = 10) {
        读下一个单词符号;
        if (syn = 18) {
            读下一个单词符号;
            调用 expression 函数;
        }
        else {
            输出赋值号错误;
            kk = 1;
        }
    }
    else {
        输出语句错误;
        k = 1
    }
    return;
}
```

```
expression() {
    调用 term 函数;
    while (syn=13 or 14) {
        读下一个单词符号;
        调用 term 函数;
    }
    return;
}


term() {
    调用 factor 函数;
    while (syn = 15 or 16) {
        读下一个单词符号;
        调用 factor 函数;
    }
    return;
}


factor() {
    if (syn = 10 or 11)
        读下一个单词符号;
    else if (syn = 27) {
        读下一个单词符号;
        调用 expression 函数;
        if (syn = 28)
            读下一个单词符号;
        else {
            输出')'错误;
            kk = 1;
        }
    }
    else {
        输出表达式错误;
        kk = 1;
    }
    return;
}
```

C.3　语义分析

C.3.1　实验目的

通过上机实习,加深对语法制导翻译原理的理解,掌握将语法分析所识别的语法成分变换为中间代码的语义翻译方法。

C.3.2 实验要求

采用递归下降语法制导翻译法，对算术表达式、赋值语句进行语义分析，同时生成四元式序列。

1．实验的输入和输出

输入是语法分析后提供的正确的单词串，输出为三地址指令形式的四元式序列。

例如，对于语句串

```
begin  a:=2+3*4; x:=(a+b)/c  end #
```

输出的三地址指令如下。

(1) $t_1 = 3 * 4$ (4) $t_3 = a + b$

(2) $t_2 = 2 + t_1$ (5) $t_4 = t_3 / c$

(3) $a = t_2$ (6) $x = t_4$

2．算法思想

（1）设置语义过程。

① emit(char *result, char *ag1, char *op, char *ag2)

该函数的功能是生成一个三地址语句送到四元式表中。其四元式表的结构如下。

```
struct {
    char  result[8];
    char  ag1[8];
    char  op[8];
    char  ag2[8];
} quad[20];
```

② char *newtemp()

该函数回送一个新的临时变量名，临时变量名产生的顺序为 $T_1, T_2, \cdots$。

```
char *newtemp(void) {
    char *p;
    char m[8];
    p = (char *)malloc(8);
    k++;
    itoa(k, m, 10);
    strcpy(p+1, m);
    p[0] = 't';
    return(p);
}
```

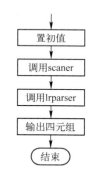

图 C.10　语义分析主程序的流程图

（2）主程序的流程图如图 C.10 所示。

（3）函数 lrparser 在原来语法分析的基础上插入相应的语义动作：将输入串翻译成四元式序列。本实验只对表达式、赋值语句进行翻译。

C.3.3　语义分析程序的 C 语言程序框架

本实验的语义分析程序的 C 语言程序框架示例如下。

```
int lrparser() {
```

```
    int  schain = 0;
    kk = 0;
    if (syn = 1) {
        读下一个单词符号;
        schain = yucu;                      /* 调用语句串分析函数进行分析 */
        if (syn = 6) {
            读下一个单词符号;
            if (syn = 0 && (kk == 0))
                输出("success");
        }
        else {
            if (kk!=1) {
                输出'缺 end'错误;
                kk = 1;
            }
            else {
                输出'begin'错误;
                kk = 1;
            }
        }
    }
    return(schain);
}

int  yucu() {
    int  schain = 0;
    schain = statement();                   /* 调用语句分析函数进行分析 */
    while (syn = 26) {
        读下一个单词符号;
        schain=statement();                 /* 调用语句分析函数进行分析 */
    }
    return(schain);
}

int statement() {
    char  tt[8], eplace[8];
    int schain = 0;
    switch(syn) {                           /* 根据当前的单词符号判断是何种语句 */
        case 10:                            /* 赋值语句 */
                strcpy(tt, token);
                scaner();
                if (syn = 18) {
                    读下一个单词符号;
                    strcpy(eplace, expression());       /* 调用 expression 进行分析 */
                    emit(tt, eplace, "", "");           /* 生成四元式送入四元式表 */
                    schain = 0;
                }
                else {
                    输出'缺少赋值号'的错误;
```

```
                    kk=1;
                }
                return(schain);
                break;
        }
}

char *expression(void) {
    char  *tp, *ep2, *eplace, *tt;
    tp = (char *)malloc(12);
    ep2 = (char *)malloc(12);
    eplace = (char *)malloc(12);
    tt = (char )malloc(12);                    /* 分配空间 */
    strcpy(eplace, term());                    /* 调用 term 分析产生表达式计算的第一项 eplace */
    while (syn = 13 or 14) {
        操作符 tt = '+'或者'-';
        读下一个单词符号;
        strcpy(ep2, term());                   /* 调用 term 分析产生表达式计算的第二项 ep2 */
        strcpy(tp, newtemp());                 /* 调用 newtemp 产生临时变量 tp 存储计算结果 */
        emit(tp, eplace, tt, ep2);             /* 生成四元式送入四元式表 */
        strcpy(eplace, tp);                    /* 将计算结果作为下一次表达式计算的第一项 eplace */
    }
    return(eplace);
}

char  *term(void)                              /* 仿照函数 expression 编写 */
char *factor(void) {
    char  *fplace;
    fplace = (char *)malloc(12);
    strcpy(fplace, " ");
    if (syn = 10) {
        strcpy(fplace, , token);               /* 将标识符 token 的值赋给 fplace */
        读下一个单词符号;
    }
    else if (syn = 11) {
        itoa(sum, fplace, 10);
        读下一个单词符号;
    }
    else if (syn = 27) {
        读下一个单词符号;
        fplace = expression();                 /* 调用 expression 分析返回表达式的值 */
        if (syn = 28)
            读下一个单词符号;
        else {
            输出')'错误;
            kk = 1;
        }
    }
    else {
```

```
            输出'('错误;
            kk = 1;
        }
        return(fplace);
    }
```

C.4　算符优先分析法

实验要求采用算符优先分析法对表达式（不包括括号运算）进行分析，并给出四元式序列。

算符优先分析法特别有利于表达式的处理，宜于手工实现。算符优先分析过程是自下而上的归约过程，但这种归约未必是严格的规范归约。而在整个归约过程中，起决定作用的是相继两个终结符之间的优先关系。因此，算符优先分析法就是定义算符之间的某种优先关系，并借助这种关系寻找句型的最左素短语进行归约。

算符优先分析法通常有两种：优先矩阵法和优先函数法。前者提供一张算符优先关系表，后者提供两个优先函数（入栈优先函数 f 和比较优先函数 g），优先函数法比优先矩阵法节省存储空间，所以较为普遍。下面介绍使用优先函数法的分析过程。

设已定义了入栈优先函数 f（如表 C.2 所示）和比较优先函数（如表 C.3 所示），设立两个栈，即算符栈和操作数栈。

表 C.2　入栈优先函数 f

x	↑	*,/	+,-	$
$F(x)$	7	5	3	0

表 C.3　比较优先函数 g

x	↑	*,/	+,-	$
$G(x)$	6	4	2	0

分析过程：先在算符栈置"$"，然后开始顺序扫描表达式。若读来的单词符号是操作数，则直接进操作数栈，然后继续读下一个单词符号；分析过程从头开始，并重复进行；若读来的是运算符 θ_2，则将当前处于运算符栈顶的运算符 θ_1 的入栈优先数 f 与 θ_2 的比较优先函数 g 进行比较。

（1）若 $f(\theta_1) \leqslant g(\theta_2)$，则 θ_2 进算符栈，并继续按顺序往下扫描，分析过程从头开始。

（2）若 $f(\theta_1) > g(\theta_2)$，则产生对操作数栈顶的若干项进行 θ_1 运算的中间代码，并从运算符栈顶移去 θ_1，同时从操作数栈顶移去若干项，然后把执行 θ_1 运算的结果压入操作数栈。接着以运算符栈新的项与 θ_2 进行上述优先数的比较，即重复（1）和（2）。

（3）重复（1）和（2），直到"$"和"$"配对为止。

优先函数的分析过程如图 C.11 所示。

C.5　实验实例

下面是用 C 语言对一个 C 语言的子集编制一个一遍扫描的编译程序，各种单词符号及其种别码见表 C.4。

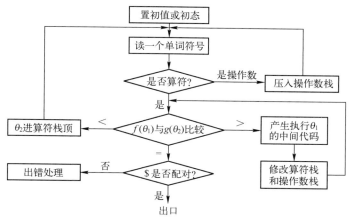

图 C.11　优先函数的分析过程

表 C.4　各种单词符号及其种别码

单词符号	种别码	单词符号	种别码	单词符号	种别码
main	1	+	22	;	34
int	2	-	23	>	35
char	3	*	24	<	36
if	4	/	25	>=	37
else	5	[	28	<=	38
for	6	]	29	==	39
while	7	{	30	!=	40
letter(letter | digit)*	10	}	31	'\ 0'	1000
digit digit*	20	,	32	ERROR	-1
=	21	:	33	/	

语法结构定义如下。

〈程序〉::=main()〈语句块〉

〈语句块〉::='{'〈语句串〉'}'

〈语句串〉::=〈语句〉{;〈语句〉};

〈语句〉::=〈赋值语句〉|〈条件语句〉|〈循环语句〉

〈赋值语句〉::=ID=〈表达式〉

〈条件语句〉::=if(条件)〈语句块〉

〈循环语句〉::=while〈条件〉〈语句块〉

〈条件〉::=〈表达式〉〈关系运算符〉〈表达式〉

〈表达式〉::=〈项〉{+〈项〉|-〈项〉}

〈项〉::=〈因子〉{*〈因子〉|/〈因子〉}

〈因子〉::=ID|NUM|(〈表达式〉)

〈关系运算符〉::=<|<=|>|>=|==|!=

程序如下。

```
/* ***************************** */
/* 文件: globals.h              */
```

```c
/* 定义分析器需要的一些数据结构、宏等   */
/* 本头文件必须在其他文件前引用          */
/* ************************************* */
#ifndef GLOBALS_H
#define GLOBALS_H

#include <stdio.h>
#include <stdlib.h>
#include <string.h>

/* 单词种别码 */
#define SYN_MAIN            1
#define SYN_INT             2
#define SYN_CHAR            3
#define SYN_IF              4
#define SYN_ELSE            5
#define SYN_FOR             6
#define SYN_WHILE           7
/* 以上为关键字的单词种别码 */

#define SYN_ID 1            0           /* 标识符的单词种别码 */
#define SYN_NUM             20          /* 整数的单词种别码 */

#define SYN_ASSIGN          21          /* = */
#define SYN_PLUS            22          /* + */
#define SYN_MINUS           23          /* - */
#define SYN_TIMES           24          /* * */
#define SYN_DIVIDE          25          /* / */
#define SYN_LPAREN          26          /* ( */
#define SYN_RPAREN          27          /* ) */
#define SYN_LEFTBRACKET1    28          /* [ */
#define SYN_RIGHTBRACKET1   29          /* ] */
#define SYN_LEFTBRACKET2    30          /* { */
#define SYN_RIGHTBRACKET2   31          /* } */
#define SYN_COMMA           32          /* , */
#define SYN_COLON           33          /* : */
#define SYN_SEMICOLON       34          /* ; */

#define SYN_LG              35          /* > */
#define SYN_LT              36          /* < */
#define SYN_ME              37          /* >= */
#define SYN_LE              38          /* <= */
#define SYN_EQ              39          /* == */
#define SYN_NE              40          /* != */
#define SYN_END             1000        /* 源程序结束标志 */
#define SYN_ERROR           -1          /* error */
#define MAXLENGTH           255         /* 一行允许的字符个数 */

union WORDCONTENT{                      /* 存放单词内容的联合 */
```

```
        char  T1[MAXLENGTH];
        int   T2;
        char  T3;
};
typedef struct WORD{                        /* 单词二元组 */
    int syn;
    union WORDCONTENT value;
}WORD;

#endif


/* ***************************** */
/* 文件: scan.h                  */
/* 定义词法分析器的接口           */
/* ***************************** */
#ifndef SCAN_H
#define SCAN_H


/* 一个 TAB 占用的空格数 */
#define TAB_LEGNTH            4
/* 关键字结束标记 */
#define KEY_WORD_END          "waiting for your expanding"


/* 函数 Scaner 得到源程序里的下一个单词符号 */
void Scaner(void);

#endif


/* ***************************** */
/* 文件: scan.c                  */
/* 分析器的词法扫描部分           */
/* ******************/********** */
#include "globals.h"
#include "scan.h"


void Do_Tag(char *strSource);                    /* 识别标识符的中间状态 */
void Do_Digit(char *strSource);                   /* 识别数字的中间状态 */
void Do_EndOfTag(char *strSource);                /* 识别标识符最后的一个状态 */
void Do_EndOfDigit(char *strSource);              /* 识别数字的最后一个状态 */
void Do_EndOfEqual(char *strSource);              /* =、== */
void Do_EndOfPlus(char *strSource);               /* + */
void Do_EndOfSubtraction(char *strSource);        /* - */
void Do_EndOfMultiply(char *strSource);           /* * */
void Do_EndOfDivide(char *strSource);             /* / */
void Do_EndOfLParen(char *strSource);             /* ( */
void Do_EndOfRParen(char *strSource);             /* ) */
void Do_EndOfLeftBracket1(char *strSource);       /* [ */
void Do_EndOfRightBracket1(char *strSource);      /* ] */
void Do_EndOfLeftBracket2(char *strSource);       /* { */
```

```c
void Do_EndOfRightBracket2(char *strSource);              /* } */
void Do_EndOfColon(char *strSource);                      /* : */
void Do_EndOfComma(char *strSource);                      /* , */
void Do_EndOfSemicolon(char *strSource);                  /* ; */
void Do_EndOfMore(char *strSource);                       /* >、>= */
void Do_EndOfLess(char *strSource);                       /* <、<= */
void Do_EndOfEnd(char *strSource);                        /* 用'\0'作为源程序结束 */
void PrintError(int nColumn, int nRow, char chInput);    /* 词法分析错误输出 */
void Scaner(void)                                         /* 词法扫描函数 */

extern char *strSource;                                   /* 待分析的源程序 */
extern FILE *fw;                                          /* 结果输出文件 */
int  gnColumn,
     gnRow,                                               /* 行列号 */
     gnLocate,                                            /* 下一个字符脚标 */
     gnLocateStart;                                       /* 下一个单词开始位置 */
Word uWord;                                               /* 扫描出的单词 */

/* 关键字表 */
char *KEY_WORDS[20] = {"main", "int", "char", "if", "else", "for", "while", "void",
                        _KEY_WORD_END};

int IsDigit(char chInput) {                               /* 判断扫描的字符是否数字 */
    if (chInput <= '9'&& chInput >= '0')
        return 1;
    else
        return 0;
}


int IsChar(char chInput) {                                /* 判断扫描的字符是否字母 */
    if ((chInput <= 'z' && chInput >= 'a') || (chInput <= 'Z'&& chInput >= 'A'))
        return 1;
    else
        return 0;
}


void Do_Start(char *strSource) {                          /* 开始识别最先一个单词 */
    gnLocateStart = gnLocate;
    switch (strSource[gnLocate]){                         /* 根据第一个字符判断 */
        case '+':    Do_EndOfPlus(strSource); break;
        case '-':    Do_EndOfSubtraction(strSource);      break;
        case '*':    Do_EndOfMultiply(strSource);         break;
        case '/':    Do_EndOfDivide(strSource);           break;
        case '(':    Do_EndOfLParen(strSource);           break;
        case ')':    Do_EndOfRParen(strSource);           break;
        case '[':    Do_EndOfLeftBracket1(strSource);     break;
        case ']':    Do_EndOfRightBracket1(strSource);    break;
        case '{':    Do_EndOfLeftBracket2(strSource);     break;
        case '}':    Do_EndOfRightBracket2(strSource);    break;
```

```
        case ':':    Do_EndOfColon(strSource);              break;
        case ',':    Do_EndOfComma(strSource);              break;
        case ';':    Do_EndOfSemicolon(strSource);          break;
        case '>':    Do_EndOfMore(strSource);               break;
        case '<':    Do_EndOfLess(strSource);               break;
        case '=':    Do_EndOfEqual(strSource);              break;
        case '\0':   Do_EndOfEnd(strSource);                break;
        default:     if (IsChar(strSource[gnLocate])){          /* 是标识符或关键字 */
                        Do_Tag(strSource);
                    }
                    else if (IsDigit(strSource[gnLocate])){    /* 可能是整数 */
                        uWord.value.T2 = strSource[gnLocate] - '0';
                        Do_Digit(strSource);
                    }
                    else {                                     /* 是其他符号 */
                        if (strSource[gnLocate] != '' && strSource[gnLocate] != '\t'
                            && strSource[gnLocate] != '\n'
                            && strSource[gnLocate] != '\r') {
                          PrintError(gnColumn, gnRow, strSource[gnLocate]);
                        }
                        if (strSource[gnLocate] == '\n' || strSource[gnLocate] == '\r') {
                          gnColumn++;
                          gnRow = 1;
                        }
                        else if (strSource[gnLocate] == '\t') {
                          gnColumn +=_TAB_LEGNTH;
                        }
                        else {
                          gnRow++;
                          gnLocate++;
                          Do_Start(strSource);
                        }
                        break;
    }
    return;
}

void Do_Tag(char *strSource) {                              /* 识别标识符的中间状态 */
    gnLocate++;
    gnRow++;
    /* 是数字或者字母 */
    if (IsChar(strSource[gnLocate]) || IsDigit(strSource[gnLocate])) {
        Do_Tag(strSource);
    }
    else
        Do_EndOfTag(strSource);
    return;
}
```

```
void Do_Digit(char *strSource) {                          /* 识别整数的中间状态 */
    gnLocate++;
    gnRow++;
    if (IsDigit(strSource[gnLocate])){                    /* 是数字 */
        uWord.value.T2 = uWord.value.T2 * 10              /* 累加识别的数字 */
                         + strSource[gnLocate] -'0';
        Do_Digit(strSource);
    }
    else Do_EndOfDigit(strSource);
    return;
}


void Do_EndOfTag(char *strSource) {                       /* 标识符的最后状态 */
    int  nLoop;

    uWord.syn =_SYN_ID;                                   /* 单词种别码默认为标识符 */
    /* 记录标识符 */
    strncpy(uWord.value.T1, strSource+gnLocateStart, gnLocate- gnLocateStart);
    uWord.value.T1[gnLocate-gnLocateStart] = '\0';

    nLoop = 0;
    while (strcmp(KEY_WORDS[nLoop], _KEY_WORD_END)) {/* 查关键字表,是否关键字 */
        if (!strcmp(KEY_WORDS[nLoop], uWord.value.T1)) {  /* 比较和某关键字相符 */
            uWord.syn = nLoop + 1;                        /* 设置正确的 syn */
            break;
        }
        nLoop++;
    }
    return;
}


void Do_EndOfDigit(char *strSource) {                     /* 识别数字的最后状态 */
    uWord.syn =_SYN_NUM;
    return;
}

void Do_EndOfEqual(char *strSource) {                     /* =,== */
    if (strSource[gnLocate + 1] != '=') {                 /* = */
        uWord.syn =_SYN_ASSIGN;
        uWord.value.T3 = strSource[gnLocate];
    }
    else{                                                 /* == */
        gnLocate++;
        gnRow++;
        uWord.syn =_SYN_EQ;
        strcpy(uWord.value.T1, "==");
    }
    gnLocate++;
    gnRow++;
```

```
            return;
    }

    void Do_EndOfPlus(char *strSource) {                    /* + */
        uWord.syn =_SYN_PLUS;
        uWord.value.T3 = strSource[gnLocate];
        gnLocate++;
        gnRow++;
        return;
    }

    void Do_EndOfSubtraction(char *strSource) {             /* - */
        uWord.syn =_SYN_MINUS;
        uWord.value.T3 = strSource[gnLocate];
        gnLocate++;
        gnRow++;
        return;
    }

    void Do_EndOfMultiply(char *strSource) {                /* * */
        uWord.syn =_SYN_TIMES;
        uWord.value.T3 = strSource[gnLocate];
        gnLocate++;
        gnRow++;
        return;
    }

    void Do_EndOfDivide(char *strSource) {                  /* / */
        uWord.syn =_SYN_DIVIDE;
        uWord.value.T3 = strSource[gnLocate];
        gnLocate++;
        gnRow++;
        return;
    }

    void Do_EndOfLParen(char *strSource) {                  /* ( */
        uWord.syn =_SYN_LPAREN;
        uWord.value.T3 = strSource[gnLocate];
        gnLocate++;
        gnRow++;
        return;
    }

    void Do_EndOfRParen(char *strSource) {                  /* ) */
        uWord.syn =_SYN_RPAREN;
        uWord.value.T3 = strSource[gnLocate];
        gnLocate++;
        gnRow++;
        return;
    }
```

```c
void Do_EndOfLeftBracket1(char *strSource) {                /* [ */
    uWord.syn =_SYN_LEFTBRACKET1;
    uWord.value.T3 = strSource[gnLocate];
    gnLocate++;
    gnRow++;
    return;
}

void Do_EndOfRightBracket1(char *strSource) {               /* ] */
    uWord.syn =_SYN_RIGHTBRACKET1;
    uWord.value.T3 = strSource[gnLocate];
    gnLocate++;
    gnRow++;
    return;
}

void Do_EndOfLeftBracket2(char *strSource) {                /* { */
    uWord.syn =_SYN_LEFTBRACKET2;
    uWord.value.T3 = strSource[gnLocate];
    gnLocate++;
    gnRow++;
    return;
}

void Do_EndOfRightBracket2(char *strSource) {               /* } */
    uWord.syn =_SYN_RIGHTBRACKET2;
    uWord.value.T3 = strSource[gnLocate];
    gnLocate++;
    gnRow++;
    return;
}

void Do_EndOfColon(char *strSource) {                       /* : */
    uWord.syn =_SYN_COLON;
    uWord.value.T3 = strSource[gnLocate];
    gnLocate++;
    gnRow++;
    return;
}

void Do_EndOfComma(char *strSource) {                       /* , */
    uWord.syn =_SYN_COMMA;
    uWord.value.T3 = strSource[gnLocate];
    gnLocate++;
    gnRow++;
    return;
}

void Do_EndOfSemicolon(char *strSource) {                   /* ; */
```

```
        uWord.syn =_SYN_SEMICOLON;
        uWord.value.T3 = strSource[gnLocate];
        gnLocate++;
        gnRow++;
        return;
    }

    void Do_EndOfMore(char *strSource) {              /* >、>= */
        if (strSource[gnLocate + 1] != '='){         /* > */
            uWord.syn =_SYN_LG;
            uWord.value.T3 = strSource[gnLocate];
        }
        else {                                        /* >= */
            gnLocate++;
            gnRow++;
            uWord.syn = _SYN_ME;
            strcpy(uWord.value.T1, ">=");
        }
        gnLocate++;
        gnRow++;
        return;
    }

    void Do_EndOfLess(char *strSource)  {             /* <、<= */
        if (strSource[gnLocate + 1] != '=') {        /* < */
            uWord.syn = _SYN_LT;
            uWord.value.T3 = strSource[gnLocate];
        }
        else {                                        /* <= */
            gnLocate++;
            gnRow++;
            uWord.syn=_SYN_LE;
            strcpy(uWord.value.T1, "<=");
        }
        gnLocate++;
        gnRow++;
        return;
    }

    void Do_EndOfEnd(char *strSource) {               /* 读到'\0'，源程序结束 */
        uWord.syn = _SYN_END;
        uWord.value.T3 = strSource[gnLocate];
        gnLocate++;
        gnRow++;
        return;
    }

    void PrintWord(Word uWord) {                      /* 打印二元组 */
        if (uWord.syn <= _SYN_ID                     /* 关键字、标识符或者有错误 */
                || uWord.syn==_SYN_ME                 /* >= */
```

```
                    || uWord.syn==_SYN_LE                      /* <= */
                    || uWord.syn==_SYN_EQ){                     /* == */
            fprintf(fw, "\n(%d, \t%s)", uWord.syn, uWord.value.T1);
        }
        else if (uWord.syn == _SYN_NUM){                        /* 数字 */
            fprintf(fw, "\n(%d, \t%d)", uWord.syn, uWord.value.T2);
        }
        else {                                                  /* 其他符号 */
            fprintf(fw, "\n(%d, \t%c)", uWord.syn, uWord.value.T3);
        }
        return;
    }

    void ApartWord(char *strSource) {                    /* 根据输入的源程序识别所有单词 */
        gnColumn = gnRow = 1;
        gnLocate = gnLocateStart = 0;
        while (strSource[gnLocate]) {
            Scaner();
        }
        return;
    }

    void Scaner(void) {                                  /* 词法扫描函数 */
        Do_Start(strSource);                             /* 识别出一个单词 */
        PrintWord(uWord);                                /* 打印二元组 */
        return;
    }

    void PrintError(int nColumn, int nRow, char chInput) {   /* 打印词法扫描发现的错误 */
        fprintf(fw, "\n 无法识别的单词-->Col:%d\tRow:%d\tChar:%c", nColumn, nRow, chInput);
        return;
    }

    /* ************************************* */
    /* 文件: semanteme.h                     */
    /* 定义语法（语义）分析器的接口            */
    /* ************************************* */
    #ifndef _SEMANTEME_H
    #define _SEMANTEME_H

    /* 四元组的结构 */
    typedef struct QUAD{
        char   op[MAXLENGTH];                            /* 操作符 */
        char   argv1[MAXLENGTH];                         /* 第一个操作数 */
        char   argv2[MAXLENGTH];                         /* 第二个操作数 */
        char   result[MAXLENGTH];                        /* 运算结果 */
    }QUATERNION;

    void lrparse(void);                                  /* 语法语义分析主函数 */

    #endif
```

```
/* ******************************** */
/* 文件: semanteme.c                   */
/* 分析器的语法语义扫描部分                  */
/* ******************************** */
#include "globals.h"
#include "scan.h"
#include "semanteme.h"

QUATERNION *pQuad;                          /* 存放四元组的数组 */
int nSuffix,nNXQ,ntc,nfc;                    /* 临时变量的编号 */
extern Word uWord;                           /* 扫描得到的单词 */
extern int gnColumn,gnRow;                   /* 行列号 */
FILE *fw;                                    /* 打印结果的文件指针 */
char *strFileName;                           /* 打印结果的文件名 */
char *strSource;                             /* 源程序 */
char* Expression(void);
char* Term(void);
char* Factor(void);
void Statement_Block(int *nChain);

void LocateError(int nColumn, int nRow) {         /* 定位语法错误 */
    fprintf(fw, "\nCol:%d\tRow:%d--->", nColumn + 1, nRow);
}

void error(char *strError) {                      /* 输出扫描发现的错误 */
    LocateError(gnColumn, gnRow);
    fprintf(fw, "%s", strError);
    return;
}

/* 判断当前识别出的单词是否是需要的单词，若不是，则报错，否则扫描下一个单词 */
void Match(int syn,char *strError) {
    if (syn == uWord.syn)
        Scaner();
    else
        error(strError);
    return;
}

void gen(char *op, char *argv1, char *argv2, char *result) {  /* 生成一个四元式 */
    sprintf(pQuad[nNXQ].op,op);
    sprintf(pQuad[nNXQ].argv1,argv1);
    sprintf(pQuad[nNXQ].argv2,argv2);
    sprintf(pQuad[nNXQ].result,result);
    nNXQ++;
    return;
}

void PrintQuaternion(void) {                            /* 打印一个四元式数组 */
```

```
        int  nLoop;
        for (nLoop = 1; nLoop<nNXQ; nLoop++) {
            fprintf(fw, "\n%d:%s,\t%s,\t%s,\t%s", nLoop, pQuad[nLoop].op,
                    pQuad[nLoop].argv1, pQuad[nLoop].argv2, pQuad[nLoop].result);
        }
}

char* Newtemp(void) {                          /* 产生一个临时变量 */
        char *strTempID = (char *)malloc(MAXLENGTH);
        sprintf(strTempID, "T%d", ++nSuffix);
        return strTempID;
}

int merg(int p1, int p2) {                     /* 合并 p1 和 p2 */
        int p,nResult;

        if (p2 == 0)
            nResult = p1;
        else {
            nResult = p = p2;
            while (atoi(pQuad[p].result)) {
                p = atoi(pQuad[p].result);
                sprintf(pQuad[p].result, "%s", p1);
            }
        }
        return nResult;
}

void bp(int p,int t) {                         /* 将 t 回填到以 p 为首的四元式链中 */
        int  w, q = p;
        while (q) {
            w = atoi(pQuad[q].result);
            sprintf(pQuad[q].result, "%d", t);
            q = w;
        }
        return;
}

char* Expression(void) {
        char opp[MAXLENGTH], *eplace, eplace1[MAXLENGTH], eplace2[MAXLENGTH];
        eplace = (char *)malloc(MAXLENGTH);
        strcpy(eplace1, Term());
        strcpy(eplace, eplace1);
        while (uWord.syn == _SYN_PLUS || uWord.syn == _SYN_MINUS){    /* +、- */
            sprintf(opp, "%c", uWord.value.T3);
            Scaner();
            strcpy(eplace2, Term());
            strcpy(eplace, Newtemp());
            gen(opp, eplace1, eplace2, eplace);
```

```
            strcpy(eplace1, eplace);
    }
    return eplace;
}


char* Term(void) {
    char  opp[2], *eplace1, *eplace2, *eplace;
    eplace = eplace1 = Factor();
    while (uWord.syn == _SYN_TIMES || uWord.syn == _SYN_DIVIDE){      /* *、/ */
        sprintf(opp, "%c", uWord.value.T3);
        Scaner();
        eplace2 = Factor();
        eplace = Newtemp();
        gen(opp, eplace1, eplace2, eplace);
        eplace1 = eplace;
    }
    return eplace;
}


char* Factor(void) {
    char *eplace = (char *)malloc(MAXLENGTH);
    if (uWord.syn == _SYN_ID || uWord.syn == _SYN_NUM){ /* i */
        if (uWord.syn==_SYN_ID)
            sprintf(eplace, "%s", uWord.value.T1);
        else
            sprintf(eplace, "%d", uWord.value.T2);
        Scaner();
    }
    else {
        Match(_SYN_LPAREN, "(");
        eplace = Expression();
        Match(_SYN_RPAREN, ")");
    }
    return eplace;
}

void Condition(int *etc, int *efc) {
    char  opp[3], *eplace1, *eplace2;
    char  strTemp[4];

    eplace1 = Expression();
    if (uWord.syn <= _SYN_NE && uWord.syn >= _SYN_LG) {
        switch(uWord.syn) {
            case_SYN_LT:
            case_SYN_LG: sprintf(opp, "%c", uWord.value.T3);
                         break;
            default:     sprintf(opp, "%s", uWord.value.T1);
                         break;
        }
```

```
        Scaner();
        eplace2 = Expression();
        *etc = nNXQ;
        *efc = nNXQ+1;
        sprintf(strTemp, "j%s", opp);
        gen(strTemp, eplace1, eplace2, "0");
        gen("j", "", "", "0");
    }
    else
        error("关系运算符");
}

void Statement(int *nChain) {                          /* 语句分析函数 */
    char  strTemp[MAXLENGTH],eplace[MAXLENGTH];
    int  nChainTemp,nWQUAD;
    switch (uWord.syn) {
        case_SYN_ID:      strcpy(strTemp, uWord.value.T1);
                          Scaner();
                          Match(_SYN_ASSIGN, "=");
                          strcpy(eplace, Expression());
                          Match(_SYN_SEMICOLON, ";");
                          gen("=", eplace, "", strTemp);
                          *nChain = 0;
                          break;
        case_SYN_IF:      Match(_SYN_IF, "if");
                          Match(_SYN_LPAREN, "(");
                          Condition(&ntc, &nfc);
                          bp(ntc, nNXQ);
                          Match(_SYN_RPAREN, ")");
                          Statement_Block(&nChainTemp);
                          *nChain = merg(nChainTemp, nfc);
                          break;
        case_SYN_WHILE:   Match(_SYN_WHILE, "while");
                          nWQUAD = nNXQ;
                          Match(_SYN_LPAREN, "(");
                          Condition(&ntc, &nfc);
                          bp(ntc, nNXQ);
                          Match(_SYN_RPAREN, ")");
                          Statement_Block(&nChainTemp);
                          bp(nChainTemp, nWQUAD);
                          sprintf(strTemp, "%d", nWQUAD);
                          gen("j", "", "", strTemp);
                          *nChain=nfc;
                          break;
    }
    return;
}

void Statement_Sequence(int nChain) {                  /* 语句串分析函数 */
    Statement(nChain);
```

```
    /* id if while */
    while (uWord.syn==_SYN_ID || uWord.syn==_SYN_IF || uWord.syn==_SYN_WHILE){
        bp(*nChain, nNXQ);
        Statement(nChain);
    }
    bp(*nChain, nNXQ);
    return;
}

void Statement_Block(int *nChain) {                    /* 语句块分析函数 */
    Match(_SYN_LEFTBRACKET2, "{");
    Statement_Sequence(nChain);
    Match(_SYN_RIGHTBRACKET2, ")");
}

void Parse(void) {
    int nChain;
    Scaner();
    Match(_SYN_MAIN, "main");
    Match(_SYN_LPAREN, "(");
    Match(_SYN_RPAREN, ")");
    Statement_Block(&nChain);
    if (uWord.syn !=_SYN_END)
        fprintf(fw, "源程序非正常结束");
    PrintQuaternion();
}

void lrparse(void) {                                   /* 语法语义分析主函数 */
    pQuad = (QUATERNION *)malloc(strlen(strSource) *sizeof(QUATERNION));
    nSuffix = 0;
    nfc = ntc= nNXQ = 1;
    fw = fopen(strFileName, "w");
    Parse();
    fclose(fw);
}
```

C.6　正规式转换成自动机的图形表示

C.6.1　实验目的

通过正规式转换成 DFA 图形，掌握这个过程中涉及的正规式、有穷自动机的概念、相互转换原理及算法实现技术，培养分析问题和解决问题的能力。

C.6.2　实验要求

编制和调试一个程序，它将用户输入的正规式转换为以状态图和矩阵形式表示的确定有穷自动机。要求：（1）把正规式转换为 NFA；（2）将 NFA 确定化为 DFA。其中，#作为正规式的终止符。

C.6.3　参考设计思路

本题目分为两部分：将正规式转化为 NFA，然后将转换所得的 NFA 转换为 DFA。

在解决这个问题时，也可以分为两部分来考虑。首先，输入正规式，对正规式进行一定的处理后将其转化为 NFA；然后，将得到的 NFA 作为第二步的输入，对 NFA 进行一定的处理，将其转化为 DFA。

步骤如下。

（1）输入正规式。

（2）将正规式中缺少的连接符补全。

（3）将补全连接符之后的正规式转化为逆波兰式（后缀式）。

（4）根据得到的逆波兰式，运用 Thompson 算法将正规式转化为 NFA。

（5）根据 ε-CLOSURE 方法将第（4）步得到的 NFA 转化为 DFA。

（6）将得到的 DFA 进一步化简。

C.6.4　参考算法

1．将正规式转化为 NFA

参考 3.4.3 节的内容，这里给出另一个算法作为扩充，即将正则表达式转换为一个 NFA 的 McMaughton-Yamada-Thompson 算法，可以将任何正则表达式转变为接受相同语言的 NFA。这个算法是语法制导的，也就是说，它沿着正则表达式的语法分析树自底向上递归地进行处理。对于每个子表达式，该算法构造一个只有一个接受状态的 NFA。

输入：字母表 $\sum$ 上的一个正则表达式 r。

输出：一个接受 $L(r)$ 的 NFA N。

方法：首先，对 r 进行语法分析，分解出组成它的子表达式；然后，利用两组规则（基本规则和归纳规则）构造 NFA 及复合形式。基本规则处理不包含运算符的子表达式；归纳规则根据给定表达式的子表达式的 NFA，构造出这个表达式的 NFA。

基本规则：对于表达式 ε，构造如图 C.12 所示的 NFA。

这里，i 是一个新状态，也是这个 NFA 的开始状态；f 是另一个新状态，也是这个 NFA 的接受状态。

对于字母表 $\sum$ 中的子表达式 a，构造如图 C.13 所示的 NFA。

图 C.12　表达式 ε 的 NFA　　　　　　图 C.13　子表达式 a 的 NFA

同样，i 和 f 都是新状态，分别是这个 NFA 的开始状态和接受状态。注意，在这两个基本构造规则中，对于 ε 或某个 a 作为 r 的子表达式的每次出现，都会使用新状态分别构造出一个独立的 NFA。

归纳规则：假设正则表达式 s 和 t 的 NFA 分别为 $N(s)$ 和 $N(t)$。

（1）若 $r = s \mid t$，则 r 的 NFA $N(r)$，可以按照图 C.14 所示来构造。这里 i 和 f 是新状态，分别是 $N(r)$ 的开始状态和接受状态。从 i 到 $N(s)$ 和 $N(t)$ 的开始状态各有一个 ε 转换，从 $N(s)$ 和 $N(c)$ 到接受状态 f 也各有一个 ε 转换。

注意，$N(s)$ 和 $N(c)$ 的接受状态在 $N(r)$ 中不是接受状态。

（2）若 $r = st$，然后按照图 C.15 所示来构造 $N(r)$。$N(s)$ 的开始状态变成了 $N(r)$ 的开始状态。$N(t)$ 的接受状态成为 $N(r)$ 的唯一接受状态。$N(s)$ 的接受状态和 $N(t)$ 的开始状态合并为一个状态，合并后的状态拥有原来进入和离开合并前的两个状态的全部转换。

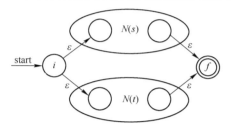
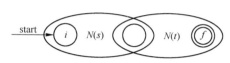

图 C.14　两个正规表达式并的 NFA　　　　图 C.15　两个正规表达式连接的 NFA

（3）若 $r = s^*$，然后为 r 构造出如图 C.16 所示的 NFA $N(r)$。这里，i 和 f 是两个新状态，分别是 $N(r)$ 的开始状态和唯一的接受状态。要从 i 到达 f，可以沿着新引入的标号为 ε 的路径前进，该路径对应 $L(s)^0$ 中的一个串；也可以到达 $N(s)$ 的开始状态，然后经过该 NFA，再零次或多次从它的接受状态回到它的开始状态并重复上述过程。这使得 $N(r)$ 可以接受 $L(s)^1$、$L(s)^2$ 等集合中的所有串，因此 $N(r)$ 识别的所有串的集合就是 $(L(s))^*$。

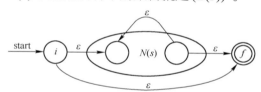

图 C.16　一个正规表达式闭包的 NFA

（4）若 $r = (s)$，那么 $L(r) = L(s)$，就可以直接把 $N(s)$ 当作 $N(r)$。

以上产生的 NFA，有以下性质：① 只有一个接受状态和一个开始状态；② 每个状态最多含有两个指向其他状态的边。如果状态只有一条指向其他状态的边，那么边上的符号为 Σ 中的任意字符或 ε；如果状态有两条指向其他状态的边，那么边上的符号一定为 2 个 ε。

2．将 NFA 转化为 DFA

参考教材 3.4.4 节的内容。具体算法如下。

输入：一个 NFA N。

输出：一个接受（识别）相同语言的 DFA M。

为 D 构造对应的状态迁移表 Dtran。DFA 的各状态为 NFA 的状态集合，对于每个输入符号，D 模拟 N 中可能的状态迁移。

定义表 C.5 所示的操作。

表 C.5　操作顺序及说明表

操　作	说　明
ε-closure(s)	从 NFA 的状态 s 出发，仅通过 ε 迁移能够到达的 NFA 的状态集合
ε-closure(T)	从 T 中包含的某个 NFA 的状态 s 出发，仅通过 ε 迁移能够到达的 NFA 的状态集合
move(T, a)	从 T 中包含的某个 NFA 的状态 s 出发，通过输入符号 a 迁移能够到达的 NFA 的状态集合

（1）构造 NFA N 的状态 K 的子集算法

```
令 Dstates 中仅包含 ε-closure(s)，并设置状态为未标记；
While (Dstates 中包含未标记的状态 T) do
begin
    标记 T；
    for (各输入记号 a) do
    begin
        U := ε-closure(move(T, a));
        if (U 不在 Dstates 中) then
            将 U 追加到 Dstates 中，设置状态为未标记；
        Dtrans[T,a] :=U;
    end
end
```

（2）ε-closure(T)的计算方法

```
将 T 中的所有状态入栈；
设置 ε-closure(T) 的初始值为 T；
while 栈非空 do
begin
    从栈顶取出元素 t；
    for (从 t 出发以 ε 为边能够到达的各状态 u) do
        if (u 不在 ε-closure(T)中) then
        begin
            将 u 追加到 ε-closure(T)中；
            将 u 入栈；
        end
end
```

3．DFA 化简算法

参考 3.4.5 节的内容。

附录 D
参考答案

本书为读者提供自测题和习题的参考答案，请扫描下面的二维码获取。

参考文献

CP

[1] Alfred V Aho, Ravi Sethi, Jeffrey D Ullman. Compilers Principles, Techniques and Tools. Addison-Wesley, 1986.

[2] David A Watt. Programming Language Syntax and Semanties. Prentice Hall, 1991.

[3] Dick Grune, Henri E Bal, Ceriel J H Jacobs, Koen G Langendoen. Modern Compiler Design. John Wiley & Sons, Ltd., 2000.

[4] Alfred V Aho, Monica S Lam, Ravi Sethi, Jeffrey D Ullman. Compilers : Principles, Techniques and Tools (2nd edition). Addison-Wesley, 2006.

[5] Levine, John R. Flex & bison. 南京：东南大学出版社，2010.

[6] 陈火旺，等. 程序设计语言编译原理. 北京：国防工业出版社，2000.

[7] 吕映芝，张素琴，蒋维杜. 编译原理. 北京：清华大学出版社，1998.

[8] 杜淑敏，王永宁. 编译程序设计原理. 北京：北京大学出版社，1986.

[9] 赵雄芳，白克明，易忠兴，张克强. 编译原理例解析疑. 长沙：湖南科技出版社，1986.

[10] 蒋立源，康慕宁. 编译原理. 西安：西北工业大学出版社，1999.

[11] 姜文清. 编译技术原理. 北京：国防工业出版社，1994.

[12] 何炎祥. 编译原理. 武汉：华中理工大学出版社，2000.

[13] 陈意云. 编译原理和技术. 北京：中国科学技术出版社，1997.

[14] 高仲仪，金茂忠. 编译原理及编译程序构造. 北京：北京航空航天大学出版社，1990.

[15] 金成植. 编译原理与实现. 北京：高等教育出版社，1989.

[16] 胡笔蕊，杜永建，丁樱. 编译方法. 北京：电子工业出版社，1994.

[17] 钱焕延. 编译技术. 南京：东南大学出版社，1995.

[18] 凌志宇，胡子昂，等. 并行编译方法. 北京：国防工业出版社，2000.

[19] Kennrth C L. Compiler Construction Principles and Practice. 冯博琴，等译. 北京：机械工业出版社，2000.

[20] 肖军模. 程序设计语言编译方法. 大连：大连理工大学出版社，2000.

[21] 王兵山，吴兵. 形式语言. 长沙：国防科技大学出版社，1988.

[22] 伍春香. 编译原理习题与解析. 北京：清华大学出版社，2001.